U0426895

湖南省地下水资源开发利用与保护

HUNAN SHENG DIXIASHUI ZIYUAN KAIFA LIYONG YU BAOHU

湖南省地质院　编著

图书在版编目(CIP)数据

湖南省地下水资源开发利用与保护/湖南省地质院编著.—武汉:中国地质大学出版社,2024.4

ISBN 978-7-5625-5833-0

Ⅰ.①湖… Ⅱ.①湖… Ⅲ.①地下水资源-资源开发-湖南 ②地下水资源-资源利用-湖南 ③地下水资源-资源保护-湖南 Ⅳ.①P641.8

中国国家版本馆CIP数据核字(2024)第075537号

湖南省地下水资源开发利用与保护 湖南省地质院 **编著**

责任编辑:舒立霞 选题策划:江广长 毕克成 段 勇 责任校对:何澍语

出版发行:中国地质大学出版社(武汉市洪山区鲁磨路388号) 邮编:430074
电 话:(027)67883511 传 真:(027)67883580 E-mail:cbb@cug.edu.cn
经 销:全国新华书店 http://cugp.cug.edu.cn

开本:787毫米×1092毫米 1/16 字数:275千字 印张:10.75
版次:2024年4月第1版 印次:2024年4月第1次印刷
印刷:湖北睿智印务有限公司

ISBN 978-7-5625-5833-0 定价:168.00元

如有印装质量问题请与印刷厂联系调换

《湖南省地下水资源开发利用与保护》

编委会

主　　任:谈文胜

副 主 任:曹幼元　盛玉环

委　　员:肖光明　杨建成　贺转利　刘拥军　阮岳军

主　　编:盛玉环　阮岳军

编　　委:徐定芳　肖立权　周　鑫　刘声凯　姚腾飞

谭佳良　周光余　姚海鹏　王　潇　王　璨

尹　欧　陈开红　何　阳　郑鹏飞　米茂生

欧阳波罗　王森球　吴　剑　刘拥军　杨建成

曾风山　董国军

参编单位:湖南省地质调查所

湖南省水文地质环境地质调查监测所

湖南省地质灾害调查监测所

序

水乃生命之源。地下水作为地球水圈的主要组成部分，不仅是人类生产和生活的重要水源，也是维持生态平衡和生态系统稳定的重要因素。合理开发和利用地下水资源，保护地下水环境，维持生态平衡和生态系统稳定，是实现可持续发展的重要保障。习近平总书记高度重视水资源的保护利用，站在中华民族永续发展的战略高度，作出一系列重要论述，为统筹推进水资源节约、水环境治理、水生态修复、水灾害防治、水文化建设提供了根本遵循。为了加强地下水管理，防治地下水超采和污染，国务院制定了《地下水管理条例》，自 2021 年 12 月 1 日起施行，标志着我国地下水管理进入了法制化、规范化轨道。

湖南省位于我国中部、长江中游，总面积 21.18 万 km^2，辖 13 个地级市、1 个自治州，122 个县(市、区)。地貌类型多样，以山地、丘陵为主，东、南、西三面环山，形成向东北开口的不对称马蹄形地形。降水充沛，多年平均降水量 1450mm，多年平均水资源总量 1689 亿 m^3，居全国第六位。地下水是湖南省水资源的重要组成部分，具有“资源丰富、水质优良、可恢复性强、时空分布不均匀”的特点，主要分布在湘江流域和洞庭湖区，分布广泛的红层地区和岩溶石山地区相对缺水，有著名的“衡邵干旱走廊”。合理开发利用地下水，是解决干旱区缺水问题的有效途径。多年来，自然资源部中国地质调查局和省人民政府投入了大量的资金，湖南省地质院负责具体实施，开展水文地质调查、地下水资源勘查与开发示范、地下水环境质量评价、动态监测等工作，取得了一系列成果。湖南省地质院高度重视地下水开发利用与保护工作，精心组织一批水文地质专家，在充分利用十余年来最新成果的基础上，深入开展综合研究与成果集成，编制成该书。

该书运用地球系统科学理论和方法，系统总结了地下水形成条件与富集规律，科学划分了五级地下水系统，对地下水资源及开发利用潜力进行了评价，梳理了旱涝灾害、铁质水、岩溶塌陷等主要水文地质问题，最后，围绕经济社会发展需求，对地下水勘查、开发利用与保护提出了对策措施。尤其是对地下水资源评价方法、勘查方法进行了深入探讨。

该书集成了湖南省地质院水文地质工作者多年工作成果，对湖南省合理地下水开发利用与保护，实现可持续发展，具有重要的理论和现实意义，对其他省(区、市)开展同类工作也有重要的参考价值，相信读者会开卷有益。

中国科学院院士

2023 年 5 月 22 日，南望山麓

目　　录

第一章 绪 论

第一节 地下水勘查开发工作概述

一、地下水勘查史

我国是世界上最早利用地下水的国家之一，早在5000多年前人们就知道凿井取水。先秦的《击壤歌》中说："日出而作，日入而息，凿井而饮，耕田而食。"这说明当时已有了凿井利用地下水的知识，人们知道利用土壤及植物的各种标志来寻找地下水，并推断地下水的埋藏深度及水质好坏。湖南省地下水勘查开发利用的历史悠久，但在1949年之前仅零星进行过一些地下水调查工作，专门水文地质工作做得很少，从事水文地质工作的人员也寥寥无几。中华人民共和国成立以后，随着国民经济的恢复和第一个五年计划的提出，工农业生产对地下水的需求越来越多，城市供水日益紧张，对水文地质工作提出了迫切的要求，地下水勘查开发工作也得以全面发展。

湖南省在中华人民共和国成立70多年以来的地下水勘查开发工作大致可分为5个阶段。

（一）中华人民共和国成立初期（1949—1956年）

中华人民共和国成立初期，湖南的水文地质工作主要以矿区水文地质勘探为主。1953年首先在茶陵潞水铁矿和桃林铅锌矿开展矿区水文地质勘探；1954年起又先后在涟源斗笠山、宁乡清溪冲、湘潭谭家山煤矿等矿区开展了以大井群孔抽水等为方法的水文地质勘探；此后在斗笠山、涟源恩口煤矿区、洪山殿矿区、郴州黄沙坪有色金属矿区开展矿区水文地质勘探工作都取得了很好的成果。

（二）开始全面建设社会主义时期（1956—1965年）

随着国民经济的恢复，开采利用地下水资源为工农业生产服务更加广泛，寻找地下水源地、为国家合理布局工农业生产提供基础资料是当时水文地质工作者的首要任务。1958年湖南省成立省地质局之后，同年组建了湖南省地质局水文队，并首先在株洲董家塅、宋家桥开展供水水文地质勘探。随后，国家建筑工程部给排水设计院在长沙市、郴州市开展了供水普查勘探，有关勘察单位开展了11个自备水源勘探成井项目。由于当时与城市规划建设的需要结合不够紧密，加之经费投入有限，总体上效益不明显。

1959—1960年由北京地质学院及湖南省地质局区测队完成1∶20万衡阳幅、郴县幅（半幅）、浏阳幅水文地质地面调查；1960—1962年由成都地质学院及湖南省地质局区测队完成

1∶20万长沙幅、洞口幅，长春地质学院完成华容幅（北半幅）水文地质地面调查；1959—1965年由湖南省地质局区测队完成1∶20万大庸幅、吉首幅、桂阳幅、常德幅（包括湖南地质局石油队）、株洲幅、攸县幅水文地质地面调查。这一时期共完成1∶20万水文地质普查面积75 918.4km²，主要着重地质、水文地质条件论述，对水资源缺乏计算和评价。

从1961年开始，湖南省开展了农田供水水文地质普查工作。1961—1964年，湖南省地质局水文地质工程地质大队完成了邵东县火厂坪地区农田供水水文地质勘察（1∶5万）、常宁县农田供水水文地质普查（1∶20万）和零陵县西头地区农田供水水文地质工程地质普查（1∶10万）工作。1964年10月—1966年6月，在湖南省农业区划委员会的组织领导下，湖南省地质局承担了省一级农业水文地质区划工作。这一时期的水文地质工作主要以地面调查工作为主，但在当时的历史条件下，为合理开发利用地下水资源、解决工农业生产和居民生活饮用水指明了方向。

矿区水文地质勘探工作方面，截至1965年，主要在郴州柿竹园多金属矿区、瑶岗仙钨矿、红旗岭锡矿、桃林铅锌矿、黄沙坪铅锌矿、花垣-凤凰铅锌矿、浏阳永和磷矿、祁东铁矿、民乐锰矿、丁家港金刚石矿、麻阳九曲湾铜矿等开展了矿区水文地质工作，尤其是水文地质条件复杂的涟源-邵阳煤田的恩口、桥头河、斗笠山、煤炭坝等煤矿矿区，通过大量的水文地质工作，基本查清各矿区的水文地质条件，为大水矿区底板突水的防治作出了贡献。其中1961年斗笠山煤矿的矿坑放水试验工作，几乎集中了湖南省地质局所辖的主要水文地质技术力量参战，这在当时为全国首创，通过放水试验取得了丰硕成果，推导多个矿坑涌水量计算公式，为煤矿开采奠定了基础。

矿泉水、地热勘查方面，1959年10月—1960年9月，湖南省地质局水文队对宁乡灰汤热矿水进行了普查勘探，查明了地热分布范围有8km²，泉口水温达92℃，孔深处水温达100℃，日涌水量4800m³。

（三）“文化大革命”时期（1966—1976年）

“文化大革命”时期，湖南省水文地质工作总体上进展比较缓慢，以工矿分散供水水文地质勘探为主。湖南省水文地质大队及煤田系统开展了邵阳市、娄底市城市供水水文地质调查（普查）勘探。为抗旱备荒，地质部门积极配合水利部门，投入群众打井运动，移交株洲市电炉厂、株洲白马垅变电站、湘潭响水坝变电站、长沙县大托铺机场、衡阳探矿厂、衡山县715部队、长沙酒厂、沅江县南湾湖基地等地的探采结合井近100眼。

1972年8月—1976年4月，湖南省地质局区测队、水文地质工程地质队、417队、408队以及中国人民解放军建字七三四部队（后改为中国人民解放军00934部队）等单位先后完成了长沙幅、衡阳幅、韶山幅、郴县幅、浏阳幅、沅陵幅、芷江幅等1∶20万水文地质普查工作，这一时期共完成1∶20万水文地质普查面积51 041.46km²。本阶段后期以1975年国家地质总局颁发的《区域水文地质普查规范》（试行）为依据，工作质量有较大提高。

在农业水文地质工作方面，1973年3月—1976年12月湖南省地质局水文队开展了1∶10万湖南省邵东县农田供水水文地质普查工作，还开展了1∶1万～1∶2.5万邵东县龙公桥、黄陂桥公社泉塘地段、宋家塘地段等农田供水水文地质勘探工作。

此外，1973年湖南省地质局水文地质工程地质队编制了湖南省1∶50万水文地质图，为后期开展湖南省水文地质工作奠定了一定的基础。

(四)历史转折和建设小康社会时期(1977—2002年)

湖南1∶20万区域水文地质普查工作起步较晚,仅完成部分普查工作。在周恩来总理“应该补上全国水文地质工作这一课”的指示下,全国组建多支水文地质队,负责完成全国1∶20万区域水文地质调查工作。湖南省的分工是:在东经112°以西的图幅由组建的00934队负责,东经112°以东的图幅由湖南省地质局相关单位完成。至20世纪80年代末湖南省完成全部32幅1∶20万区域水文地质普查任务,共计完成普查面积229 542.5km^2,其中湖南省的普查面积为21万km^2。1981年湖南省地质研究所重新编制了湖南省1∶50万水文地质图。

20世纪70年代末至90年代前期,湖南省城镇工矿供水水文地质工作全面展开,紧密结合规划和建设需要,提供了一大批地下水供水水源地。湖南省地质矿产局水文地质工程地质一队、水文地质工程地质二队进行了长沙市、株洲市、湘潭市、郴州市、岳阳市、邵阳市、汉寿血吸虫疫区、岳阳县荣家湾等城镇供水水文地质勘查工作。在省内红层、岩溶等重点缺水区找到了一批大型水源地,实现了地质找水的重大突破。如在湘潭红层缺水区探明了一处中南红层中最大的水源地,日可采10余万立方米,极大缓解了红层干旱区饮用水和农田灌溉的问题。此外,还开展了数百项单位自备水源成井工作,如湖南省人民政府、湖南省地质局、湖南医科大学附属第二医院(现中南大学湘雅二医院)、长沙黄花国际机场、湘潭市河西、湖南省审计厅、湖南省委党校、望城县水泥厂、郴州市冶炼厂、涟源市金竹山电厂、岳阳君山、建新、钱粮湖农场、华容自来水公司等。

20世纪90年代中后期以来,湖南省在地下水资源开发利用现状调查、县市水文地质调查以及全省地下水资源评价等方面也进行了大量的工作。1994—1995年,湖南省地质矿产局水文地质工程地质一队先后完成了1∶2.5万长沙市、湘潭市、郴州市的地下水资源开发利用现状调查和湖南省株洲市、衡阳市地下水资源开发区域规划工作,共完成调查面积1 741.74km^2;1996—1999年,湖南省地质矿产局水文地质工程地质一队、水文地质工程地质二队、湖南省地质研究所、湖南省地质环境监测总站等单位完成了包括岳阳县、汨罗市、永州市区、新邵县、韶山市、邵阳市区、冷水江市、常德市区、宁乡县、望城县、益阳市区、长沙市区、株洲市区等一批县市区域水文地质调查工作,并提交了相应的成果报告,成果图比例尺为1∶5万～1∶10万,调查面积共17 268.48km^2;2001年4月—2003年7月,湖南省国土资源厅组织湖南省地质环境监测总站、湖南省地质研究所等完成了新一轮湖南省地下水资源评价工作,全面反映了湖南省50余年来在地下水资源勘查、评价、监测与水环境研究方面的工作成果,提出地下水资源开发利用的战略建议。

20世纪70年代末至90年代,湖南省农业水文地质工作仍以农田供水水文地质普查为主。1977年—1978年7月、1978年8月—1981年12月,湖南省地质局水文地质工程地质队完成了1∶10万邵东县、新化县和冷水江市农田供水水文地质普查工作,并提交了成果报告及附图附表。1982年3月—1985年11月、1996年3月—1997年12月,湖南省地质矿产局水文地质工程地质一队分别完成了1∶10万桂阳县农田供水水文地质详细普查和湖南省石山地区宁远县农田供水水文地质普查工作。农田供水水文地质普查工作为当地开发利用地下水资源、扩大农田灌溉面积、提高粮食产量提供了有力的服务。

本时期湖南省矿泉水、地热勘查工作也随着社会和经济的发展进入了新的阶段,在完成全省1∶20万区域水文地质普查后,对全省所发现的75个地热资源点进行了梳理并零星分散地开始了地热资源勘查，如桑植空壳树地热田、耒阳汤泉地热田。1978年11月—1981年9月，湖南省地质局水文地质工程地质大队对汝城县热水圩矿泉做了普查勘探工作，基本查明了该矿泉资源，查明热水地表水水温达88℃，钻孔中水温达92℃，日涌水量达5540m³。

1986年开始，湖南省地质矿产局所属的14个野外地质队对全省开展了矿泉水的初步调查，发现符合标准的矿泉水225处。至1999年底，全省通过鉴定的饮用天然矿泉水共82处。2002—2003年湖南省地质环境监测总站完成了“湖南省矿泉水及开发利用”研究，对矿泉水分布和形成条件、典型矿泉水点及开发利用方案作了较为详细的分析。

随着地下水资源开发利用的发展，与地下水有关的环境水文地质问题也随之凸显，这一时期湖南省于20世纪80年代中期开展了相关的调查评价工作。1985—1988年，湖南省地质矿产局水文地质工程地质一队和二队先后进行了长沙市浅层地下水环境质量评价、株洲市地下水环境质量研究、湘潭市地下水环境质量评价、郴州市2000年地下水资源及环境地质问题预测等工作；1986—1991年，湖南省地质矿产局水文地质工程地质二队进行了湖南省洞庭湖平原环境地质问题综合评价，对地表水、地下水污染查明了来源，提出了改良的措施，指出了今后供水水源地和开采条件，具有较大的现实意义和应用价值。

(五)全面建成小康社会时期以来(2003年以来)

2002年11月，党的十六大提出了“全面建设小康社会，开创中国特色社会主义事业新局面”，湖南省水文地质勘查工作迎来了新发展。特别是2006年国务院以国发〔2006〕4号文印发了《关于加强地质工作的决定》以来，对全面增强地质勘查的资源保障能力、促进地质工作更好地满足经济社会发展需要提出了新要求。

本时期湖南省地下水水源地勘查不再以集中式地下水水源地为主，而是在对以往圈定的水源地深入勘查的同时，开展地下水监测、地下水环境质量评价及其保护与管理等工作。至今，湖南省主要城市地下水水源地中勘查程度达到详查或以上的水源地有59处，共查明地下水允许开采量9.29亿m³/a，勘查评价潜力巨大，围绕着城镇、工矿、居民区，在14个地州市均有分布。其中允许开采量最大的是常德汉寿西地下水水源地，达1.06亿m³/a。在这59处水源地中，按地下水资源级别划分，A级允许开采量0.05亿m³/a，占0.5%；B级允许开采量1.11亿m³/a，占11.9%；C级允许开采量7.98亿m³/a，占85.8%；D级允许开采量0.16亿m³/a，占1.8%。

同时湖南省矿泉水、地热资源勘查工作大有起色。2005—2006年湖南省国土资源厅开展了“湖南省地热资源勘查、开发与保护和管理现状及政策研究专题调研”课题，对全省地热分布与特征进行分析，提出开发利用方案。到2006年底，全省已查明的地热资源共179处，开发利用规模较大的有22处。2010年以来，特别是“关于促进矿泉水开发利用的若干意见”政策出台以后，新增矿泉水产地25处。在地热资源勘查方面，中国地质调查局、湖南省人民政府、湖南省国土资源厅以及社会各方面组织，累计投入8000多万元资金，针对省内一些地热异常区(点)开展了长沙麻林桥、攸县酒埠江、岳阳县公田、桃源县热水溪等40余项地热资源调查与勘探评价工作，地热资源的勘查程度大幅提高，在40个已勘查评价的地热田中，普查(预可行性)33个、详查(可行性)6个、勘探1个，其中地热资源年热功率较大的有汝城热水圩地热田(19.89MW)、郴州许家洞-下湄溪地热田(10.01MW)、宁乡灰汤地热田(7.61MW)、耒阳汤泉(7.26MW)、永定温塘(5.23MW)。

二、地下水开发史

(一)地下水资源开发史

湖南省的地下水开采历史较为悠久,自古以来就十分重视地下水的开发利用。长沙市区最兴旺时民井可达2000余口,历史最长的有数百年。中华人民共和国成立以来,厂矿企业、单位和居民就地打井取水作为生活用水之势方兴未艾,增长趋势明显,据20世纪90年代末统计,与中华人民共和国成立初期相比增长达20倍以上。2011年根据中央一号文件《中共中央 国务院关于加快水利发展改革的决定》及湖南省委一号文件《中共湖南省委 湖南省人民政府贯彻落实〈中共中央 国务院关于加快水利改革发展的决定〉的实施意见》的要求加强了水资源管理力度,对地下水开采也进行了有效管理,同时城市供水管网覆盖范围内采取了有效措施对地下水井进行关闭,用地表水代替地下水,湖南省地下水开采总量逐年减少。全省2011年以前平均地下水开发利用量为20.3亿m^3/a,2011年以后,地下水开发利用量呈下降趋势,由2011年的17.44亿m^3下降至2021年的6.72亿m^3。

在地下水开发利用的悠久历史中,人民群众发挥聪明才智,因地制宜创造了丰富的开发模式。湖南省地下水开发模式主要有地下水库开发式、河流近岸开发式、井灌与渠灌结合模式、井灌井排模式、排供结合模式、引泉模式、井泉结合模式、大口井或截潜坝加大口井开发模式、水源地开发模式和渗渠开发模式等。

数十年来,湖南省地下水开发也由简单的开采利用转变为更加重视资源、生态、环境综合效应。例如在湘西土家族苗族自治州龙山洛塔,根据洛塔水土资源配置特点提出了以小流域为单元的岩溶山区生态系统可持续发展模式,对地下水主要用蓄、引、提、扩、凿多种方法开采。对表层岩溶带的分布发育规律及调蓄功能进行了深入研究,开发示范说明表层岩溶带泉可解决分散村民的人畜用水和农田用水问题。

(二)地下热水资源开发史

湖南省开发利用地热资源至今已有2000余年的历史。如隆回县高洲地热,在汉代即已为当地人民以温泉形式利用,遗址至今尚在。省内汝城县、永兴县内地热,早在公元368—534年的北魏时期,旅游学者郦道元在他所写的《水经注》中即有记载。对汝城热水圩地热,记载了当地居民已用于灌溉水稻田,而且水稻可“一年三熟”;在描写永兴县内地热时,他写道:“在郴州西北,有稻田数千亩,以温泉水引进灌溉”等。到了20世纪60—80年代,湖南省的灰汤热泉和汝城县热水圩高温热泉的开发利用形式较单一,仍以温泉洗浴为主。到20世纪90年代,灰汤热泉综合开发利用进入了一个新阶段,旅游部门在宁乡灰汤热泉新建了五星级的紫龙湾温泉酒店和温泉度假中心,大大提高了温泉的经济效益。2000年以来,汝城热水镇依托优良的地热资源,建设成为集五星级别墅、温泉疗养、大型生态种植基地、特色餐饮、大型会议、酒吧小镇等于一体的大型温泉旅游度假区,并成功通过由中国矿业联合会组织的专家评审,汝城县荣获“中国温泉之乡”称号。

(三)矿泉水资源开发史

湖南省饮用天然矿泉水开发起步较晚,在20世纪80—90年代曾有过开发热潮,1985年湖南省第一瓶饮用天然矿泉水从平江县福寿山矿泉水厂生产出来。之后华容的“南山”、益阳的“希贵神泉”、湘乡的“东山”、株洲的“天宝”、衡阳的“船山”、靖州的“飞山不老泉”等矿泉水厂相继投产。至1992年,全省通过省级和国家级鉴定的矿泉水共24处。至1999年底,全省通过鉴定的饮用天然矿泉水共82处。到2006年全省通过勘查并经鉴定的饮用天然矿泉水96处,其中鉴定证号为国家级的有71处、省级的有25处。2000年底,矿泉水产量为150万t,有生产企业46家;2011年底,矿泉水产量为25万t,有生产企业20家;2014年底,矿泉水产量为30万t,有生产企业43家,年产1万t以上的企业有8家。近30年来,湖南省在开发利用理疗天然矿泉水方面也取得了较大的发展,对理疗天然矿泉水的利用主要集中在温度不小于34℃的矿泉水产地,共27处,占理疗矿泉水总数的25.7%。如宁乡灰汤、汝城热水圩等,利用热矿水采用沐浴、花瓣浴、石板浴、冰火水疗、鱼疗、饮用等创新形式综合治疗皮肤病、关节炎、风湿病、心血管病、消化系统不良和神经衰弱等几十种疾病。另外,长沙麻林桥、桃源热水溪、宜章一六、永顺不二门等热矿水产地,也建有简易的浴室进行浴疗,都能达到不错的疗效。

第二节　地下水资源勘查开发技术方法进展

一、地下水资源勘查技术发展阶段

人们在利用地下水资源的过程中不断探索总结,逐步发展形成一门年轻的、独立的自然学科——水文地质学,并随着近代自然科学的发展,使水文地质学发展成了一门综合性学科。湖南省地下水资源勘查开发技术发展大概可分为3个阶段:第一个为20世纪50—70年代的起步阶段;第二个为20世纪80—90年代的初步发展阶段;第三个为20世纪90年代后期以来的迅速发展阶段。

(一)20世纪50—70年代

在中华人民共和国成立后的五六年内,迅速地建立了水文地质学科,培养出了新中国第一代水文地质工作者,开展了地下水的科学研究。当时我国地下水资源勘查主要参照苏联模式,勘查技术、勘查手段比较单一。这个时期湖南省的地下水资源勘查工作除完成了一些厂矿、城镇供水水文地质勘探,以及长沙市、郴州市等重要城市的供水普查勘探外,主要完成了湖南省农田供水水文地质普查工作和部分标准图幅1∶20万水文地质普查工作,采用的勘查技术比较单一,主要有水文地质测绘、水文地质钻探、水文地质试验、动态观测以及岩土水测试等。其间,湖南省于1960年开始开展水文地质物探勘查并逐渐推广,当时采用的方法主要是电法和水文测井。

(二)20世纪80—90年代

这个时期湖南省的地下水资源勘查开发技术方法仍以单一水文地质测绘、水文地质物探、水文地质钻探、水文地质试验等为主,但各勘查技术逐渐融合并综合运用。由于勘查方法理论的发展,各地下水勘查技术均在一定程度上得到了提升和发展。例如将地质力学的理论应用到找水工作中,开展了对裂隙水及岩溶水的调查研究,为山区地下水的普查和勘探做出了贡献;抽水试验由原来一贯采用的稳定流试验及计算有关水文地质参数发展为选用非稳定流试验及计算相应的参数，并在1984年岳阳市供水水文地质勘查时的大井抽水试验中应用；钻孔止水除原来的黏土、海带止水外，还采用了“416堵漏丸”，取得了明显的效果；洗井工艺除传统的活塞、压风机洗井外，增加了焦磷酸钠浸泡以及二氧化碳洗井等方法。通过钻探、洗井等技术的改进，达到了增加机井水量的目的，如1987年临湘白云水泥厂供水孔，通过井内爆破，水量增加了43%。同时，遥感技术开始应用于湖南省的水文地质勘查工作。

（三）20世纪90年代后期至今

20世纪90年代后期以来，地下水资源勘查技术方法发展迅速，地下水勘查技术体系不断丰富，地下水勘查技术方法之间的融合力度不断加强，技术方法运用更加多样和协同，逐步形成了以遥感技术、物探技术、钻探技术、实验技术、测试技术、监测技术、同位素技术、模拟技术等技术方法为主体的集成体系。

二、地下水资源勘查技术进展

（一）遥感技术

遥感技术在水文地质勘查工作中具有显著的应用价值，该项技术兴起于20世纪60年代，湖南省于70年代末开始试验。1984年4月湖南省地质矿产局在413队举办第一期遥感地质学习班，终于揭开了湖南省遥感地质的神秘面纱，邀请全国知名学者教授讲课，学员近百人，通过培训后使用，遥感技术在湖南省地下水资源勘查中得到了逐步应用。

1.20世纪70—80年代(试验阶段)

1)遥感飞行实验(1978—1980年)

完成汝城热水1∶5万航空红外扫描实验(面积约450km²)，并进行了汝城热水遥感调查实验研究；完成浏阳七宝山铜多金属矿1∶5万航空红外扫描实验(面积约450km²)，并进行了汝城热水遥感调查实验研究和七宝山铜多金属矿矿区水文地质遥感解译实验研究。

2)遥感水文地质应用实验研究(1981—1986年)

先后进行了1∶50万、1∶20万、1∶10万、1∶5万、1∶1万等多种比例尺的遥感水文地质解译应用实验研究工作；开展了湖南省郴桂地区约7600km²范围的多平台遥感预实验，包括卫星遥感MSS扫描成相、机载合成孔径侧视雷达扫描成相、航空红外扫描及地物波谱测试等不同平台的遥感实验研究，并进行了水文地质解译的有效性实验，成果达到国内先进水平。

2.20世纪80—90年代(生产应用阶段)

本阶段先后利用遥感技术开展了大量区域水文地质调查、矿区水文地质调查、城市水文地质调查等生产应用与研究项目，取得了丰富的成果。

1997年2月—1998年12月，由湖南省遥感中心、湖南省地质研究所、湖南省地质矿产局水文地质工程地质二队3家地勘单位共同完成了“洞庭湖地区地质环境调查及治湖对策研究”项目，使用了大量的遥感资料，包括：TM数据4景22个时相，其中1993—1998年20个时相、1998年2个时相；MSS数据1景10个时相；RadaNsat图像1景10个时相；SPOT图像岳阳幅1个时相；航片全区2套，1955年和1983年2个时相；1984年机载雷达全区1幅。

1998年5月—1999年12月，由国家计委牵头，湖南省遥感中心等7家单位联合完成了

"湖南省国土资源遥感综合调查"项目。应用陆地卫星 TM 图像，建立了不同地下水类型的解译标志，对全省不同含水岩组的分布范围进行了修改、圈定和面积量算。应用近年获得的最新水文地质调查数据，以类比法对全省地下水资源量重新进行了计算，获得全省地下水水资源总量为 476 亿 m^3/a 的最新数据。

3. 21 世纪以来至今(广泛应用阶段)

21 世纪以来，随着遥感技术及其应用的不断发展，遥感技术全面应用于水文地质遥感调查与监测，在地下水勘查领域的应用更加广泛、深入。

(二)水文地质物探

中华人民共和国成立后也揭开了我国水文物探的序幕，20 世纪 50—60 年代是我国水文物探的成长阶段，并进行了大量的水文物探工作，查找了大量水源地，也使我国水文物探达到了较高的水平。湖南省地质局物探大队于 1960 年在株洲贺家土主办的水文物探培训班，拉开了湖南省水文地质物探的序幕，之后逐渐推广，其方法主要是电法和水文测井等。

1. 20 世纪 60—70 年代

20 世纪 60—70 年代，湖南省主要开展了地面直流电法(电剖面、电测深)及电测井工作。一方面是配合供水水文地质普查勘探开展小面积性的地面电法工作。如 1968 年湖南省物探大队，为了寻找覆盖型岩溶水，在韶山火车站至狮子山一带进行了 1∶2 万的物探找水工作(面积约 $24km^2$)，应用地面直流电法圈定了 11 个富水区段，为合理布置水文地质钻孔提供了依据，后经钻探证实物探所圈定的含水地段均为含水较丰富的地段；另一方面是配合 1∶20 万区域水文地质普查，应用于圈定古河道、寻找隐伏断裂构造等。如 1975—1976 年湖南省地质局 416 队，采用电测深法圈定了菜花坪古河道，取得了较好的地质效果。1977—1979 年湖南省地质局水文地质工程地质队，在华容南半幅应用联合剖面、电测深法推断隐伏断裂，应用电测井划分钻孔地质剖面，确定含水层等都有较好的地质效果。这一段时间，水文物探的发展缓慢，水文物探方法单一。

2. 20 世纪 80 年代

这个时期湖南省的水文物探发展较快，水文物探方法除巩固了地面直流电法(电剖面、电测深)之外，地面直流电法方法技术应用不断完善，如自然电位法、充电法、五极纵轴测深的应用等，又增添了电磁法(甚低频电磁法、天然电场选频法)、放射性找水新方法("α"径迹测量、ρ0210 法)，同期水文测井技术不断完善，从单纯的电测井发展到综合水文测井，利用综合测井技术测定岩层密度，探测裂隙破碎带、溶洞及其充填物情况。相应地引起了新的物探仪器设备的发展，形成了具有水文物探特点的综合物探技术。在这个时期，水文物探在为农田供水、城镇供水、厂矿供水服务的同时，不断得到发展，应用综合水文物探方法寻找第四系含水层和构造裂隙水、岩溶裂隙水，一般都能取得较好的效果。

(1)1981—1984 年湖南省地质矿产局水文地质工程地质一队在郴州市供水水文地质初步勘察中，应用甚低频电磁法，联合剖面法进行面积性工作，探索了甚低频电磁法工作方法，总结了应用甚低频电磁法寻找岩溶水的经验，为我国推广应用甚低频电磁法奠定了基础，为制定甚低频电磁法规范打下了基础。

(2)1983—1987 年湖南省地质矿产局水文地质工程地质一队在株洲市水文地质工程地质

环境地质详细普查中，获得了长剖面大极距电测深成果资料，为全面了解红层盆地基底埋深及其起伏变化情况、基底隆起与槽地的展布情况提供了地球物理依据，在红层盆地应用静电“α”径迹测量确定隐伏断裂破碎带、寻找红层基岩裂隙水及岩溶水方面取得了良好的找水效果。

(3)1986—1989年湖南省地质矿产局水文地质工程地质一队在长株潭水文地质工程地质环境地质综合勘察中，应用优化的组合方法，拟定了利用横向电阻参数估算涌水量的计算方法。应用水文测井方法填绘了相应的钻孔地质剖面，查清了有关含水层(段)的水力联系及补给关系，提出了抽水试验中优化隔离建议，提高了工作效率，取得了明显的经济效益。利用地震(折射法和反射法)，圈定了朗梨市幅望新红层盆地的断裂、第四系厚度、红层的分布形态。

3. 20世纪90年代至今

20世纪90年代以来，湖南省水文物探在巩固提高现有技术方法的基础上步入快速发展的轨道。为适应市场经济发展的需要，引进和利用了一大批高新技术，如激发极化法、高密度电法、瞬变电磁法、探地雷达、井下彩色电视、钻孔电磁波透视、面波勘探、浅层地温测量等方法技术。新方法技术的应用提高了工作效率，明显提高了勘探精度，服务领域越来越宽，水文物探、工程物探步入快速发展的轨道。尤其是近10年来，随着仪器性能的改进、常规方法效果的提高以及若干新方法的发展，技术能力有很大提高，资料处理技术也有极大的发展。

目前比较成熟的水文物探方法包括地面和孔内两大类27种，在水资源勘查应用中均取得了较大的进展。

电测深、电剖面等直流电法仍是当前最主要的水文物探方法，用来解决垂直分层、水平分带和水质监测等水文地质问题。电法仪器向数字化、自动测量、一机多用和高精度方向快速发展。

激发极化法可用来圈定含水层、充水断裂带以及划分岩性，甚低频法可用来寻找浅部的含水断裂带，伽马射线法寻找充水断裂带的效果已为人们所熟知。声学方法可探测几十米之下的地下暗河，湍流产生的振动可被埋在地表的检波器测到。

甚高频雷达可探测基岩裸露区等高阻表层地区的含水层和充水断裂带等。高精度重力仪和磁力仪可用来探测小构造，如断裂破碎带、浅部溶洞、基底起伏，圈定与地下水分布有关的岩脉、侵入体等。浅层地震勘探是分辨能力较高的水文物探方法，用于划分含水层，确定地下水位和断裂破碎带位置。

通过数十年的发展和应用经验，在地下水资源勘查中逐渐从采用单一方法发展为根据水文地质条件的复杂性酌情选择组合方法。

对于单一物探方法，高密度电法用于岩溶地区、天然电场选频法用于红层地区、自然电场法用于砂砾岩地区、地面核磁共振法和双频激电法用于花岗岩地区、激电测深法用于碳酸盐岩及砂砾石地层分布区寻找地下水均得到成功应用。

对于综合物探方法，音频大地电磁法、高密度电法及联合剖面法组合在碎屑岩地区和贫水变质岩地区找水效果明显；高密度电法、激电测深法组合在花岗岩地区和红层地区寻找地下水均取得了较好的勘探效果；音频大地电磁法和高密度电法组合在泥质灰岩地区、激发极化法与天然电场选频法在花岗岩地区寻找构造裂隙水，均取得了较好的勘探效果；音频大地电磁法和激电测深法、AMT法和MT法寻找深层地下水找水效果显著。

（三）水文地质钻探

钻探在水文地质探测中的发展为水文地质调查活动提供了直接的技术支持，是直接获取地下水资料的主要技术方法以及开发利用地下水的重要技术手段。传统的钻探采用的工艺方法主要包括回旋、冲击、冲击-反循环等。

气动潜孔锤用于水文地质勘探始于20世纪80年代，工艺方法也由最初的正循环钻进逐渐发展到现今的反循环及连续取芯钻进，在地下水资源勘查中不堵塞含水层裂隙，反循环钻进过程亦是抽水洗井过程，利于疏通含水层，有利于提高钻孔出水量。由于钻进施工过程不需要水作为循环介质，在干旱缺水地区施工优势明显，可节约钻进成本。近年来，气动潜孔锤钻进以很高的钻进效率、很长的钻头使用寿命、较低的钻探成本，且具有不需配置洗井介质、适合全天候施工等特点，在地下水资源勘查特别是深部地热勘查中展现出巨大的应用前景。

21世纪以来，洗井增水技术也有一定的突破，主要有基岩压裂增水、高压喷射洗井增水等。基岩压裂增水是通过向目的层注入超过地层自身应力的压裂液，扩展和延伸目的层的裂隙，提高目的层的渗透性，达到水井增产的目的，能够实现基岩裸孔水力压裂、基岩水井分段压裂，增水效果明显。高压喷射洗井增水是利用特制的喷嘴在高压水作用下形成冲刷孔壁（管壁）的喷射流，同时喷嘴在喷射流的作用下高速旋转，以强大的水马力破坏吸附在孔壁上的泥皮，扰动管外的滤料，有效清除管壁上的锈垢，达到有效洗井增加水井出水量的目的。

（四）地下水动态监测

湖南省的地下水动态监测工作起步于20世纪50—60年代矿区水文地质勘查工作，监测周期短，目标单一。60年代，长沙曾建立了地下水观测站，后中断。直至70年代末，由于湖南省韶山、郴州的工业用水和生活用水以地下水为主，开采地下水后都出现了不同程度的地面不均匀沉降、地面塌陷等地质灾害，地下水动态监测工作的重要性日益凸显。1978年韶山市首次建立地下水动态观测站，1982年郴州市建立地下水观测站，先后在长沙、岳阳、湘潭、邵阳等14个市（州）建立了地下水动态观测站，并延续至今。监测手段由采用堰板、测绳、皮尺等误差相对较大的测量工具逐渐发展成为采用高精度、数字化、一机多用的全自动监测仪，丰富的地下水动态监测数据库为湖南省保护和合理利用地下水资源，防治地面塌陷、水质污染等提供了充分与可靠的依据。

（五）地下水资源评价

湖南省的地下水资源评价工作经历了在范围上由局部到区域、在深度上由简单到复杂、在方法上由定性到定量、在内容上由单学科到多学科的发展历程。地下水资源评价理论与概念得到了不断的发展与完善，已从20世纪50年代普洛特尼柯夫的四大储量（动储量、调节储量、静储量和开采储量）计算方法，逐步发展形成了适合于我国水文地质条件的“三量”（补给量、储存量、允许开采量）评价方法。地下水资源评价方法按其所依据的理论可划分为基于水量平衡原理的水量平衡法、基于数理统计原理的相关分析法、基于实际试验的开采试验法、基于地下水动力学原理的解析法和数值法。

20世纪50—60年代，习惯将地下水作为一种矿产，基本上按照对固体矿藏的方法进行计算与评价，由于对地下水的需求不大，地下水资源评价局部上表现为对含水能力强的含水层进行水量计算，区域上表现为用平均布井法计算地下水水量。评价对象也主要采用苏联四大储量，地下水资源评价以传统的水量均衡法为主。

20世纪70—80年代，专业技术人员通过实践的检验和计算机应用技术的引进，认识到地下水资源作为自然水循环的一个子系统，要用整体的、动态的观点和数学模型的方法定量地解决系统和其环境水量交换关系，才有可能比较准确地把握地下水资源的数量，地下水资源评价从稳定流变至非稳定流，从二维流变至三维流；计算方法不再局限于传统的水量均衡法和比拟法，而是进入解析法、数值法的时代。

20世纪90年代至今，地下水资源评价发展已经积累了很多方法，方法因不同水文地质条件而不同，主要有水均衡法、地下水动力学法、数理统计法、水文地质比拟法、大面积群井抽水试验法和电网络模拟法。随着地下水资源评价理论和计算机技术的飞速发展，各种新技术及数值模拟软件在评价过程中的应用越来越广泛，系统分析结合数值模拟越来越普遍，常用的数值模拟软件有GMS(Groundwater Modeling System)、FEFLOW(Finite Element Subsurface FLOW System)、Visual MODFLOW和Processing MODFLOW等。

湖南省地下水资源勘查技术经过近70年的发展，传统的水文地质测绘、钻探、试验、监测、评价等勘查技术不断发展提升，水文地质物探、遥感技术、同位素技术、模拟技术，也从无到有、从落后到高新并广泛应用，体系不断丰富，方法更加多样，地下水资源勘查技术由当初的单一勘查方法逐步发展至今日的多学科融合的集成体系。

第二章　地下水形成条件与富集规律

第一节　自然地理

一、气象水文

湖南省为大陆性亚热带季风湿润气候，光、热、水资源丰富，三者的高值基本同步。气候变化较大，冬季寒冷，夏季酷热，春季气温多变，秋季气温陡降，春夏多雨、秋冬干旱。气候年际变化也较大，气候垂直变化最明显的地带为三面环山的山地，尤以湘西与湘南山地更为多见。年日照时数为1300～1800h，年平均温度在15～18℃之间，无霜期长达260～310d（大部分地区都在280～300d之间）。境内雨量充沛，为中国雨水较多的省份之一。据1956—2018年气象资料，湖南省多年平均降水量1450mm，最大年降水量1960mm（2002年），最小年降水量970mm（2011年）。

省内河网密布，流长5km以上的河流5341条，总长9万km。除少数属珠江水系（湘南）和赣江水系（湘东南）外，主要为湘、资、沅、澧“四水”及其支流，顺着地势由南向北汇入洞庭湖、长江，形成一个比较完整的洞庭湖水系。湘江是湖南最大的河流，是长江七大支流之一，全长948km，多年平均年径流量696.1亿m^3；资水是省内第三大河流，全长653km，多年平均年径流量232.6亿m^3；沅江是湖南省第二大河流，也是长江七大支流之一，全长1038km，多年平均年径流量398.2亿m^3；澧水为湖南省“四水”中最小的河流，全长407km，多年平均年径流量133.4亿m^3；洞庭湖是湖南省最大的湖泊，横跨湘、鄂两省（图2-1）。

二、地形地貌

湖南省位于中国地势第二级和第三级阶梯的交替地带。西部雪峰-武陵山脉，南部五岭山脉，东部幕阜-罗霄山脉，东、南、西三面环山，中部山丘隆起，丘岗、盆地呈串珠状斜列，北部冲积平原、湖泊环带展布，呈朝北开口的不对称马蹄形地貌。全省以山地和丘陵地貌为主，合计占总面积的66.62%。

湖南西北部山脉多呈北东-南西走向，高程一般在1000m以上。雪峰山是资水与沅江的分水岭，构成全省东、西两部分自然与经济的分界线；武陵山区的张家界有独特的砂岩峰林景观，奇峰险峻，景色迷人，是世界闻名的旅游区。湘南山地主要有越城岭、都庞岭、萌诸岭、骑田岭、诸广山等，统称南岭，高程一般为1000～1500m，南岭是长江和珠江流域的分水岭。湘东的幕阜山、连云山、万洋山等，高程一般为500～1000m，是洞庭湖流域和鄱阳湖流域的分水岭，其中高程2115m的酃峰是省内最高峰。湘中一带，丘陵、台地广布，高程一般低于500m，向北过

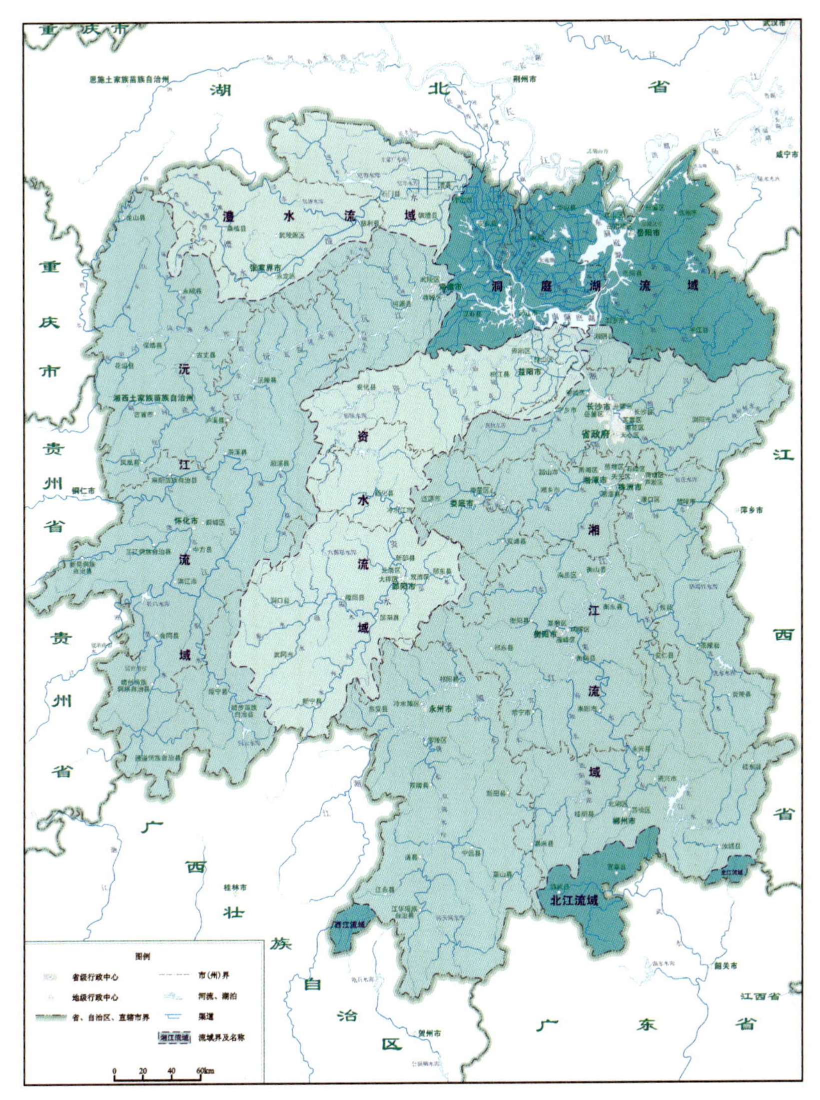

图 2-1　湖南省水系分布图

渡为洞庭湖平原。沿河谷及台地之间，有许多雁列式盆地，以衡阳盆地最大。衡山主峰祝融峰，山势雄伟、风景秀丽，为中国“五岳”名山中的南岳，是著名的旅游避暑胜地(图 2-2)。

第二节　区域地质

湖南省位于扬子与华夏陆块接合部。地质构造历经了洋、海、陆三大发展阶段，中生代后，发生了强烈的燕山期挤压造山及喜马拉雅期伸展作用。多次构造-沉积-岩浆-变质-成矿事件叠加，构成了优越的成矿地质环境，形成了丰富的矿产资源与地质景观。

一、地层

湖南省地层分布广泛，约占全省面积的 91.7%，从新元古界到第四系均有出露。根据湖南地层横向发育特征，尤其是古生界的变化情况，大致将其分为湘北—湘西北(上扬子)、湘东

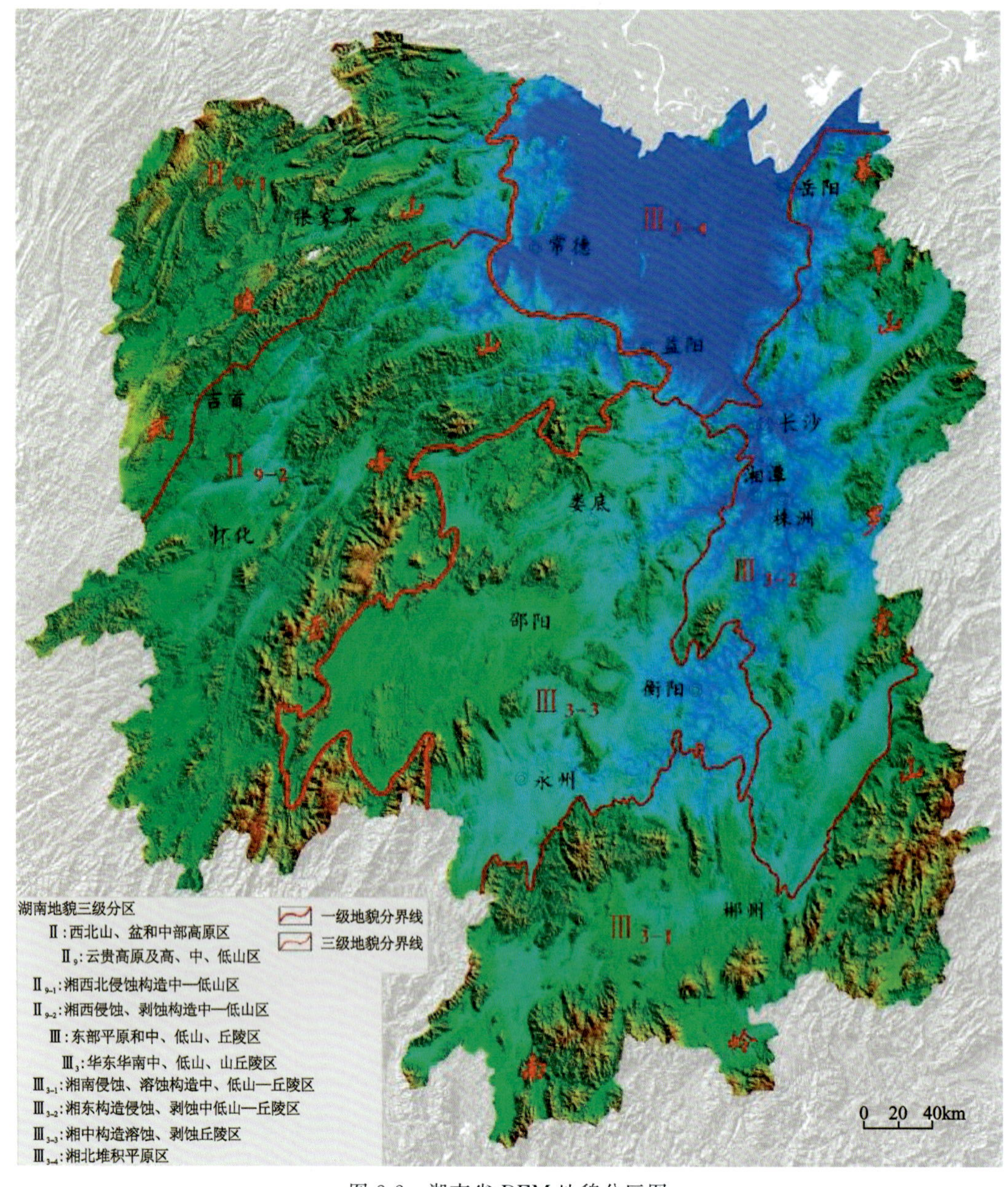

图 2-2　湖南省 DEM 地貌分区图

南(华夏区)和湘中 3 个差异明显的地层区。湘北—湘西北具有扬子区的特点,湘东南是华夏区的一部分,湘中区以反映扬子陆缘特点为主,但自奥陶纪开始,华夏地层区岩相界线依次向北西超覆,据此又可分为雪峰山、湘中分区(图 2-3)。湘北—湘西北震旦系和古生界呈现稳定型地区沉积特征,下古生界未经区域变质并发育厚度巨大的浅海相碳酸盐岩,泥盆系不发育且为石英岩建造,石炭系仅零星分布,二叠系、三叠系非常发育,厚度巨大,以浅海相碳酸盐岩为主;湘中和湘东南震旦系和下古生界呈现活动型地区沉积特征,大多经轻度变质,为浅变质的细粒碎屑岩、黏土岩及硅质岩,上古生界呈现稳定型地区沉积特征,广泛发育,厚度巨大,以浅海相碳酸盐岩为主,中、新生代断(坳)陷盆地及红层建造发育。

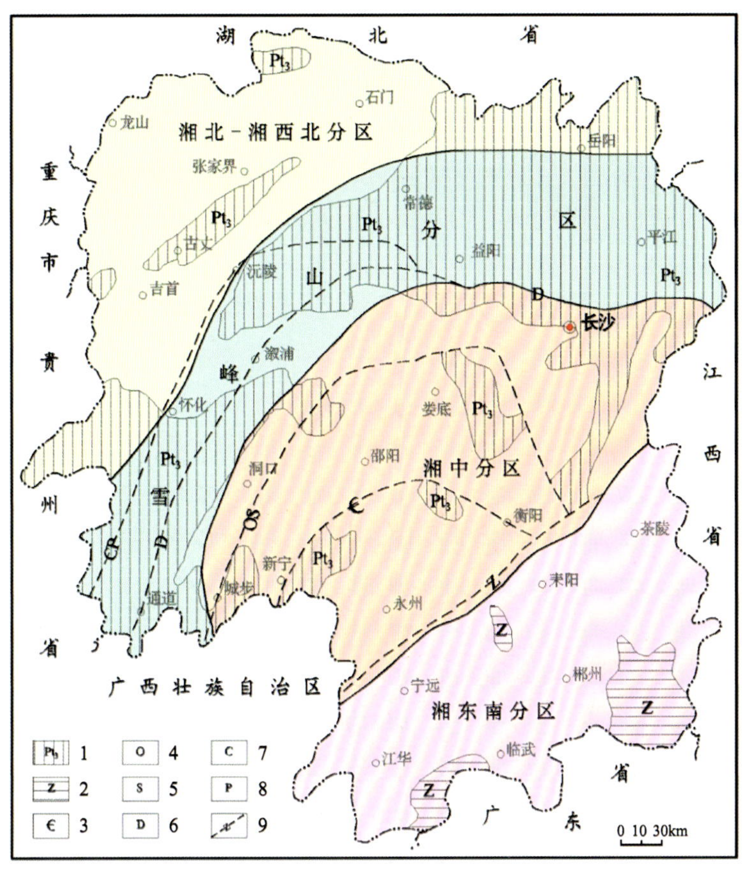

1. 新元古界；2. 震旦系；3. 寒武系；4. 奥陶系；5. 志留系；6. 泥盆系；7. 石炭系；
8. 二叠系；9. 扬子地层区与华南地层区分界线。

图 2-3　湖南地层综合分区图

湖南地层在纵向上包括 4 个大的沉积发育阶段：仓溪岩群为一套火山-火山碎屑岩系，构成结晶基底；冷家溪群是一套厚度巨大的复理石沉积建造，显示了活动型地区特征，是中国地层沉积发育的第一个阶段；新元古界—下古生界构成了另一个沉积发育阶段，西北部转化成稳定区，接受断阶式大陆斜坡沉积，在东南部为活动型地区沉积，自北而南由以碳酸盐岩、硅泥质岩为主，逐渐变为以砂泥质岩为主，厚度由小变大；上古生界和中、上三叠统，在全省范围内都是稳定型地区沉积，是又一沉积发育阶段；中三叠世后发生的印支运动，使长期大规模的以海相沉积为主的历史基本结束，形成以星罗棋布的一系列陆相湖盆为主的沉积，构成了第四个沉积发育阶段。

依据岩石组合特征，湖南省共建立了 171 个岩石地层单位（表 2-1）。

二、构造

（一）构造单元

湖南自早至晚经历了武陵、加里东、印支、早燕山和喜马拉雅 5 次主要的区域挤压构造运动，形成了卷入不同构造层的断裂和褶皱等主要构造形迹。

表 2-1　湖南省岩石地层划分表

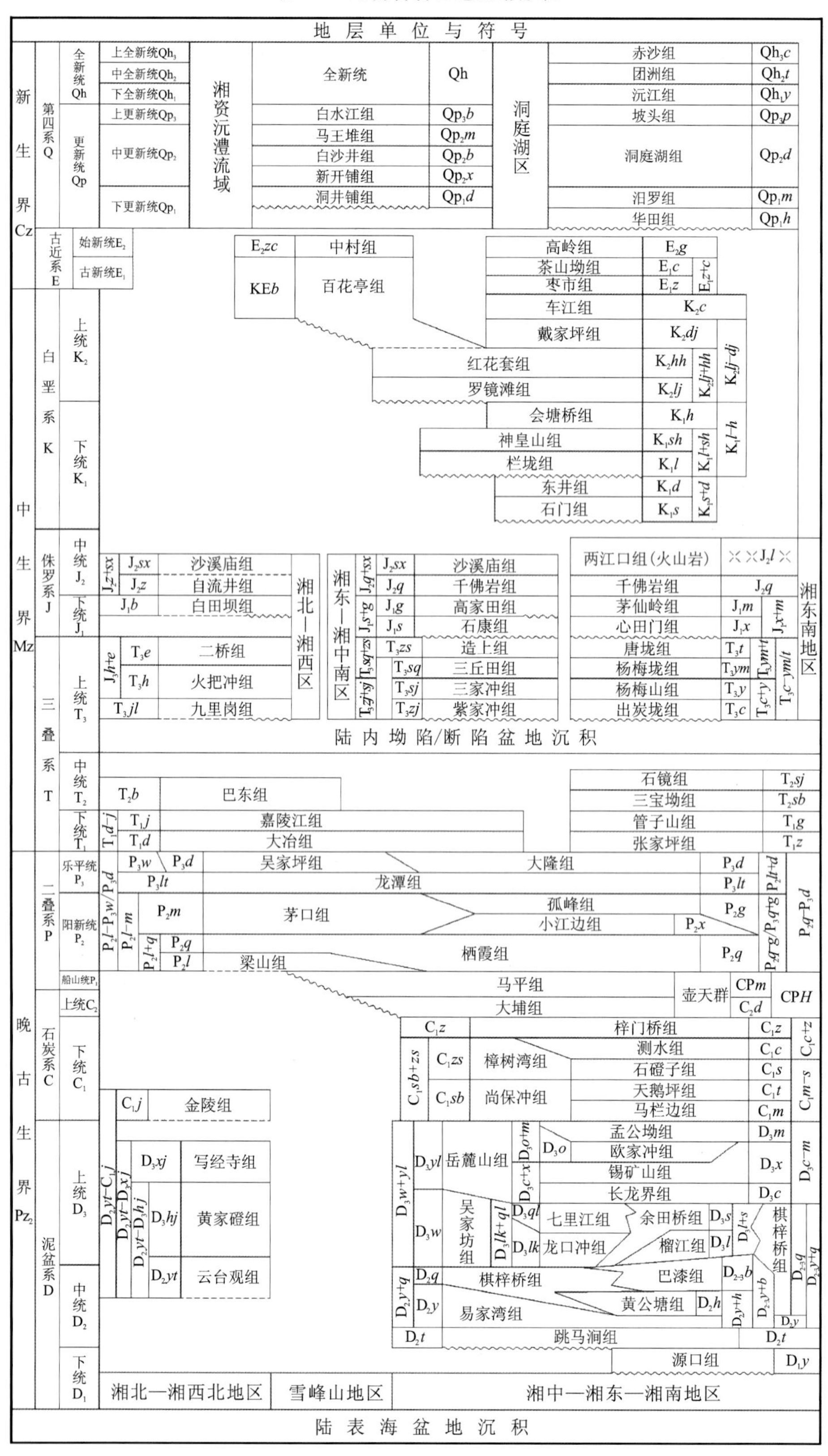

续表 2-1

地层单位与符号

界	系	统	扬子地层区（湘西北区）	组合符号	江南地层区	东南地层区
早古生界 Pz_1	志留系 S	文洛克统 S_2	S_2xx 小溪峪组			
		兰多弗里统 S_1	S_1w 吴家院组	S_1l-w；S_1xh-w		
			S_1lz 辣子壳组			
			S_1r 溶溪组		珠溪江组 S_1z	
			S_1l 罗惹坪组 / 小河坝组 S_1xh		两江河组 S_1lj	
			S_1x 新滩组	$OSl-S_1x$；$OSl-S_1lj$		
			OSl 龙马溪组		龙马溪组 OSl	
	奥陶系 O	上统 O_3	O_3b 宝塔组	O_1t-O_3b；O_2d-O_3b	天马山组	O_3t；$O_{2-3}y+t$
		中统 O_2	O_2g 牯牛潭组	O_2d+g	烟溪组	$O_{2-3}y$
			O_2d 大湾组	$O_{1-2}bs+q$	桥亭子组	$O_{1-2}q$
		下统 O_1	O_1h 红花园组	O_1t+h		
			O_1t 桐梓组		O_1bs 白水溪组；爵山沟组	ЄOj
	寒武系 Є	芙蓉统 Є$_4$	Є$_{3-4}l$ 娄山关组；比条组 Є$_4b$		Є$_{3-4}t$ 探溪组；小紫荆组	Є$_{3-4}xz$
		第三统 Є$_3$	车夫组 Є$_{3-4}c$	Є$_{3-4}a+c$；Є$_{2-4}w+t$		
			Є$_3g$ 高台组；敷溪组 Є$_3a$		Є$_{2-3}w$ 污泥塘组；茶园头组	Є$_{2-3}cy$
		第二统 Є$_2$	Є$_2q$ 清虚洞组	Є$_{1-2}n-q$		
		纽芬兰统 Є$_1$	Є$_{1-2}s$ 石牌组	Є$_{1-2}n+s$	Є$_{1-2}n$ 牛蹄塘组；香楠组	Є$_{1-2}x$
			Є$_1n$ 牛蹄塘组			
新古生界 Pt_3	震旦系 Z	上统 Z_2	Z_2dy 灯影组	Z_1d-Z_2dy；Z_1j-Z_2l	留茶坡组 Z_2l	丁腰河组 Z_2d；Z_1a-Z_2d
		下统 Z_1	Z_1d 陡山沱组		金家洞组 Z_1j	埃岐岭组 Z_1a
	南华系 Nh	上统 Nh_3	Nh_3n 南沱组	Nh_1f-Nh_3n；Nh_1c-Nh_3h	洪江组 Nh_3h	正园岭组 Nh_3z
		中统 Nh_2	Nh_2d 大塘坡组	Nh_1f-Nh_2d；Nh_1c-Nh_2d	大塘坡组 Nh_2d	天子地组 $Nh_{1-2}t$；$Nh_{1-2}s+t$
			Nh_2g 古城组			
		下统 Nh_1	Nh_1f 富禄组		富禄组 Nh_1f	泗洲山组 Nh_1s
					长安组 Nh_1c	

系	湘西北区	泸溪—安化小区	洞口—双峰小区	湘东南区
青白口系 Qb	$Qbzj+xs$：$Qbxs$ 溧水河组；$Qbzj$ 张家湾组	板溪群 QbB（红）：$Qbbh+n$：Qbn 牛牯坪组，$Qbbh$ 百合垅组；$Qbw+dy$：$Qbdy$ 多益塘组，Qbw 五强溪组；Qbt 通塔湾组；$Qbhl+m$：Qbm 马底驿组，$Qbhl$ 横路冲组；Qbb 宝林冲组	高涧群 QbG（黑）：$Qbj+ym$：$Qbym$ 岩门寨组，Qbj 架枧田组；Qbz 砖墙湾组；$Qbs+hs$：$Qbhs$ 黄狮洞组，Qbs 石桥铺组	大江边组 $Qbdj$；以下未出露
	扬子地层区	江南地层区		东南地层区
	扬子陆块东南缘稳定型沉积			华夏地块西缘活动型沉积

湘西北区	冷家溪群 QbL	符号	组	地区
Qbx 小木坪组		Qbd（$Qbx+d$）	大药姑组	湘东北地区
以下未出露		Qbx（$Qbx+d$）	小木坪组	
		Qbh	黄浒洞组	
		Qbl	雷神庙组	
		Qbp	潘家冲组	
		Qby	易家桥组	

断层

仓溪岩群 QbC	Qbl	雷公糙岩组	构造杂岩	浏阳地区
	Qbz	励木冲岩组		
	$Qbch$	陈家湾岩组		
	Qbf	枫梓冲岩组		
	Qbn	南棚下岩组		
	Qbq	清风亭岩组		

湖南省大地构造单元综合划分为4级。一级构造单元属羌塘-扬子-华南板块(Ⅳ)。二级构造单元划分:以川口—双牌一线为界划分为扬子陆块(Ⅳ-4)和华夏板块(Ⅳ-5)。三级构造单元划分:扬子陆块划分为湘北断褶带(Ⅳ-4-5)、雪峰构造带(Ⅳ-4-9)、桂湘早古生代陆缘沉降带(Ⅳ-4-8)以及洞庭盆地(Ⅳ-4-14)4个单元;华夏板块以茶陵-郴州大断裂为界划分为粤湘赣早古生代沉陷带(Ⅳ-5-3)和云开晚古生代沉陷带(Ⅳ-5-4)2个单元。四级构造单元划分:具体根据不同时期隆-坳构造格局或构造变形分带,结合构造-岩浆活动特征等,在三级构造单元的基础上进行分解厘定,全省共划分出10个四级构造单元(表2-2,图2-4)。

表2-2 湖南省构造单元划分表

一级构造单元	二级构造单元	三级构造单元	四级构造单元
羌塘-扬子-华南板块(Ⅳ)	扬子陆块(Ⅳ-4)	湘北断褶带(Ⅳ-4-5) (八面山陆缘盆地)	石门-桑植复向斜(Ⅳ-4-5-1)
			沅澧褶冲带(Ⅳ-4-5-2)
		雪峰构造带(Ⅳ-4-9) (江南新元古代造山带)	武陵断弯褶皱带(Ⅳ-4-9-1)
			沅麻盆地(Ⅳ-4-9-2)
			雪峰冲断带(Ⅳ-4-9-3)
			湘东北断隆带(Ⅳ-4-9-4)
		桂湘早古生代陆缘沉降带(Ⅳ-4-8)	邵阳坳褶带(Ⅳ-4-8-1)
			醴陵断隆带(Ⅳ-4-8-2)
		洞庭盆地(Ⅳ-4-14)	—
	华夏板块(Ⅳ-5)	粤湘赣早古生代沉陷带(Ⅳ-5-3)	炎陵-汝城冲断褶隆带(Ⅳ-5-3-1)
		云开晚古生代沉陷带(Ⅳ-5-4)	宁远-桂阳坳褶带(Ⅳ-5-4-1)

(二)构造体系

湖南自元古宙到新生代,经历了武陵运动到喜马拉雅运动的多次构造运动,形成了多种构造体系。根据TM遥感影像,对全省的褶皱、断裂、岩浆岩、隆起等地质构造进行遥感解译,湖南省形成了5个主要的构造带,分别是东西向构造带、北东—北东东向构造带、南北向构造带、北北东向构造带、北西向构造带。各构造带的展布特征概述如下。

东西向构造带:构造带形迹主要由大型隆起、花岗岩带、动力蚀变带及褶皱和断裂带组成。主要展布在湘南、湘中、湘北。主要构造带有巨型的南岭纬向构造带及区域性的石门-华容-临湘、安化-宁乡-浏阳、怀化-新化-醴陵、阳明山-桂东东西向褶皱断裂隆起带。

北东—北东东向构造带:各地普遍发育,具有生成历史悠久、活动时间长的特点,尤以湖南省西北部雪峰山、武陵山地区发育,主要构造带有5条,分别是武陵山、新晃-安化、武冈-浏阳、永州-茶陵、江永-桂东北东—北东东向褶皱断裂隆起带。

南北向构造带:其构造形迹由大型隆起(复背斜)、坳陷(复向斜)、断裂带及成串的花岗岩体组成,规模巨大,有时呈隐伏状态,尤以湘南发育。主要构造带有4条,分别是城步-洪江、慈利-江永、临武-南县、资兴-岳阳南北向褶皱断裂隆起带。

北北东向构造带:省内北北东向构造较发育,构造形迹有大型隆起、背斜、向斜及断裂。断

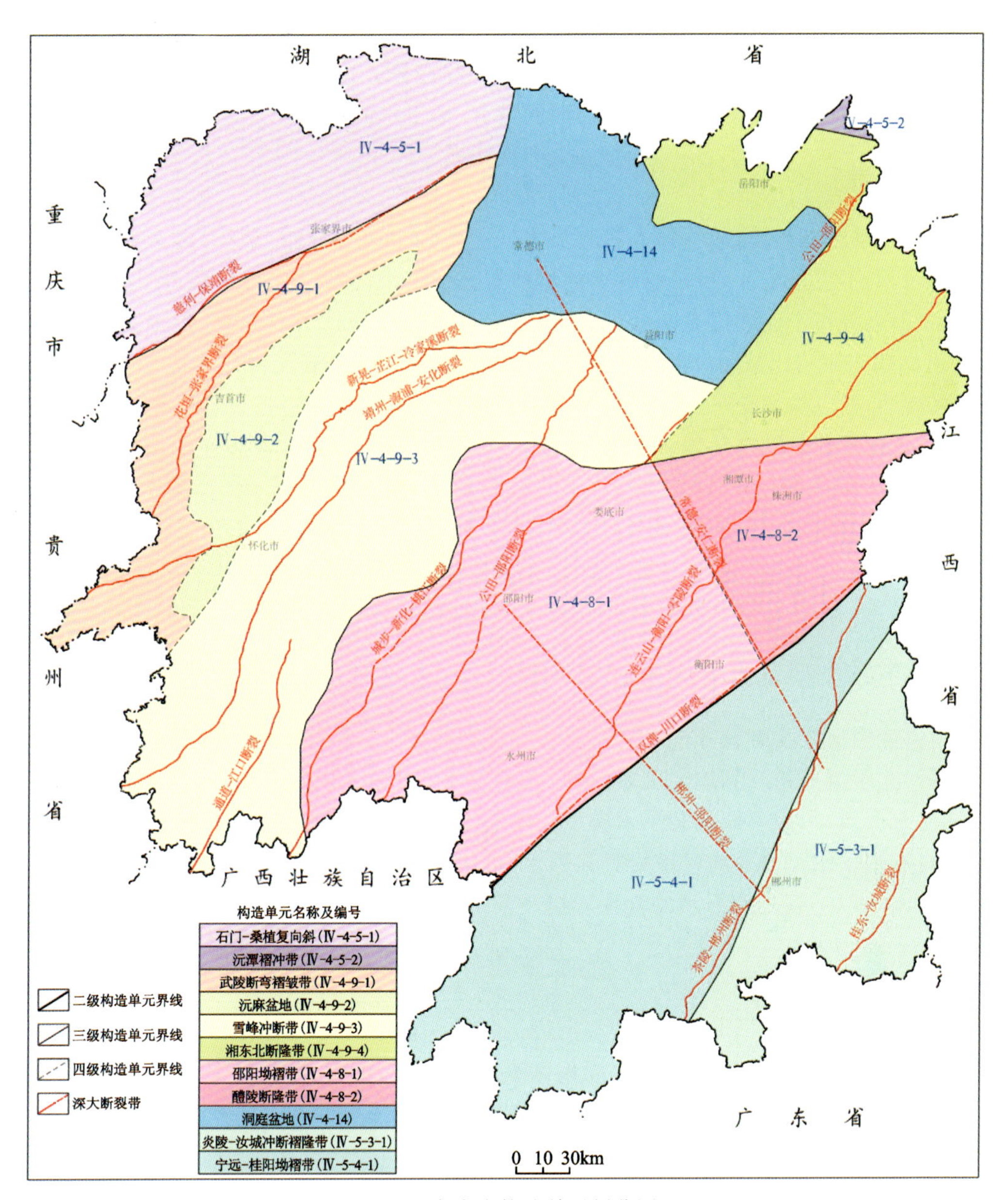

图 2-4　湖南省构造单元划分图

裂规模较大，延伸远。主要构造带有 7 条，分别是桑植-吉首、慈利-靖县、桃江-城步、岳阳-新宁、江华-平江、临武-茶陵、汝城-桂东北北东向褶皱断裂带。

北西向构造带：为湖南省重要的构造带，主要表现为隆起与断裂呈北西向展布，主要有 5 个构造带，分别是岳阳-平江、常德-醴陵、桃江-安仁、邵阳-郴州、蓝山-新宁北西向断裂隆起带。

上述 5 个构造带组成了全省的主要构造骨架，它们相互联合又互相制约，彼此联合、复合，互存于统一的构造应力场中。就构造形态来看，全省大致可分为两个差异明显地区。湘西北以宽缓舒展的褶皱为主，断裂较次；湘中南多为箱形紧密褶皱，且断裂构造极为发育。自新近纪以来，全省新构造运动比较活跃。多级夷平面、阶地的发育，第四纪地层间假整合的接触关系，第四纪地层中断裂的存在，沿部分断裂带温泉的分布，历史上地震的记载，湖区下沉，以及湘西、湘南地区强烈上升等，均为新构造运动明显的迹象。这些复杂的构造轮廓及新构造运动，控制着省内山脉、水系的分布，并与岩溶的发育、地下水的形成及富集有着密切的关系。

三、岩浆岩

湖南的岩浆活动频繁，包括侵入岩和火山岩在内的岩浆岩分布广泛。侵入岩出露于中东部广大地区，据不完全统计，现出露地表的岩体有800余个，面积约17 544km^2，占全省面积的8.3%。火山岩分布于武陵山东南侧广大地区内，虽整体个数达300余个，但地表出露面积仅76km^2，占湖南岩浆岩出露总面积的0.43%。在地质时代上，从新元古代—古近纪均有不同程度的岩浆活动，尤以侏罗纪—白垩纪岩浆岩活动最为强烈(图2-5)。全省岩浆岩的岩石类型较为齐全，从超基性岩到基性岩、中性岩及酸性岩均有发育，其中以中酸性花岗质侵入岩出露最为广泛，超基性—基性岩局部出露。

第三节　区域水文地质条件

一、地下水类型及其含水岩组富水性

湖南省境内地层发育较齐全，岩性、岩相变化比较复杂，地下水赋存于不同含水层之中，它的埋藏、分布、径流等都受到地质因素的制约，不同的地质构造特征，造成地下水不同的储存条件；不同含水介质，形成不同的地下水类型。按地下水含水层介质、赋存条件、水理性质和水力特征，将全省地下水类型分为松散岩类孔隙水、红层裂隙孔隙-裂隙水、碳酸盐岩类岩溶水、基岩裂隙水(图2-6)。各类地下水的含水岩组及其富水性等级按相应标准(表2-3)进行划分，其结果详见表2-4。

(一)松散岩类孔隙水

第四系岩层总厚各地不一，以洞庭湖地区最厚，层位齐全，最厚达342.25m。松散岩类孔隙水主要分布于洞庭湖地区及“四水”河流沿岸，分布面积约24 683km^2，约占全省面积的11.65%。按水力性质分为潜水和承压水两个亚类。

1. 孔隙潜水

孔隙潜水主要分布于洞庭湖地区浅部、“四水”及其支流两岸阶地。含水层为冲积、冲湖积及湖积砂层、砂砾石层、卵石层，厚度变化较大，由数米至10余米。在“四水”流域，第四系松散堆积物构成漫滩和阶地，一般具有二元结构。阶地由更新统组成，阶面高出河水数米至数十米，由于流水长期切割、冲刷，保留甚差，多呈零星、孤立状分布，含水层间往往缺乏水力联系；河漫滩由全新统组成，上部为黏土、砂质黏土，下部为砂砾石层，为孔隙水赋存地层。省内普遍发育残积、坡积物，局部地区发育洪积、冰积物，富水性差，一般无供水意义。

2. 孔隙承压水

孔隙承压水集中分布在洞庭湖平原区中央部分。含水岩层由第四纪冲积、冲湖积砾石、砂砾石及砂层组成。含水岩组的砂砾石层顶板均存在相对较完整的隔水岩层，地下水具有承压性质，

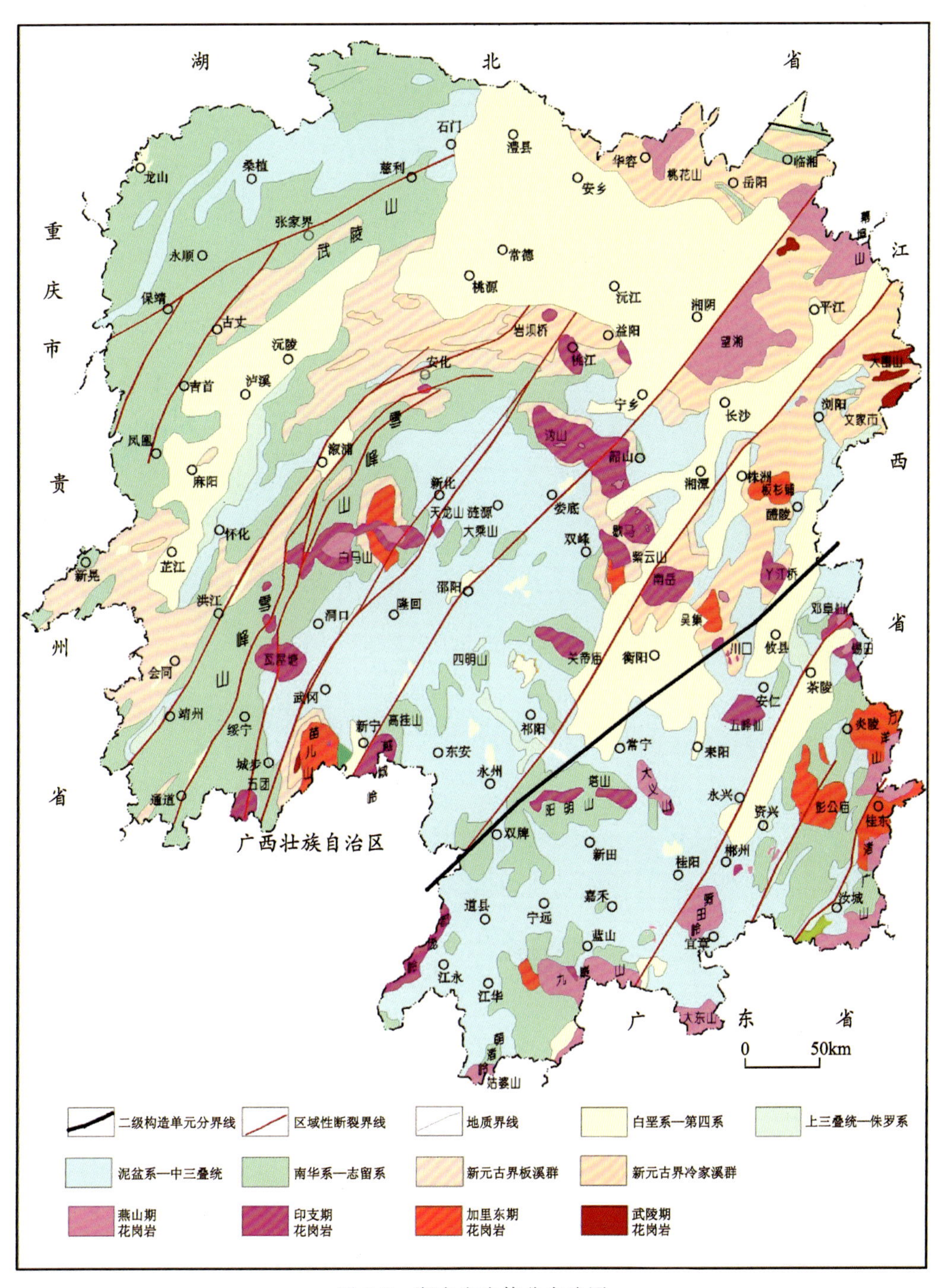

图 2-5　湖南省岩体分布略图

［据《中国矿产地质志·湖南卷》(湖南省地质调查院,2021 修编)］

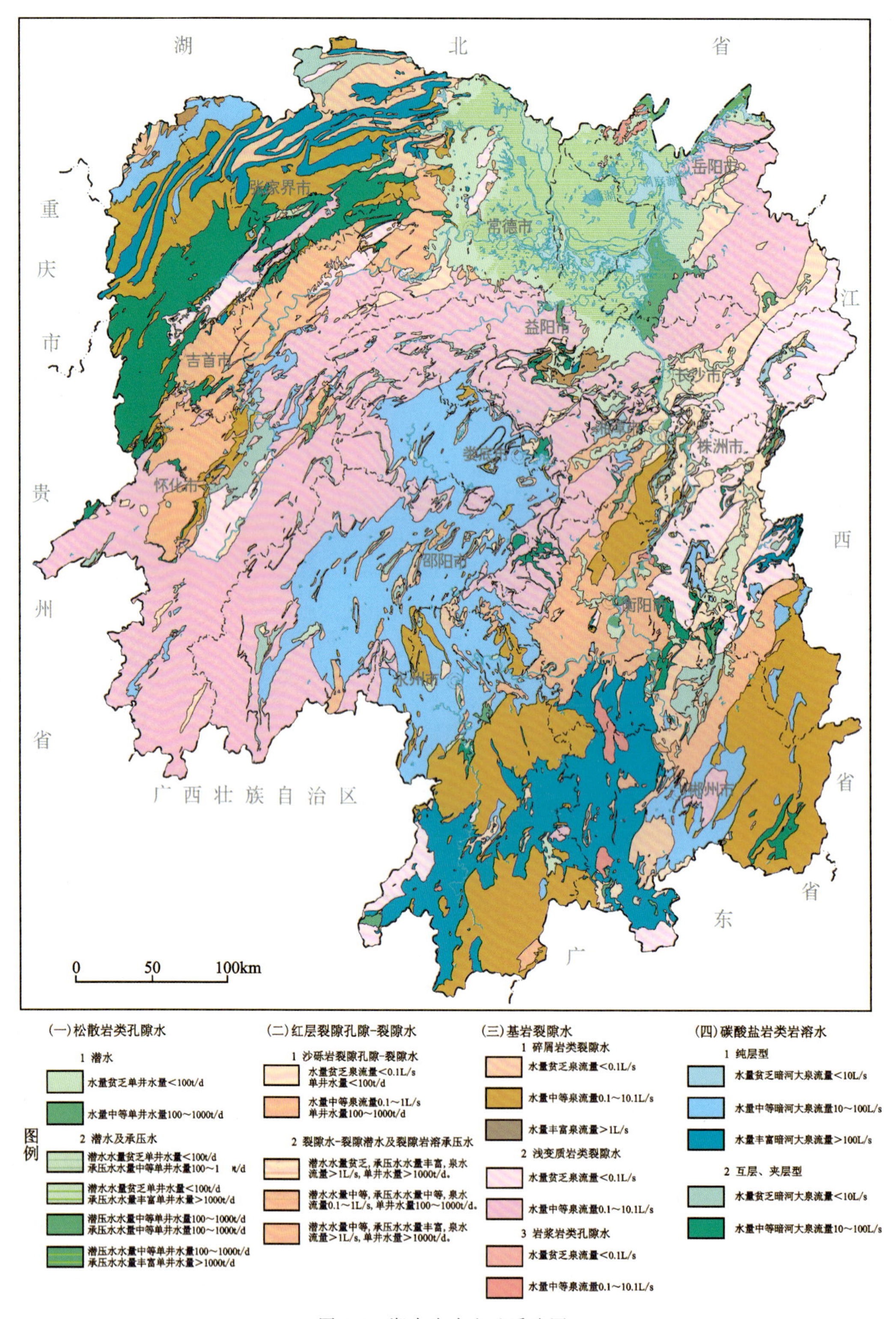

图 2-6 湖南省水文地质略图

表 2-3　含水岩组富水性等级划分标准表

地下水类型	富水性分级标准			含水岩组富水性等级
类（亚类）	单井（孔）涌水量（m^3/d）	泉、地下河流量（L/s）	径流模数 [$L/(s \cdot km^2)$]	
松散岩类孔隙水	＞1000			丰富
	100～1000			中等
	＜100			贫乏
红层裂隙孔隙—裂隙水（砂砾岩孔隙裂隙水、钙质砾岩裂隙岩溶水）	＞1000	＞1		丰富
	100～1000	0.1～1		中等
	＜100	＜0.1		贫乏
碳酸盐岩类裂隙溶洞水（纯层型及互层、夹层型）		＞100	＞6	丰富
		10～100	3～6	中等
		＜10	＜3	贫乏
基岩裂隙水（碎屑岩裂隙水、变质岩裂隙水、岩浆岩裂隙水）		＞1	＞3	丰富
		0.1～1	1～3	中等
		＜0.1	＜1	贫乏

表 2-4　湖南省含水岩组富水性分级及分布一览表

地下水类型		含水岩组代号	富水级别	分布范围
类	亚类			
松散岩类孔隙水	潜水	Qh	中等	各河沿岸
		Qh	贫乏	洞庭湖区
		Qp_{1-3}	—	各河沿岸
	承压水	Qp_2、Qp_1h	丰富	澧县—津市、常德—汉寿、华容—南县、沅江
		Qh、Qp_3、Qp_1m	中等	安乡、沅江、岳阳—汨罗—湘阴
红层裂隙孔隙-裂隙水	砂砾岩裂隙孔隙-裂隙水	K_1、K_2、E	中等	龙山、石门、邵阳、桂阳等地，沅麻、衡阳、常桃、茶永等盆地
		K_1、K_2、E	贫乏	长平、沅麻、常桃、株洲、醴攸等盆地，宁乡、通道等地
	钙质砾岩裂隙岩溶水	K_1lj、KEb	丰富	湘潭市、醴攸盆地酒埠江、衡阳盆地东井、茶永盆地马田、石门
		K_1l、KEb	中等	衡阳盆地新市镇及大渔湾、石门维新、邵阳至新宁回龙市一带

续表 2-4

地下水类型		含水岩组代号	富水级别	分布范围
类	亚类			
碳酸盐岩类裂隙溶洞水	纯层型	$\in_{2}q$、O_{1}、$D_{2}q$、$D_{3}s$、$C_{2}d$、CPm、CPH、P_{1}、T_{1}	丰富	湘西北地区、攸县、宁乡、韶山、涟源及江永—道县—桂阳等地
		$\in_{3\text{-}4}l$、O_{2+3}、$D_{2}q$、D_{3}、C、P_{1}	中等	湘中、湘南、湘西北地区，浏阳、攸县、靖州、辰溪—怀化等地
		Z、C、T_{1}、$D_{3}s$	贫乏	张家界、宁乡、韶山、浏阳—醴陵、汝城等地
	互层、夹层型	$\in_{2}q$、$\in_{3\text{-}4}l$、$D_{2}q$、D_{3}、C_{1}、P_{1}	中等	张家界、吉首、凤凰、安化—涟源、宁乡—韶山、攸县、汝城等地
		Z、$\in_{1}n+s$、$\in_{3\text{-}4}l$、$D_{2}q$、$D_{3}s$、$P_{3}lt$、$P_{3}w$、T_{1}	贫乏	湘西、湘西北地区，宁乡、韶山、株洲、桂阳—新田—常宁、攸县等地
基岩裂隙水	碎屑岩裂隙水	$\in_{1}n+s$、$D_{3}x$	丰富	龙山、双峰—邵东
		$\in_{1}n+s$、S_{1}、S_{2}、D、C_{1}、T_{1}、$T_{3}zj\text{-}sq$	中等	湘西北、湘中、湘南地区，浏阳—醴陵、耒阳、攸县等
		S_{1}、$D_{2}t$、P_{2}、T_{2}、$T_{3}zj\text{-}sq$	贫乏	湘西北、湘中、湘东及湘南区
	浅变质岩裂隙水	QbB、Z、$\in$、O_{2+3}、S_{1}	中等	湘西、湘中地区，塔山、大义山、九嶷山及幕阜山等山区
		QbL、QbB、Z、$\in_{1}$、O_{1}、O_{3}、S_{1}	贫乏	湘西地区、连云山、罗霄山、阳明山及九嶷山等山区
	岩浆岩裂隙水	γ	中等	幕阜山、沩山、南岳、中华山、白马山、大义山、骑田岭等岩体
		γ	贫乏	白水、桃江、丫江桥、五峰仙等岩体

与隔水层之上的潜水一般无水力联系。依据含水层的岩性、结构及分布、彼此间水力联系、隔水层的稳定性，将第四系地层划分为4个含水岩组。第Ⅰ含水岩组包括全新统及上更新统；第Ⅱ含水岩组包括中更新统马王堆组、白沙井组及新开铺组；第Ⅲ含水岩组包括下更新统汨罗组；第Ⅳ含水岩组为下更新统华田组。

Ⅰ含水岩组：由第四纪全新世的砂、砂质黏土、黏土组成，厚度一般小于10m。在盆地中的牛鼻滩—大通湖和盆地东北部的广兴洲—君山农场一带大于20m。含水层厚5m左右，一般与地表水体有直接水力联系，水质受到不同程度的污染，分布范围小，动态变化大，开发利用程度低。

Ⅱ含水岩组：由中更新统组成，广泛分布于盆地全区，盆地中心地带埋藏于Ⅰ含水岩组之下，厚度为40～110m，由黏土、砂质黏土、砂、砾石组成多个韵律层，含水层厚度一般为40～80m，顶板埋深一般大于10m，单井可采水量盆地边缘500m^3/d左右，中心地段2000m^3/d左右，个别可达10 000m^3/d，水质好，部分地区地下水偏硅酸含量达到矿泉水标准，开发利用程度较高，开采前景好。

Ⅲ含水岩组：相当于下更新统汨罗组，大部分埋藏于60m以下，由黏土、砂质黏土、砂砾石组成多个韵律层，含水层厚度一般为20～60m，主要分布在盆地的中部和东北部，单井开采水量500～2000m^3/d，水质好，部分地区地下水偏硅酸含量达到矿泉水标准，君山—建新农场水源地开发利用程度高。

Ⅳ含水岩组：相当于下更新统华田组，埋藏于Ⅲ含水岩组之下，由黏土、不等粒砂、砾卵石组成，含水层厚度一般为10～40m，单井可采水量在1000m^3/d左右，最大可达3780m^3/d，目前开发利用程度较低。

各含水岩组的砂砾石层顶板均存在相对较完整的隔水层，地下水具承压性质。各含水岩组中，以第Ⅱ含水岩组富水性最好，一般丰富—极丰富，单井水量为1000m^3/d以上，最大可达10 000m^3/d以上，第Ⅰ含水岩组富水性最差，一般小于500m^3/d，局部地段可达1000m^3/d以上。

（二）红层裂隙孔隙-裂隙水

红层指白垩系、古近系以泥岩、泥质粉砂岩为主的沉积层，因呈红色而得名。分布于全省80余个盆地（面积大于50km^2）中，如沅麻、常桃、湘潭、长平、湘乡、株洲、衡阳、醴攸、茶永盆地等。分布面积约26 863km^2，约占全省面积的12.68%。岩性为一套典型的陆相碎屑岩，由紫红色、棕红色砾岩、砂砾岩、砂岩、粉砂岩和泥岩组成，局部夹有泥灰岩、灰岩或膏盐层，最大厚度超过5000m。燕山晚期至喜马拉雅期，红层盆地产生褶皱和断裂，由坳陷盆地转变为断陷盆地。盆地整体多为宽缓的向斜构造。据已有调查资料，红层地下水的赋存条件及水力特征较为复杂，归纳起来，存在4种情况。

(1)红层接近地表部分，岩石风化强烈，风化带厚度一般小于40m，地下水赋存于风化裂隙中，呈裂隙潜水状态。

(2)红层中的砂砾岩层构造裂隙发育，上覆泥岩或富含泥质的岩层，地下水具承压性，局部地区水位高出地面，属孔隙裂隙水。

(3)衡阳盆地分布的钙质泥岩、钙质粉砂岩和泥灰岩，富含钙质及石膏，溶蚀裂隙及溶孔发育，地下水赋存于裂隙及溶孔中，水位一般高出溶蚀带上限，因而具承压性，属孔隙裂隙水。

(4)局部地区红层底砾岩或层间砾岩，砾石为石灰岩，钙质或钙泥质胶结时，发育溶孔、溶洞，地下水赋存于溶洞和溶蚀裂隙中，属裂隙岩溶水，单井水量一般为500～1000m^3/d。此类水一般分布于红层盆地边缘，目前揭露厚度为20～74m，最大埋深为280m，由于上覆隔水岩层，而使地下水具承压性。

红层裂隙水分布普遍，为红层地下水的主要类型。孔隙裂隙水虽在各红层盆地内都有揭露，但因控制程度不够，具体分布范围和与裂隙水分界尚难划定。钙质砾岩裂隙岩溶水分布于局部地区，有一定供水意义，据已有控制程度，圈定了其分布范围。根据以上情况，将赋存于白垩系、古近系岩层中的地下水单独划为一个类型，并称其为红层裂隙孔隙-裂隙水。

（三）碳酸盐岩类裂隙溶洞水

湖南省境内碳酸盐岩类广布，出露面积约 59 892km²，占全省面积的 28.27%。含水岩组中碳酸盐岩类厚度占 30%以上的皆为岩溶含水岩组，并按照碳酸盐岩类岩层厚度在含水岩组总厚度中所占的百分数划分为纯层型和互层、夹层型两个亚类，前者碳酸盐岩类岩层厚度占含水岩组总厚度的 70%以上。

1. 纯层型

纯层型主要分布在湘西北、湘中邵阳—永州及湘南郴州—道县等地。岩溶水的富水特征较复杂，影响因素较多，不同的岩溶类型地区存在不同的岩溶发育情况和不同的水文地质特征，湖南省境内岩溶类型总体上可分为裸露-半裸露型、覆盖型及埋藏型 3 种。现按不同的岩溶类型概述如下。

1）裸露-半裸露型岩溶区富水特征

该类型主要分布在湘西北、湘西、湘中新化—隆回—东安、紫云—永州大庆坪及湘南郴州—临武一带。岩溶地层表部绝大部分裸露，仅洼地底部有少量松散层覆盖。

湘西北—湘西一带由于地处新构造运动上升地区，地形切割剧烈，利于地表水、地下水的运移和岩溶的发育，地表丘峰林立，洼地、漏斗、落水洞等分布密集，地下河强烈发育，面岩溶率最大达 33.75%，形成多层叠置的中、低山溶丘洼地，溶丘狭谷，峰丛洼地等岩溶地貌，此类地貌特征促成了本区"三水"转化迅速、滞后时间短的水动态特征。由于地形切割深，致地下水深埋，垂直渗流带最厚达 200m 左右，湖南省永州市大庆坪马子坳水位埋深达 180 余米。溶洞呈多层性发育，如吉首附近溶洞大致可分为 6 层，溶洞多呈管道状，因而构成众多的地下河系，地表水系反而不发育，部分地区密度较大，如龙山县洛塔向斜 106.3km² 面积中发育地下河 51 条，密度达 0.48 条/km²。地下河坡降一般较大，洛塔地区一般大于 0.3%，地下河流量最大达 109 000L/s（花垣县大龙洞地下河出口）。溶洞发育深度，据湘西北部分钻孔揭露为当地侵蚀基准面以下 181.61m。

2）覆盖型岩溶区富水特征

该类型主要分布于湘中涟源—邵阳、湘南江永—道县—桂阳一带以及湘东部分地段。岩溶地层大面积为松散层覆盖，其中的溶丘、残峰、峰林、垄岗、垄脊等则裸露，地貌上多为峰林谷地、溶丘谷地、残峰坡地、垄脊槽地等。这些地区较明显地反映出岩溶作用以水平作用为主的特征，形成较宽阔的坡地、谷地等，底部浅平。松散覆盖层厚一般为数米至 10 余米，最厚达 80 余米。湘南一带残峰屹立，有的呈峰林簇展现，岩峰上也常见多层溶洞，坡地、谷地中漏斗、落水洞、溶潭及岩溶泉也较发育；地下溶洞较发育，多发育在河床下 100m 左右；地下河较少，上升泉较多见。地下水以水平运动为主，水位埋深一般少于 20m，水力坡度一般小于 0.5%，泉水流量最大达 780L/s（耒阳市洲坡乡泉边头泉）。

3）埋藏型岩溶区富水特征

该类型分布于湘中、湘南、湘东及湘西北等部分地段，由于构造因素造成碳酸盐岩地层较大面积埋藏在第四纪前各时代非碳酸盐岩地层之下，从而构成了埋藏型岩溶区，地下岩溶以溶蚀裂隙为主，但部分地段溶洞也很发育，以至形成管道型溶洞，溶洞发育多受构造及古岩溶影响，致使有的钻孔见溶洞高程达 250m 以上。由于多种因素影响，本类型区岩溶作用向深部发育，已知溶洞发育最深达地面以下1 056.29m，高程至－836.11m。地下水以裂隙渗流为主，局部地段为管道流。局部地区由于上覆弱透水的基岩层，构成了层间承压水，有的水位高出地表7.55m。不同岩溶类型区，由于各种因素显示程度不同，岩溶发育程度也不一样，因此，其富水程度差异也较大，同一类型中富水级别贫乏—丰富均有。多数情况下由于溶洞与裂隙并存，故岩溶水在同一水动力场中水力联系密切，具统一的地下水面，但也存在一些水力联系不畅的相对独立的地下水流系统。

2. 互层、夹层型

该类型主要分布于湘西吉首—凤凰、湘中新化—涟源—邵阳—武冈、湘南新田—耒阳、湘东株洲—茶陵等地。湘西地区含水岩组为寒武系，湘中南地区为泥盆系、下石炭统、下二叠统，多由泥质灰岩、泥灰岩组成，细分为间互状质纯碳酸盐岩、间互状不纯碳酸盐岩、均匀状不纯碳酸盐岩。由于含水岩组中夹非碳酸盐岩较多，影响了岩溶的发育，在相同的地貌、构造、岩溶类型及水动力条件下，此类含水岩组的岩溶发育程度都较前亚类岩组明显弱，一般以裂隙为主，溶洞较少，地下河也较少，地表岩溶形态也多不显著，局部地段发育的溶洞及地下河突出地受岩性控制。泉水流量一般小于5L/s，最大达68.25L/s。富水程度多为贫乏至中等。

湖南省地下河、岩溶大泉分布详见图2-7。

另据《湖南省碳酸盐岩岩溶水（区域水文地质普查总结）》报告（湖南省地质矿产局水文地质工程地质一队，1988），按岩溶层组类型与岩溶水类型（含水介质）的空间组合关系，将湖南省岩溶水文地质类型细分为均匀状质纯石灰岩管道水、均匀状质纯白云岩管道水、均匀状不纯石灰岩管道水、均匀状质纯碳酸盐岩管道水，均匀状质纯石灰岩溶洞水、均匀状质纯白云岩溶洞水、均匀状不纯石灰岩溶洞水、均匀状质纯碳酸盐岩溶洞水、均匀状不纯碳酸盐岩溶洞水、间层状质纯碳酸盐岩溶洞水、间层状不纯碳酸盐岩溶洞水，均匀状质纯石灰岩裂隙溶孔水、均匀状质纯白云岩裂隙溶孔水、均匀状不纯石灰岩裂隙溶孔水、均匀状质纯碳酸盐岩裂隙溶孔水、均匀状不纯碳酸盐岩裂隙溶孔水、间层状质纯碳酸盐岩裂隙溶孔水、间层状不纯碳酸盐岩裂隙溶孔水18种。

（四）基岩裂隙水

按赋存的岩性类型可分为碎屑岩裂隙水、浅变质岩裂隙水和岩浆岩裂隙水3个亚类。

1. 碎屑岩裂隙水

碎屑岩裂隙水主要分布在湘西北、湘中南及湘东南，出露面积约占全省面积的10.86%。湘西北地区含水岩组为下寒武统、志留系、泥盆系及中上三叠统；其他地区为中泥盆统跳马涧组、上二叠统、上三叠统及侏罗系，局部地区有上泥盆统及下石炭统，由砾岩、砂岩、粉砂岩及页岩组成。地下水主要赋存于构造裂隙中，局部存在层间裂隙水。浅部风化裂隙发育，面裂隙率为0.37%～5.44%，个别地段达15.2%，含风化裂隙水，风化带深一般在40m左右，最深为54m。泉水流量为0.01～6.04L/s，一般小于1.0L/s；径流模数为0.069～2.645L/(s·km^2)，个别地段达4.375L/(s·km^2)。富水程度一般为贫乏至中等，局部较为丰富。

2. 浅变质岩裂隙水

浅变质岩裂隙水主要分布在武陵山、雪峰山、湘东及湘南等广大地区，其他地区零星出露，出露面积约占全省面积的28.11%。含水岩组多为元古界、下震旦统，雪峰山及其东南广大地

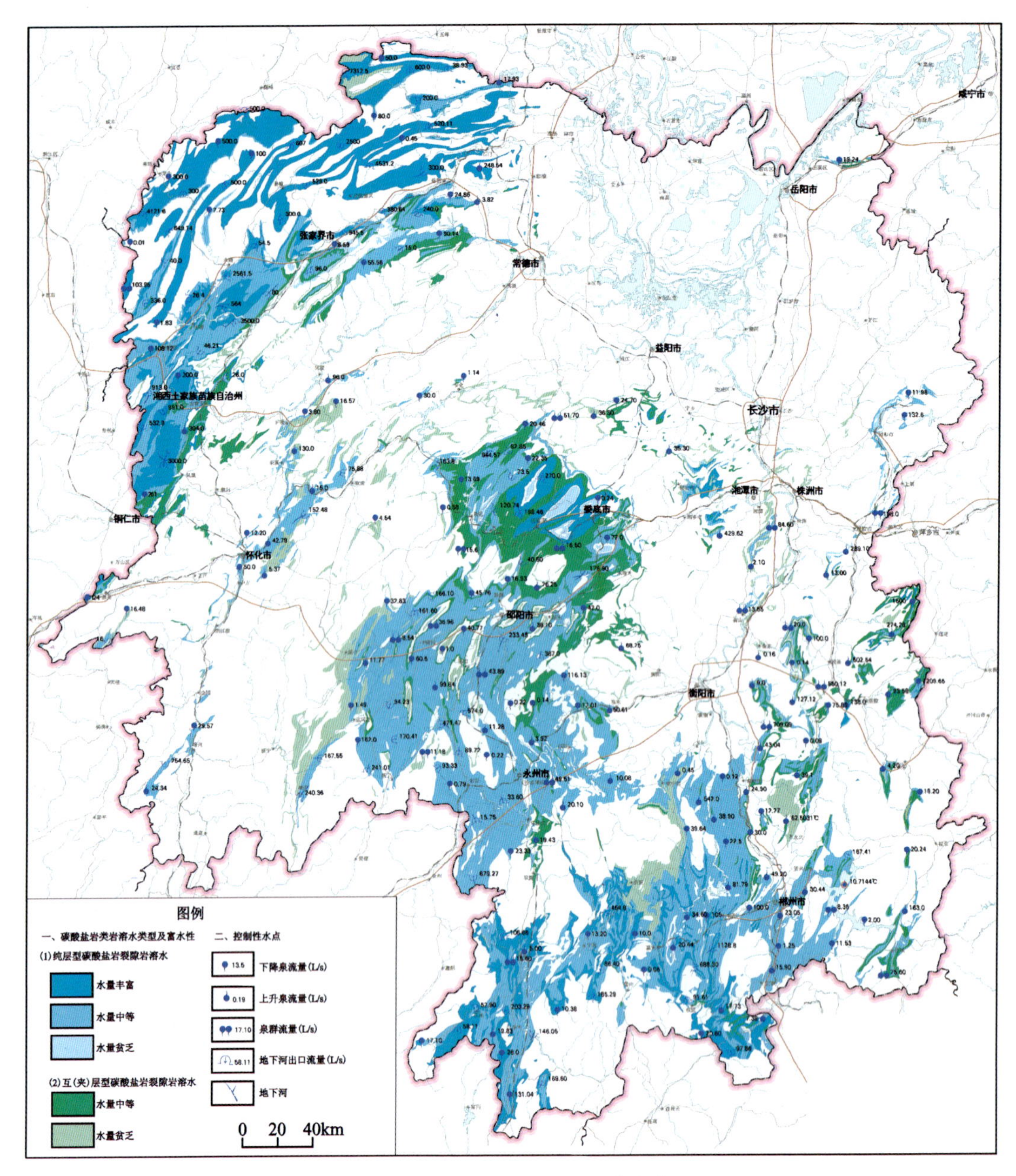

图 2-7 湖南省地下河、岩溶大泉分布图

区尚有上震旦统、寒武系、奥陶系、志留系，由板岩、千枚岩、凝灰岩及浅变质砾岩、砂岩组成。地下水主要赋存于风化裂隙中，分布较均匀，局部地带存在构造裂隙水。在下古生界组成的褶皱中分布层间裂隙水。

浅部风化裂隙发育，风化带深一般为 10～14m，局部可超百米；面裂隙率为 0.1%～6.167%，局部最大达 20.22%。较普遍含风化裂隙水，泉水流量一般为 0.014～0.967L/s，个别达 2.70L/s；地下水径流模数一般为 0.054～2.89L/(s·km^2)，局部达 5.43L/(s·km^2)。富水程度多为贫乏至中等。水位埋深为数米至百余米，受地形控制。一些向斜和背斜中的硅质岩、碳质板岩、砂质板岩等构造裂隙发育，含构造裂隙层间承压水，水头高出地表最高达 80

余米，部分地段富水性较强，孔口自流量高达7 274.88m³/d，泉水流量最大为8.5L/s。

3. 岩浆岩裂隙水

岩浆岩裂隙水分布于雪峰山以东的白马山、瓦屋塘、沩山、关帝庙、白水、幕阜山、彭公庙、塔山、大义山、骑田岭等356个岩体（面积大于0.1km²）出露区，其中花岗岩类岩石占绝大部分，出露总面积约占全省面积的8.17%。岩浆岩中表部风化强烈，风化带深一般为10～50m，局部地带可超百米。较普遍含风化裂隙水，泉水流量一般为0.01～0.91L/s，局部达5.62L/s；地下径流模数一般为0.25～2.96L/(s·km²)，局部可达13.98L/(s·km²)。富水程度一般为贫乏—中等。此外，岩浆岩中构造破碎带由于构造裂隙发育，常形成承压裂隙水含水带，水头高出地表最高达20余米，孔口自流量最高达738.34m³/d。

二、地下水补、径、排条件及动态变化

（一）地下水的补、径、排条件

地下水的补给、径流、排泄受气象、水文、地形地貌、地质构造、岩石渗透性等条件控制，局部还受人为因素影响。湖南省境内西部武陵山、雪峰山，南部南岭，东部幕阜山、罗霄山等中低山区接受大气降水补给，是地下水的主要补给区；中部丘陵、盆地、沿河阶地、沉积平原相互交错，高程一般在500m以下，且由南向北递降，为地下水的径流区；北部洞庭湖平原，地势平坦低洼，高程多在50m以下，接纳湘、资、沅、澧“四水”，亦为地下水的最终排泄区。

1. 补给

绝大多数地区，大气降水是地下水的主要补给来源。总的来说，湖南省地下水补给形式分为垂向和侧向两大类，并以垂向补给形式为主，其补给强度则因地形坡度、岩石渗透性强弱、降水强度、植被程度及性质等不同而异。裸露型岩溶地区，常见地表溪流沿落水洞等直接灌入地下，成为地下水垂直补给的另一来源及形式。洞庭湖平原等地一些承压水地区，下部含水层通过弱透水层向上渗流，越流补给上部含水层，成为又一种垂向补给形式和来源。

省内河流切割了各类含水岩组，成为地表水与地下水发生水力联系的通道，一些地区的地表水即沿此补给地下水，成为侧向补给的一种形式。在基岩山区的高低区间、山区边缘、丘陵与平原区，存在一种由高向低、从一含水岩组向另一含水岩组的侧向补给，成为又一类侧向补给形式。

总之，不同地区补给形式有较大差异。山区一般以降水垂向补给为主，局部存在地表水垂向及地下水侧向补给；平原区及盆地区除降水及地表水体垂向补给外，同时存在越流垂向补给、地表水侧向补给及地下水侧向补给。

2. 径流

地下水在含水介质中径流运移，受储水空间性质、岩组结构、地质构造、地形地貌等因素影响。按含水空间性质可分为孔隙型、裂隙型、洞隙型及管道型等。不同形式具有不同的径流特征。

松散岩类中地下水属孔隙型，由于含水性相对较均一，地下水呈层流运动，径流直接受地势条件影响，洞庭湖平原区由于地势低平、宽阔，切割微弱，水力坡度很小，一般仅0.1%左右，地下水流速度缓慢，常德牛鼻滩和西洞庭湖一带仅0.7～0.976m/d，越靠近湖心流速越慢，地

下水径流方向与地形坡度方向基本一致。

碎屑岩、岩浆岩和浅变质岩中地下水属裂隙型，地下水沿构造裂隙及风化裂隙运移，由于裂隙宽度一般皆细小，发育较均一，故多呈层流运动。构造裂隙层间水径流途径较远，流速也较慢。

红层地下水属裂隙型，径流条件受地形、岩层渗透性控制。红层地区地形大多为丘岗，起伏和缓，坡度小，故地下水运移缓慢，径流途径多较短，地下水交替较迟缓；但近河谷地段及石灰岩砾岩中溶洞裂隙层间水，由于岩石渗透性较强，其径流条件相对较好。

碳酸盐岩类岩溶水属裂隙型、洞隙型及管道型，径流特征受岩溶形态和发育程度、地质构造、地形等条件控制。岩溶含水层中洞隙空间一般较大，其地下水流速及水力性质都与其他类型地下水有较明显的区别。而且洞隙型与管道型的径流特征也有较大差异，管道型呈集中性沿管道运移，其流速多较快，并存在紊流运动，地下水交替强烈，运移途径多较长，坡降受地貌控制，丘陵区平均仅0.19%左右，山地区则为2%～6%。洞隙型介于管道型与裂隙型之间。

3. 排泄

地下水的排泄特征和形式受含水空间性质、地形地貌、水文网的分布、覆盖层性质等控制，分别形成点状集中性流出及面状分散性渗出两种排泄形式。不同地下水类型的排泄形式基本具一定形式。

岩溶水的排泄多沿河谷两侧、河溪底、洼地边缘、可溶岩与非可溶岩接触带及断裂带等地形低洼处，以岩溶泉或地下河的形式呈集中性排泄。由于受地形及构造因素影响，多构成一个较完整的补、径、排水文地质单元。排泄状态受地貌条件不同而有悬挂式下流、平流式外流及承压上涌式等。悬挂式排泄多出现在新构造运动上升较显著、地形切割较剧烈的湘西北、湘西、湘南等的山地区；平流式和承压上涌式则多出现在湘中、湘南等丘岗及坡地区。排泄点在平面上的展布有的呈分散性点状，有的受构造及地形控制而呈一定方向的线状、带状、片状等。

裂隙水和孔隙水除以点状泉集中性排泄外，还常见向河溪湖泊等呈面状渗出排泄，地下水的排泄大多为可见式的地表排泄，也有排于河湖水面下及上覆含水层岩层中。

（二）地下水的动态变化

1. 影响地下水动态的因素

（1）气候是影响潜水动态最活跃的因素。雨季，降水入渗补给使潜水水位上升，潜水矿化度降低；雨季过后，蒸发和径流排泄使潜水水位逐渐下降，在翌年雨季前出现谷值，潜水矿化度升高。这种一年中周而复始的变化，称为季节变化。气候的多年变化，则使潜水水位发生相应的多年周期性起伏。

（2）地表水体附近，地下水动态受地表水的影响明显。河水水位上升时，近岸处的潜水水位上升最快，上升幅度最大；远离河岸，潜水水位变化幅度变小，反应时间滞后。

（3）气候水文因素决定了地下水动态的基本模式，而地质因素则影响其变化幅度与变化速度。例如，承压含水层受到上覆隔水层的限制，补给区动态变化强烈而迅速，远离补给区则变得微弱而滞后。对于潜水，包气带厚度越大，滞留于包气带中的水便越多，潜水水位的变化越滞后于降水。

（4）人为因素也可影响地下水的天然动态。例如，钻孔取水或矿坑渠道排除地下水后，人工采排成为地下水新的排泄去路;含水层或含水系统原来的均衡遭到破坏,天然排泄量的一部分或全部转为人工排泄量,天然排泄不再存在或数量减少(泉流量、泄流量减少,蒸发减弱),并可能增加新的补给量。再如,打井取水后,天然排泄量的一部分或全部转由采水井排出,如采水量超过补给量,地下水水位则逐年下降。此外,利用地表水大水漫灌而不加强排水,潜水水位将因灌水入渗补给而逐年上升,引起土壤次生沼泽化或盐渍化。

2. 平原区孔隙水动态特征

湖南省孔隙水动态的影响因素主要有地质地貌、气候、水文以及人为因素。

地质地貌因素对孔隙水动态形成的影响并不反映于其周期上,而是反映在形成特征方面。地质构造及地貌分布决定了孔隙水与地表水和大气降水的联系程度不同,因而反映在动态上受气候或者水文因素的影响程度不同,出现不同的特征。譬如洞庭湖平原地表黏性土分布厚度为 5~20m 不等,下伏承压水含水层较为封闭,因而在动态变化上不易受到降水的影响,但对地表水的传导压力却十分敏感。在"四水"河谷,阶地与河漫滩所处的地位不同,反映在孔隙水动态上,阶地孔隙水主要受气候因素控制,河漫滩的孔隙水则主要受河水位变化的影响。

气候因素是影响孔隙潜水动态的主要因素,根据多数长观孔、泉的资料,水位(流量)变化的特征为:水位(流量)在 4—10 月(雨季)上升,11 月至翌年 3 月(枯季)下降,年变幅较大,月变幅也大,动态极不稳定(图 2-8)。

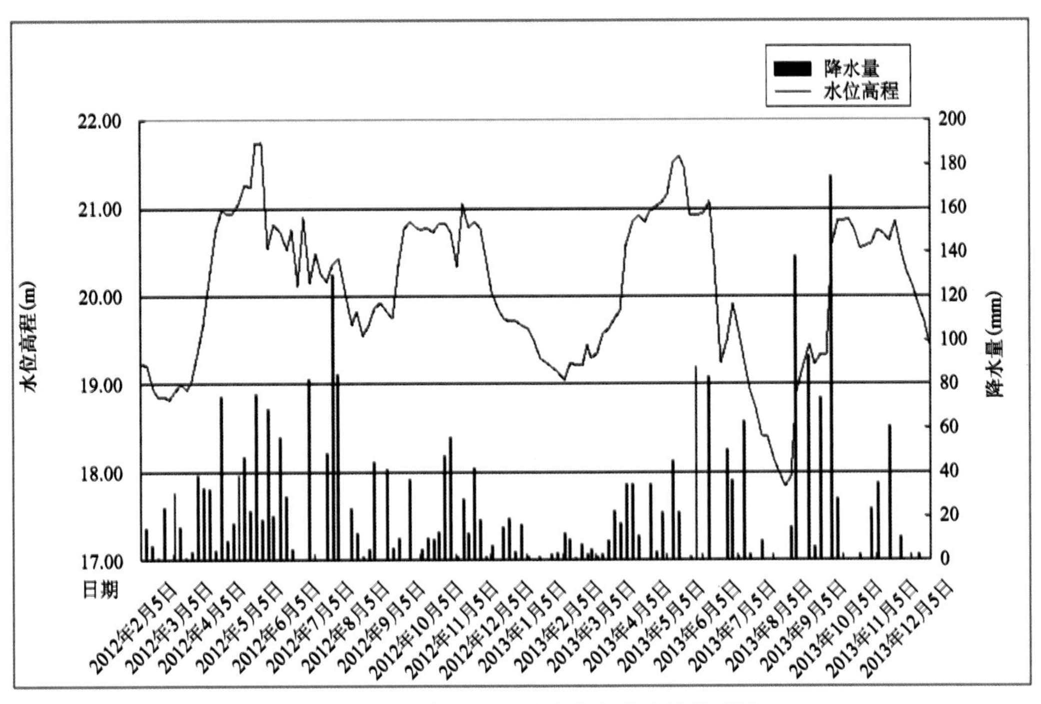

图 2-8 洞庭湖区 S2-1 孔水位与降水量关系图

水文因素在洞庭湖平原区对孔隙水动态的影响最为强烈,但在"四水"河谷的影响带较窄,仅仅作用在河漫滩附近;洞庭湖盆地的承压水动态,一方面受地表水补给的影响,一方面受地表水体压力传导的影响,其影响范围几乎涉及整个盆地。

位于洞庭盆地东缘、距东洞庭岸仅 300m 左右的钻孔,长期观测资料表明:水位在 4 月开始稳定上升,7 月中旬达到高峰,后持续下降,11 月接近枯季水位,其水位变化与湖水一致,基本上具同步变化规律。

人为因素主要是稻田灌溉和开采孔隙水方面的影响，尤其在洞庭湖平原，潜水水位埋藏较浅，水平径流微弱，稻田渗漏使潜水水位抬高。

3. 山丘区地下水动态特征

山丘区分布的主要是碳酸盐岩类裂隙溶洞水、基岩裂隙水、红层裂隙孔隙-裂隙水。

岩溶水动态变化与降水关系密切。一般雨后滞后时间为1～3d，部分地下河在数小时内即可达高峰值，流量动态变化呈现不稳定—极不稳定型（图2-9）。降水除使岩溶水流量变化反映敏感外，还使岩溶水的矿化度和硬度变低，并具有季节性变化。

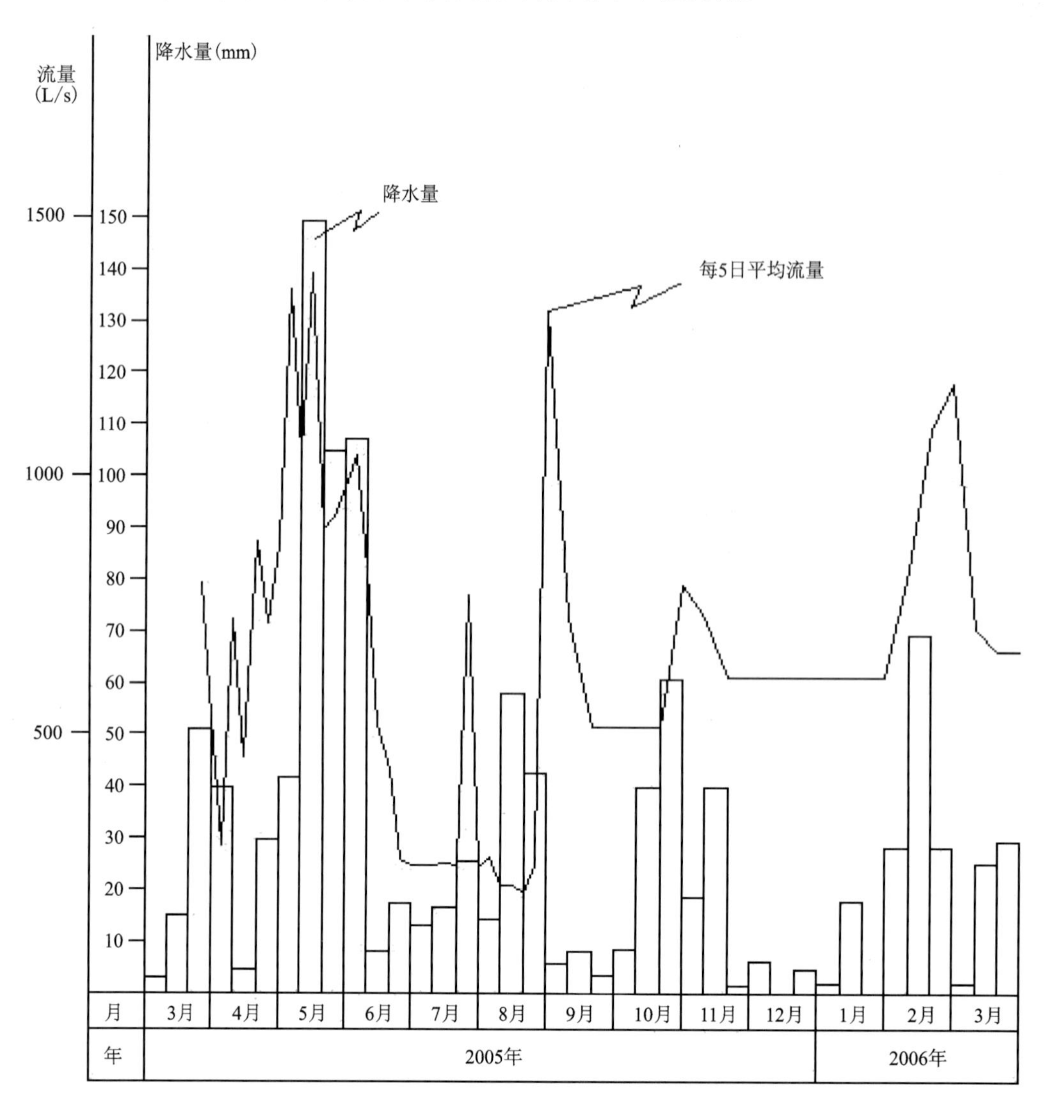

图2-9　保靖县黄莲洞地下河动态曲线图

在湘中、湘南及湘东地区，处于相对稳定或缓慢上升状态，地形切割不强烈。存在广阔的残丘坡地，其上部一段有数米或数十米松散层。松散层具有一定的透水性，降水可通过它补给下部的岩溶水。局部低山高丘区，上部覆盖很薄甚至无覆盖物，降水可直接补给岩溶水。此外，某些地区还有上覆含水层的下渗补给。本区岩溶水的补给、径流、排泄区的距离较近，但其畅通程度不及湘西北。岩溶水得到补给后，沿溶隙及溶洞管道向低处流动，最后以泉或地下河的形式排出地表。其动态变化幅度比湘西小。地下水旱季流量变化一般较平稳，一进入雨季，流量暴增，甚至可超过原流量值的数十倍至数百倍。入秋之后的大暴雨亦对泉流量产生明显影响。

长期观测曲线表明，浅部基岩风化裂隙水的流量、水位动态变化明显受季节控制，一般变化较大。含水岩组为板溪群浅变质岩的邵东铁矿，泉流量年变化为7.4倍，坑道排水量年变化为6.4倍，泉流量和坑道涌水量滞后降水峰值数天，水位变幅1.56～3.97m。

三、地下水富集规律

（一）地下水受岩性控制

含水岩组是地下水赋存的基础，其岩性不同，含水介质、岩溶发育程度差异较大，是影响地下水富集的主要因素之一。

松散岩类孔隙水含水层颗粒粗，厚度大，泥质含量少，地下水富集；古河道分布处，砾石厚度虽随基底起伏有些变化，但在比较稳定地段，地下水富集。

红层裂隙孔隙-裂隙水在钙质、膏盐含量高的层位分布区，如钙（灰）质砾岩、钙质胶结的砂岩和砾岩、富含钙质和石膏的泥岩、泥灰岩分布地区，一般地下水较其他地区富集。

碳酸盐岩类岩溶水，一般岩溶发育地区地下水丰富，在有利的地貌条件下，形成地下水富集部位。岩溶发育强度和富水性以质纯灰岩为最强，地下水遵循灰岩→白云质灰岩→白云岩→泥质灰岩→泥灰岩由强至弱的富集规律。

基岩裂隙水，由于裂隙的性质、大小、充填程度不等，含水量也相差悬殊。相对而言，质硬性脆岩石和含碳酸盐岩夹层的岩组裂隙较发育，地下水富集。

（二）地下水受褶皱构造控制

1. 褶皱类型对地下水富集的影响

地下水的分布除了取决于地下岩层的空隙条件外，还受到地质构造条件的影响。褶皱构造就是湖南省境内特别是岩溶区最重要、最基本、分布广泛的一种富水构造，往往由非含水层或弱含水层构成较为明显的隔水边界，形成独立的水文地质单元。褶皱内存在富水性强的含水岩组，地下水丰富，泉或地下河平均流量大于周围地区同类地下水平均流量一级以上。当然，褶皱的不同类型对地下水的富集还是有较大差别，富水向斜无论数量还是单体富水性都比富水背斜要多、要强。据已有资料，省内大型的储水构造全部都是向斜，约15个；岩溶区较大的富水褶皱共约82个，其中富水向斜62个，占总数量的75.6%。如新化县思游向斜，由上、下石炭统碳酸盐岩地层组成，两翼以断裂为界，发育大于10L/s的地下河9条，天然总排泄流量795.76L/s；大于5L/s的岩溶泉点10个，天然总排泄流量105.72L/s（图2-10）。

2. 褶皱部位对地下水富集的影响

褶皱核部：纵张裂隙发育，为地下径流、岩溶发育、地下水的富集创造了条件。在负地形条件下有利于地下水从翼部向核部汇集，为地下水的主要富集场所。

褶皱翼部：深坳陷的大型向斜构造及正地形条件下的背斜构造，地下水不能向核部汇集，

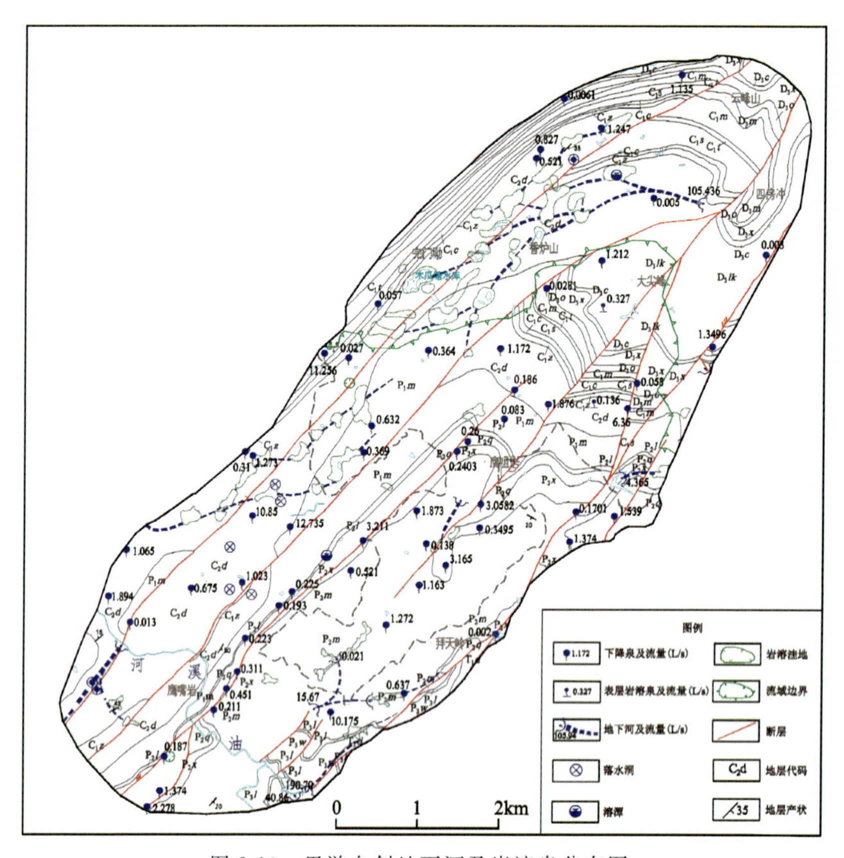

图 2-10　思游向斜地下河及岩溶泉分布图

常被限制在两翼顺岩层走向运动，因此在褶皱翼部的有利部位或近轴部揭露主要含水层位，可获得较丰富的地下水。且两翼在岩性条件相同的情况下，一般缓倾角的一翼较陡翼富水性好。

褶皱转折部位：背斜倾伏端、向斜扬起端及各类褶皱构造的转折部位应力集中，岩层走向及倾向弯曲变形较其他部位强烈，受拉伸力作用放射状纵张及横张裂隙密集，有利于岩溶发育，是地下水富集的有利地段。如武冈市大东山背斜西南端在张公庙一带倾没，发育地下河 4 条、岩溶泉 7 个，总流量为 381.57L/s，每平方千米地下水天然排泄量为 9.54L/s(图 2-11)。

3. 褶皱形态对地下水富集的影响

褶皱在平面上的形态反映了岩层受压应力的大小和变形的程度，是影响地下水富集的因素之一。宽缓型褶皱构造岩层中两组呈“X”形扭性裂隙十分发育，互相切割，岩溶发育，且岩层出露面积大，有利于地下水富集。而窄长紧闭型褶皱构造岩石虽变形强烈，各种裂隙较发育，但开启性差，加之其汇水条件也较前者差，故其富水性比宽缓型褶皱要弱一些。

（三）地下水受断裂构造控制

由于历次地壳运动，在境内形成了复杂的构造体系，它们彼此联合、复合，决定了湖南省断裂发育的特征，主要为压性、压扭性断裂，其次为张性、张扭性断裂，部分断裂具有多期活动性，有的近期仍未停止，常显示出由压性、压扭性转变为张性、张扭性的迹象。在一些地方，断裂往往彼此平行、密集成带，这些断裂带内岩石破碎，呈角砾状或糜棱岩化，两侧影响带宽数米至数

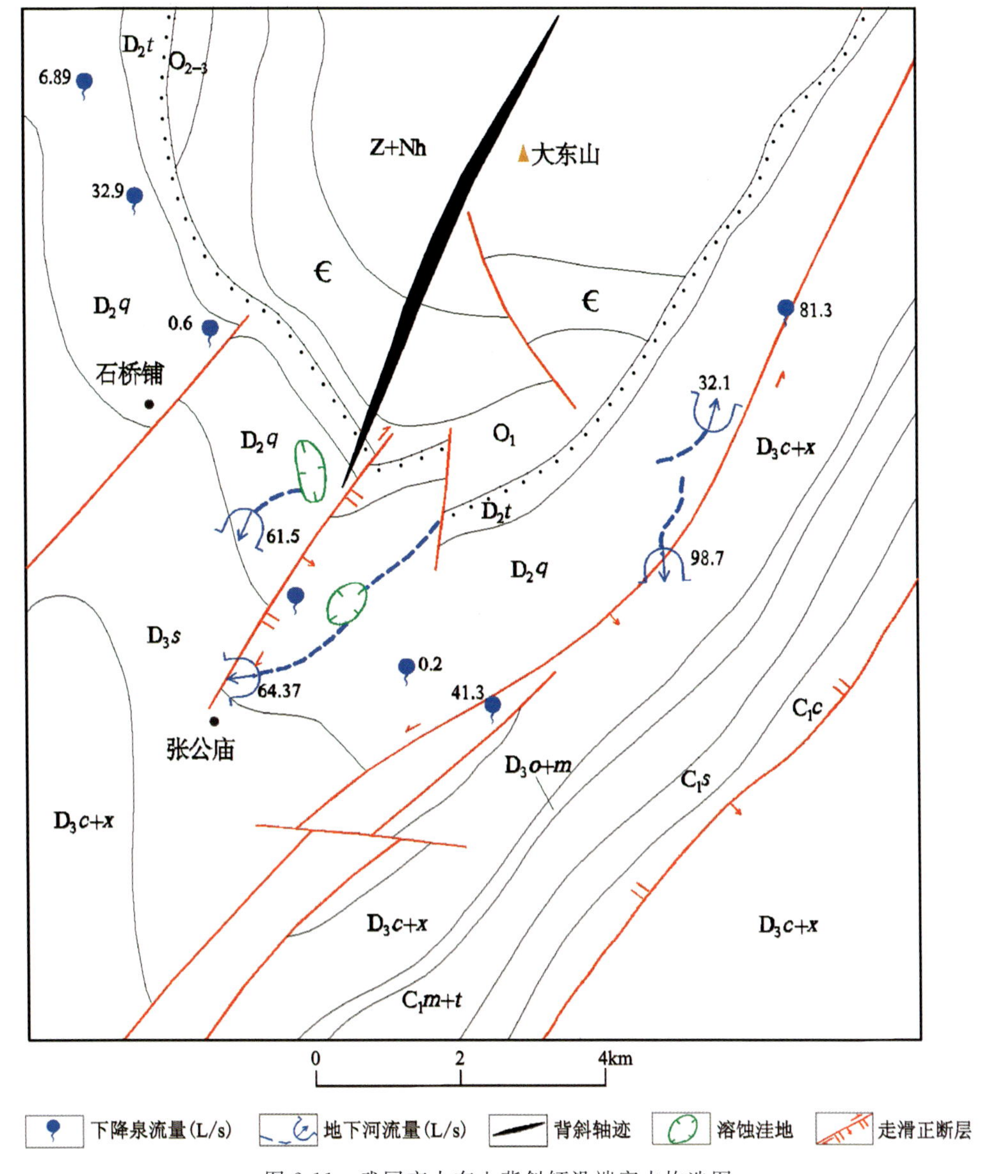

图 2-11　武冈市大东山背斜倾没端富水构造图

十米，巨大断裂带或断裂密集带的影响宽度可达数百米。这些断裂为地下水的形成、运移及富集创造了条件，显示出如下特征。

1. 压性、压扭性断裂影响带富水

压性、压扭性断裂带内岩石由于挤压形成糜棱岩或断层泥，使构造紧密，一般不含水。而其两侧影响带内岩石受断裂挤压、牵引，裂隙发育，岩石破碎，有利于地下水的富集，形成充水地带。如凤凰县茨岩 10 号钻孔揭露茶店-凤凰主干压扭性断裂，角砾岩胶结良好，起阻水作用，在其迎水一侧形成承压富水带，当钻孔揭穿断层角砾岩时，承压水头高出地表 20.9m，自流量达 2190m^3/d(图 2-12)。

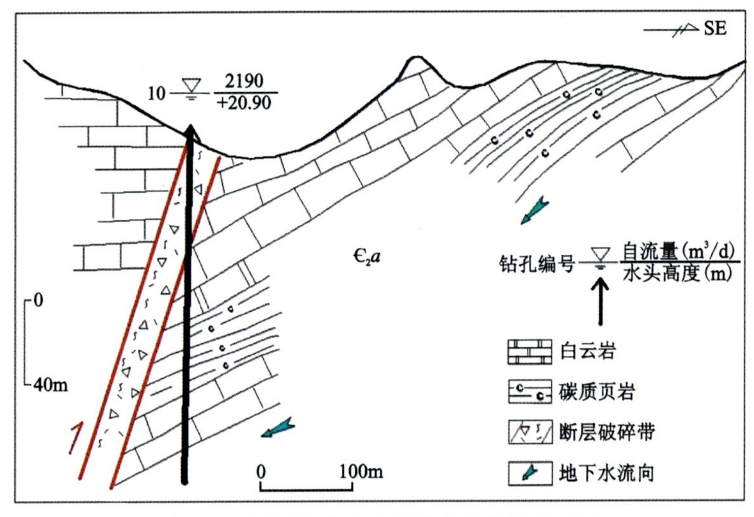

图 2-12　凤凰县茨岩承压水形成条件示意图

2. 张性、张扭性断裂带富水

张性、张扭性断裂一般规模较小，但结构面粗糙，断裂带内岩石破碎，胶结较差，常形成充水断裂，富集地下水。如永顺县杉树坪-张家湾张扭性断裂，发育于奥陶纪灰岩之中，长 39km，沿断裂带岩溶强烈发育，沿线分布有 16 个洼地，大气降水几乎全部渗入，地下河沿断裂发育，长达 21km，出口总流量为 1500L/s。

3. 多期活动断裂，尤其是挽近期活动断裂为断裂富水带

这类断裂由于多次活动，断裂带内岩石极度破碎，断裂带内甚至无充填，富水性强，常形成充水断裂。如邵东市宋家塘-芦山坳断裂，早期形成的角砾岩和方解石脉被重新错断，具多期活动特征，裂隙发育。后期形成的角砾岩松散，含水丰富，每平方千米地下水天然排泄量为 11.75L/s。以往曾施工 2 个钻孔揭露了该断裂带，71 号钻孔涌水量为 766.7m^3/d，73 号钻孔涌水量达9 215.2m^3/d。

4. 断裂交叉部位富水

巨大断裂带与旁侧低序次断裂相交处或不同方向断裂交叉部位，裂隙密集，岩石破碎，易致地下水富集，形成充水带。如郴州竹山里地段，北东向断裂多被北西向断裂所切割，交叉部位均有上升泉出露，其附近钻孔涌水量也较大(图 2-13)。据郴州市供水勘察报告，冯家山上升泉群预测水位降深 4m，可开采水量为 4441m^3/d；20 号钻孔预计降深 5.28m，可开采水量为 2779m^3/d。

5. 构造体系的联合、复合部位富水

构造体系的联合、复合部位是应力集中的地方，多期、多次的构造活动使构造面的力学性质发生改变，岩石的破裂程度加剧，岩溶发育，有利于地下水的赋存。因此，构造形迹的联合、复合部位如归并、迁就、交接、包容、重叠等地段常是地下水的重要分布区。如郴州市的水湖里、桥头、金坪坦一带，由泥盆纪碳酸盐岩组成，构造上处于南北向的五盖山背斜西翼与北东向褶岭、良田褶皱的交叉部位，岩溶极为发育，地下水丰富，出露 6 条地下河、7 个岩溶大泉，平水期总排泄量 703 389m^3/d，径流模数 10.3L/(s·km^2)。

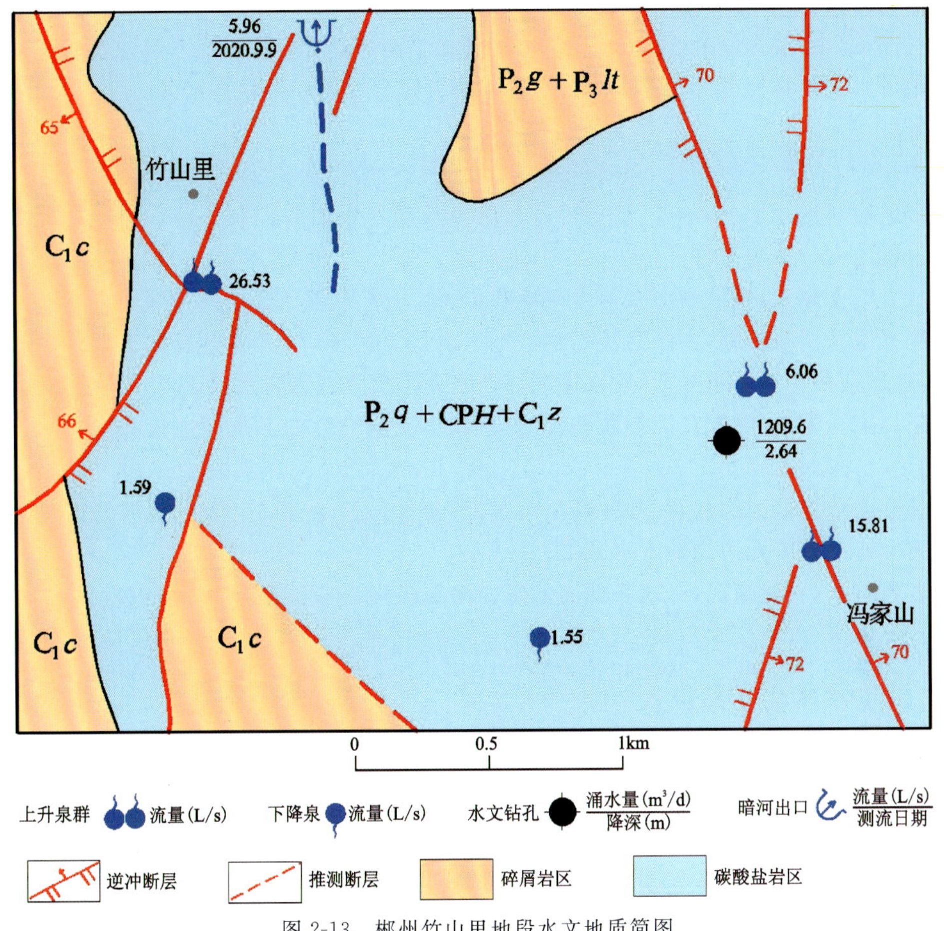

图 2-13　郴州竹山里地段水文地质简图

（四）地下水受接触带控制

碳酸盐岩中各种不同形式的接触带是地下水富集的重要场所，各种岩溶现象沿不同形式的接触带分布是岩溶地区非常普遍的现象。

1. 可溶岩与弱可溶岩接触带富水

在均匀状不纯碳酸盐岩分布区，由于不同岩性的碳酸盐岩物质成分和结构构造的差异，岩溶发育程度亦有明显的差异，在可溶岩与弱可溶岩接触带易形成富水的空间条件，在有利的补给条件下，接触带附近可溶岩一侧含水丰富。当岩层倾向与坡向相反时，因弱可溶岩相对阻水，地下水常常以上升泉形式出露地表。

2. 可溶岩与非可溶岩接触带富水

在间互状碳酸盐岩分布区，非可溶岩的存在，影响和控制了岩溶发育的水动力条件，导致岩溶发育较弱并具有成层性特点，地下水被限制在可溶岩与非可溶岩接触带附近运移，其接触带是地下水富集的重要场所。

此外，碳酸盐岩与岩浆岩接触带也富水。这类接触带由于岩体的侵入，接触处及附近节理裂隙发育，加之接触蚀变带内大量金属硫化矿物的存在，使地下水酸度增高，侵蚀性加强，利于岩溶作用的进行，常常富含地下水。如江永县铜山岭燕山早期花岗岩体侵入石炭纪和泥盆纪灰岩、白云岩之中，溶蚀洼地、漏斗、落水洞遍布，面岩溶率达 18.5%，地下溶蚀管道发育，每平方千米地下水天然排泄量为 15.98L/s，形成围绕岩体分布的环带状富水区。

（五）地下水受地形地貌控制

地形地貌对地下水的补、径、排条件及岩溶发育起着重要的控制作用，有利的地形地貌是地下水富集的充分必要条件。

松散岩类孔隙水，湖区平原及河漫滩地势低，地下水补给与储存条件好，地下水富集。湖区垄岗化平原及河流阶地，由于河流切割、冲刷，岩层支离破碎，大多仅有大气降水补给，储存条件差，地形有利于地下水排泄，含水层往往透水而不含水或者含水贫乏。

红层裂隙孔隙-裂隙水在河谷两侧、主要河流与支流汇合的三角洲地带、地形低凹地区等地段地下水富集。

碳酸盐岩类裂隙溶洞水，往往在峰丛沟谷、溶丘谷（盆）地、溶丘洼地、缓坡地带、地貌类型的过渡地带或地貌单元边缘地下水富集。

基岩裂隙水，一般情况下，地势低的地区如沟谷两侧、洼地、山麓地带植被发育的地区地下水相对富集。

四、地下水水化学特征

降水充沛、地貌形态复杂、岩石组合多样化，是决定湖南省地下水水化学特征的重要因素。本省地下水水化学特征是地下水水化学类型多，矿化度低，多为弱酸性及弱碱性，极软及微硬水。

（一）地下水水化学类型

地下水水化学类型与含水岩组的岩性关系密切，不同岩性中赋存的地下水水化学类型亦不同。

松散岩类孔隙水化学类型以 HCO_3-Ca 型、HCO_3-Ca・Mg 型为主，其次为 HCO_3-Na・Ca 型。

红层裂隙孔隙-裂隙水化学类型以 HCO_3-Ca 型为主，其次为 HCO_3-Ca・Mg 型以及 HCO_3-Na・Ca型。由于红层富含石膏，因此局部有 SO_4-Na・Ca 型及 SO_4-Ca 型分布。

碳酸盐岩类裂隙溶洞水的地下水水化学类型以 HCO_3-Ca 型为主，其次为 HCO_3-Ca・Mg 型。

碎屑岩裂隙水化学类型以 HCO_3-Ca 型为主，其次为 HCO_3-Na・Ca 型；浅变质岩裂隙水化学类型以 HCO_3-Ca 型、HCO_3-Ca・Mg 型及 HCO_3-Na・Ca 型为主，其次为 HCO_3・Cl-Na・Ca型；岩浆岩裂隙水化学类型以 HCO_3-Na 型、HCO_3-Na・Ca 型为主，其次为 HCO_3・Cl-Na・Ca 型。

（二）温度

地下热水除外，湖南省境内一般地下水温度在 15～20℃之间。

（三）矿化度

由于地下水补给充足，排泄条件较好，交替循环剧烈，湖南省地下水矿化度一般小于 1g/L。

在红层盆地局部和地下水交替迟缓的山间谷地及平原低洼处，也会出现矿化度大于1g/L的情况。目前已调查出7处，主要分布石门、龙山、泸溪、临湘、衡阳等地。

（四）酸碱度

地下水pH值变化范围一般在5.6～8.5之间，不同类型地下水的pH值有明显的差异，碳酸盐岩类岩溶水pH值一般在7.1～8.5之间，而基岩裂隙水则多为5.5～6.4。

（五）硬度

地下水总硬度变化范围为0.56～188.87mmol/L，以极软水和微硬水为主，其次为软水，各类地下水的硬度差别较大。碳酸盐岩类岩石钙镁盐分含量高，地下水硬度亦高；基岩裂隙水赋存在钙镁成分低的岩石中，地下水硬度偏低；红层裂隙孔隙水-裂隙水硬度变化较大，为23.55～47.10mmol/L。

第四节　矿泉水形成条件及富集规律

一、矿泉水资源概述

湖南矿泉水具有相当的资源优势，类型齐全、品质优良、数量丰富、生态环保，是我国主要矿泉水产地之一，开发潜力巨大。根据湖南省地质环境监测总站2015年8月提交的《湖南省矿泉水资源调查及其开发利用评价报告》，全省共有417处矿泉水资源，遍布14个市州89个县区。探明的矿泉水产地共128处，其中：大型规模矿泉水产地2处，汝城热水圩矿泉、耒阳汤泉矿泉；中型规模35处，如宁乡市灰汤矿泉、张家界温塘矿泉、长沙麻林桥矿泉、慈利万福矿泉、嘉禾钟水河矿泉等；小型规模91处，代表性的有隆回金石桥矿泉、宜章子桥矿泉、石门热水溪矿泉等。

开展过勘查或通过技术鉴定的饮用天然矿泉水共有116处（仅为饮用的有45处，饮用理疗两用的71处），可采资源量80 858.86m^3/d，可分为单一型和复合型两种。单一型饮用天然矿泉水有78处，占全省矿泉总数的67.2%，其中偏硅酸型62处，锶型13处，锌型3处；复合型矿泉水有38处，占32.8%，其中偏硅酸—锶型23处，偏硅酸—锂型5处，偏硅酸—碳酸型2处，锶—锂型3处，偏硅酸—锶—锂型2处，偏硅酸—硒型1处，硒—锶—锂型1处，锶—碘1处。

开展过勘查或通过技术鉴定的理疗天然矿泉水73处（仅为理疗的有2处，饮用理疗两用的71处），可采资源量63 394.17m^3/d，可分为11种类型。单一指标达标的有4种57处，其中单纯矿泉水3处、单纯硅酸水38处、单纯氡水3处、单纯温水13处；两项指标达标的复合型理疗矿泉水有5种13处；三项指标达标的复合型理疗矿泉水有2种3处。

二、矿泉水形成及富集规律

（一）形成条件

湖南省内矿泉水的形成，最根本的前提是地下水流经含有某些特征组分的岩层，它们是形成矿泉水特征组分的物质来源；再者是具有形成矿泉水特征组分的地球化学环境、水动力条件。可以理解为地下水在岩层运移过程中，长期与围岩接触，经溶滤作用、阴阳离子交换吸附、生物地球化学等一系列物理、化学作用，岩石中的微量元素、组分进入地下水中并达到一定的浓度而形成各种不同类型的矿泉水，而每一种类型的矿泉水都有自己独特的形成规律。

1. 偏硅酸矿泉水

偏硅酸矿泉水是我省最主要的一类矿泉水，主要赋存在岩浆岩中，其次是浅变质岩、沉积岩中，据统计单一型偏硅酸矿泉水 62 处，复合型偏硅酸矿泉水 34 处，占总数的 81.3%。

硅是构成地壳岩石圈的主要元素之一，占地壳总量的 25.74%，因此自然水中普遍发现可溶性 SiO_2组分，但在水中胶体状态存在的 SiO_2却较少见，大多数是以分散的硅酸盐形式存在。而偏硅酸（H_2SiO_3）则是最简单的形式，故常以 H_2SiO_3代表硅酸，它是一种很弱的二元酸，只有其钾、钠盐溶于水，硅酸矿水主要由铝硅酸盐矿物水解形成，其次可由硅酸盐矿物及石英的溶解而成。

湖南省处在潮湿多雨的气候条件下，化学作用较为强烈，硅酸盐类岩浆岩较为发育，同时还广泛分布着含硅质、钙质较为丰富的碎屑岩、浅变质岩，又经历多次构造运动，在这种环境里形成偏硅酸矿泉水是较为容易的。

湖南省矿泉水水中偏硅酸含量的多少与围岩的关系密切，在水温较为相同的情况下，矿泉水中偏硅酸含量以益阳城区矿泉（图 2-14）为代表的细碧玄武岩、拉斑玄武岩地区最高，花岗岩、二长花岗岩、花岗闪长岩地区次之，碳酸盐岩、红层、浅变质岩地区较低。同时偏硅酸矿泉水的形成至关重要的因素是温度和压力，因为温度决定了硅酸盐的溶解度，只有在高温条件下，水中才可能溶解较多的硅酸盐而形成偏硅酸矿泉水。所以深大断裂往往构成这类矿水床形成的有利条件，湖南省 90%以上的偏硅酸矿泉水都与深大断裂有关。

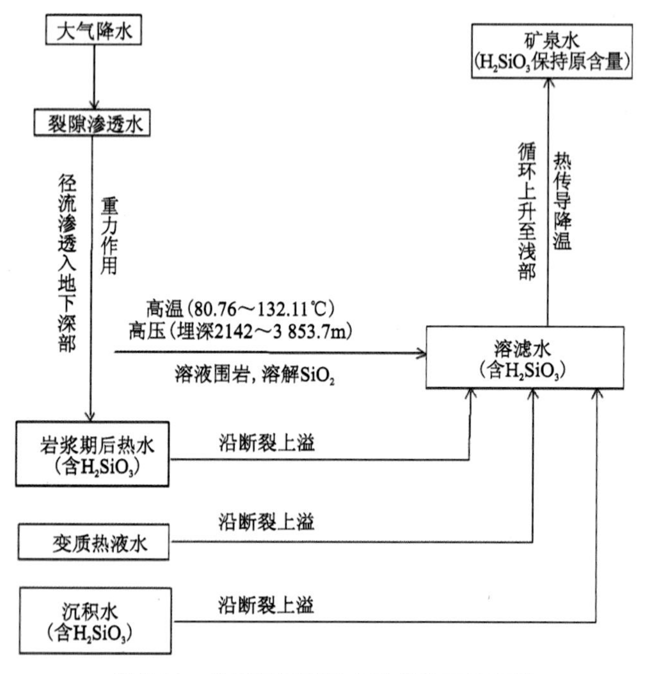

图 2-14　益阳城区矿泉水形成机理示意图

2 锶矿泉水

湖南省内闪长岩、花岗岩、粘土岩和碳酸盐岩地层中，锶(Sr)相对比较富集，是提供锶元素来源的主要母岩。

由于锶盐的溶解度相对较小，而且受水的酸碱度、温度的控制，因此在富含锶(Sr)的地层中能否形成锶矿泉水，很重要的因素还决定于水的侵蚀度及地下水的渗流条件。含侵蚀性CO_2的水与富含锶岩石互相作用有利于锶的溶解，如菱锶矿($SrCO_3$)与富含二氧化碳的水互相作用，菱锶矿易水解而形成碳酸氢锶〔$Sr(HCO_3)_2$〕，从而大大增加了它在水中的溶解度，因此水中Sr的含量可显著增高。所以含锶矿泉水的形成决定于：富含锶的地层、富含侵蚀性CO_2的水和有较好的地下径流(渗流)条件以及温度等条件。

湖南含锶矿泉水主要分布于白垩系红层和奥陶系、志留系砂页岩中，部分分布于碳酸盐岩地层中。这些地层富含锶(Sr)，在有侵蚀性CO_2的水及温度、径流适合条件下，即易形成含锶矿泉水。

如衡阳营盘山矿泉水，受北东向断裂的影响，地表覆盖层较厚，形迹不明显，推断此断裂控制了红盆中心的位移，在茶山坳盐矿勘查中受此断裂影响，含水层发育深度到了260m。在此断裂的西南端，距本矿泉水点约6km钻孔见到了同样类型的矿泉水，不同的是水温比本矿泉水点略高且自流。本矿泉水的达标元素组分为锶、偏硅酸，同时含多种元素。在矿泉水附近出露均为红色岩系，即由泥岩、粉砂质泥岩局部夹长石砂岩组成。形成这样的矿泉水，明显地受构造、水文地质及地热等特定水文地球化学环境条件的制约。红层中泥岩、长石砂岩中Sr含量较高，易于风化水解的泥岩、长石类矿物的大量存在，为本矿泉水中Sr的形成提供了物质成份(图2-15)。

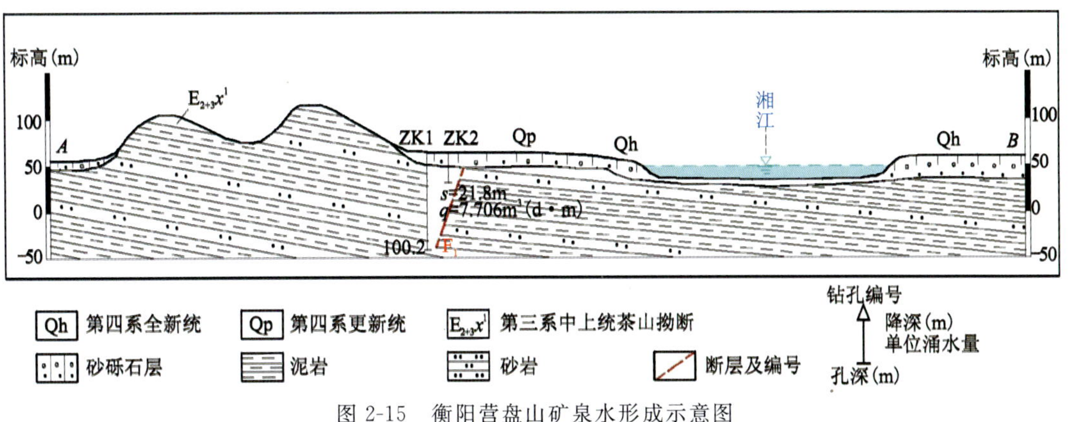

图2-15　衡阳营盘山矿泉水形成示意图

锶(Sr)是衡阳营盘山矿泉的主要特色元素组分。红层泥岩中，锶的含量相对比较富集，是提供锶元素来源的主要母岩。由于锶盐的溶解度相对较少，而且受水的酸碱度、温度的控制，因此，在富含锶的泥岩中，能否形成锶矿泉水，很重要的因素还决定于水的侵蚀性、温度及地下水的渗流条件。锶元素从岩石中转移出来被地下水迁移量受锶元素的移动性及迁移强度控制。只有在高于常温、常压下，深部迳流运移进行深循环后，由于温度和压力等物理场的明显变化，化学反应后，锶元素向地下水迁去，形成锶含量达到了饮用矿泉水标准。

3. 锂矿泉水

锂(Li)在地壳含量很少,被列入稀有元素之列。在许多硅酸盐矿物中含锂,如锂云母、黑云母、锂辉石、锂绿泥石等。一般来说,酸性岩浆岩含锂比基性岩和超基性岩要高。花岗岩中含锂可达 $30\times10^{-6}\sim50\times10^{-6}$,而超基性岩如橄榄岩中含锂只有 2×10^{-6}。在粘土矿物中,锂含量较高,通常达 $60\times10^{-6}\sim70\times10^{-6}$,因溶于水中的离子易被粘土颗粒吸收。锂具有较活泼的化学性质,含锂的母岩在风化作用过程中,一部分锂即可从含锂矿物晶体中析出,这些锂离子又易与卤族元素化合物合成,易溶于水的盐类而随水迁移。因此锂(Li)在地下水中难于富集,所以含锂矿泉水一般较少。锂(Li)矿泉水的形成,必须有"锂矿水床"存在。首先是母岩中有较多的含锂矿物,如酸性花岗岩、花岗伟晶岩等都是富含锂的岩石,因此这类地层岩石和区域是形成含锂矿泉水的有利条件。

湖南单独含锂的矿泉较少,多与其他元素共生的复合类型含锂矿泉。如龙山洗洛含 Sr、Li 矿泉,产于震旦系硅质岩中;石门大河洲含偏硅酸(H_2SiO_3)、锂(Li)矿泉,产于奥陶系下统灰岩中;长沙市经济干部管理学院内的含 Se、Sr、Li 矿泉,产于白垩系红层中;长沙荷花园 Sr、Li 矿泉,产于白垩系红层中;岳阳公田矿泉、平江石牛寨矿泉含 H2SiO3、Li 矿泉产于岩性复杂的断裂带中;宁乡灰汤、炎陵平乐、隆回金石桥含 H_2SiO_3、Li 矿泉产于花岗岩中,Li 含量为 0.2~0.85mg/L。

这些含锂(Li)矿泉中,除母岩含有较丰富的 Li 矿物外,一般还有温度和压力影响。如长沙经济干部学院希世力矿泉,水温 25℃;平江石牛寨矿泉,水温 37.6℃;隆回金石桥矿泉,水温 47.5℃;宁乡灰汤矿泉,水温 88~92℃。各矿泉水并多受断裂构造影响。这些条件对 Li 从矿物晶体中析出,溶于地下水中,形成含锂(Li)矿泉水有着重要的作用。

如龙山县洗洛乡热矿水,是地层岩性、构造和水文地质条件综合作用的结果,而地质构造是控制因素(图 2-16)。寒武系炭质页岩、粉砂岩是良好的隔水保温盖层;震旦系灰岩为矿水形成提供了物质来源。井位位于区域断裂 F_2 的次生断裂 F_1 附近,区域断裂 F_2 规模大,切割深,既可传输热,又有可能产生构造运动释放热。地下水沿断裂深循环;获热增温后,形成热流沿断裂带或其它次生断裂上升,由于 F_2 和上覆寒武系隔水保温,热矿水赋存于震旦系灰岩中,当钻孔揭穿上覆寒武系后,热矿水自溢涌出地表。

围岩本身有较丰富的锂、锶等微量元素,同时由于断裂的热动力变质作用,可使某些特殊化学成分锂、锶等元素相对富集,在高压下,加剧了水对岩石的溶滤,使上述元素转入水中,因而形成含有上述特殊化学成份的热矿水。另外,由于断裂 F_2 和寒武系隔水保温,热矿水径流速度缓慢,储存时间长与围岩作用较充分,使热矿水中含较多的可溶性固体物质,矿化度较高,达到了国家标准。地壳内含氟矿物大部分是氟硅酸盐,温度升高,可加剧化学反应速度,促使硅酸盐更易溶于水。当碱金属硅酸盐分解时,便增强了水的碱性,从而有利于氟化物在水中的迁移和富集,致使本热矿水氟含量较高。热矿水含水层本身不含氟或很少,氟可能来源于深部。

4. 锌矿泉水

岩浆活动是地壳中锌的主要来源。锌具有很强的亲硫性和一定的亲氧性。自然界中锌的独立性矿物为主要存在形式,由于它的亲硫性,所以独立矿物中都以锌的硫化物和锌的硫盐为主。锌的氧化物也有多种。绝大多数锌的化合物都易溶于水,因此锌广泛分布于地下水中。

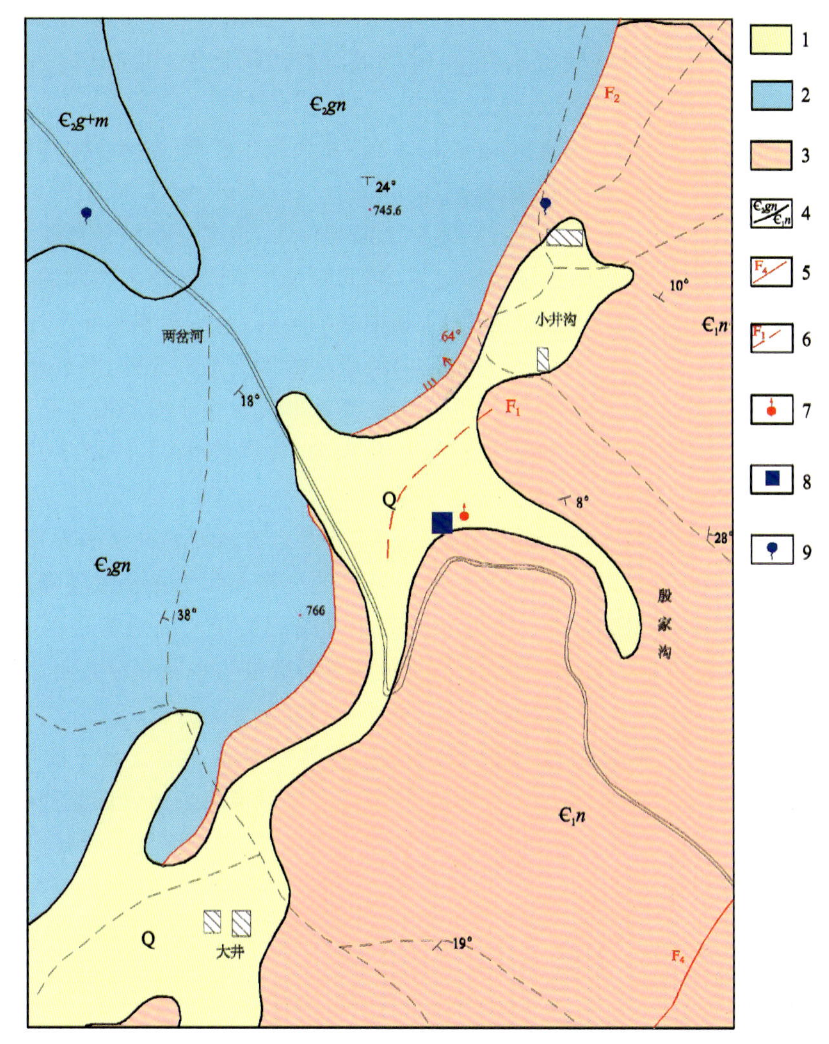

1.第四系极贫乏孔隙含水层;2.贫乏岩溶裂隙含水层;3.相对隔水层;4.地层界线及地层代码;

5.压性断裂及代号;6.物探推测断裂及代号;7.原勘探孔;8.现水井点;9.下降泉。

图 2-16 龙山洗洛矿泉水水文地质示意图

但能形成锌矿泉水的主要是流经花岗岩、玄武岩、泥质砂岩等岩类的地下水;砂砾岩、变质岩等岩类也有锌矿泉水的产生。矿泉水中锌含量与围岩中锌含量有关。由于锌的亲氧性,它可以类质同象进入硅酸盐及氧化物晶体。如锌易进入角闪石、辉石、黑云母等铁镁矿物的晶体中。岩浆作用早期阶段无锌的独立矿物出现,它主要加入铁镁硅酸盐矿物晶体。黑云母、角闪石、普通辉石的含锌量分别为 2540ppm～2900ppm、92ppm～1600ppm、255ppm。这些矿物主要产于闪长岩、花岗岩、玄武岩等中性、酸性、基性岩浆中。相应地这些岩类含锌量也较高。

岩浆作用早期,硫化物中含锌量很少,锌除加入铁、镁硅酸盐矿物晶体外多数以 $ZnCl_2$ 和 $Zn(OH)_2$ 形式气化,转移到残余气液中。锌的富集主要是在岩浆作用过程的后期阶段,由残余岩浆溶液参与热液成矿过程之中,特别是在残余岩浆侵入围岩的接触带,往往成为锌富集的有利环境。火山喷气中含有锌,火山升华物及硫气孔中有锌沉淀。沉积岩中以页岩和粘土岩中含锌最富,有的可达 120ppm～150ppm,其次为砂岩。

氧化还原环境对 Zn 元素活动性影响很大，能大大改变其溶解度。在氧化条件下，锌强烈迁移，其水迁移系数超过 1；而在还原条件下，锌形成不溶性硫化物，其水迁移系数很小，因此氧化环境才是锌矿泉水形成的有利条件。

湖南省已勘查评价并通过鉴定的含锌矿泉水有：湘乡东山矿泉、城步南山矿泉、嘉禾钟水河矿泉，锌含量分别为 0.26mg/L～0.29mg/L、0.47mg/L～0.59mg/L 和 0.31mg/L。

以湘乡东山矿泉水为例，其主要赋存在东台山断裂带中，该断裂是一条规模较大的多期活动性断裂，挽近活动期明显地表明延续至新近纪，它同时是一条断陷盆地边缘的大断裂。它是一条区域性含水断裂带，断裂破碎带厚度较大，其中裂隙孔洞发育，含水和导水性良好。同时，此断裂还有多处（包括 1 号抽水井附近）与北西向的张性断裂交汇。此外，断裂带上、下盘有良好的隔水层，具有隔水保温作用，这些条件为东山矿泉水形成提供了有利的地质—水文地质环境条件。而且，断裂带硅化蚀变强烈，并有多种矿化现象，如铜矿化、黄铁矿化、锌矿化等。这样即为矿泉水的形成提供了物质基础。

东台山断裂带水平延伸长达 40 余公里，深度大，并发育有较厚的断层破碎带，地表出露宽度最大达 500 余米，构成东台山的北西坡及山脊，宽广的分布面积为接受大气降水补给创造了有利条件；同时，地表裸露良好，极利于接受大气降水补给。由于所处地势较高，因此，大气降水补给是本层地下水主要补给来源。此外，北西向导水断裂带与本断裂存在明显的水力联系。因此，在开采条件下，北西向导水断裂带水补给也是一个较重要的方面。

大气降水渗入地下后，沿断裂带中裂隙向深部及排泄区径流运移。由于断层上盘为红层隔水层，地下水在沿断裂破碎带径流运移中，部分于红层接触带附近地表低洼处以上升泉的形式排泄，形成浅部循环带；另一部分沿裂隙继续向深部运移，径流至区域主要排泄点，形成深部区域循环带（图 2-17）。此断裂带地下水在区内主要排泄点有活水井 14 号上升泉和泉井坳 25 号上升泉。沿裂隙向深部运移循环中不断地溶滤围岩中的微量元素，特别是对人体有益的微量元素锌等溶解于水中，从而使此地下水形成矿泉水。

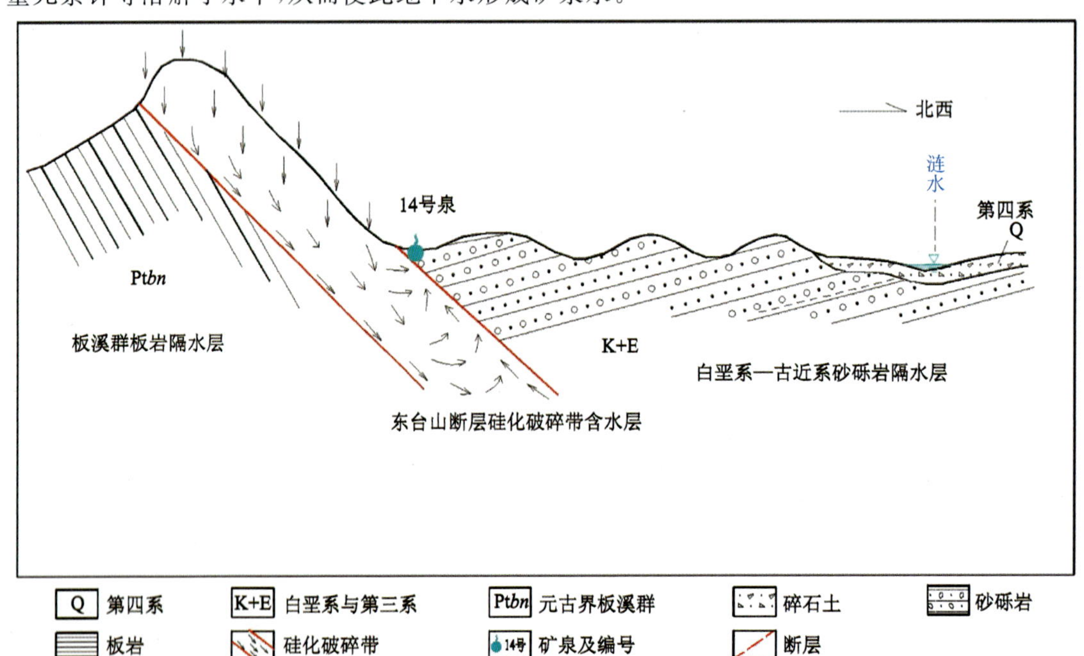

图 2-17　湘乡东山矿泉水形成示意图

5. 硒矿泉水

硒(Se)是自然界存在的化学元素，但它在地壳岩石圈中含量较低，平均含量一般只有0.05ppm～0.09ppm，主要是以分散状态存在，大部分分散在硫化矿物的晶格中。因此在硫化矿床中都有硒化物存在，在各类岩石中硒含量变化不显著，在基性至酸性岩浆中，硒含量约0.05ppm；在各种沉积岩中，页岩硒含量相对较高，平均约0.6ppm，其中以碳质页岩含硒最高，有的达5ppm。这是由于有机物质的分解，有利于硒的还原，并使硒从水中析出而沉淀。

硒是火山喷发产物中的典型元素，其含量有时可达18%～90%，这是因为硒的沸点高。所以在高温产物中含硒高，并随温度降低而减少。在地壳浅部和氧化还原环境中，硫和硒很容易产生分离，因为硫化硒易氧化，在一般地表条件下，硫即可氧化形成硫酸盐被水带走，而硒化物可被还原为硒元素混入氧化物中。在自然条件下，一般难形成硒酸盐迁移。由于这些特点，硒在自然水中含量一般较低。在现代火山活动区和煤系地层分布区，可能出现相对富集的地球化学环境，是形成硒矿水床的有利地质环境。

由于温度是控制硒活动的主要因素之一，在高温、高压条件下能扩大硫与硒的类质同相置换范围。故该类矿泉水一般为低温热水。在红色岩层(粉砂质泥岩等)中含硫化矿物较丰富，因此更有利于形成硒矿泉水。硒同硫一样，热液作用是最主要的作用阶段。它能大量地呈分散或独立矿物的形式存在于这一阶段的产物中，所有热液成因的硫化矿物中，无例外地含有硒元素。含量最高的是黄铜矿和黄铁矿，在这些矿层中的地下水，一般都富含硒。在构造断裂发育，含氧气、游离二氧化碳地下水长期作用下，黄铁矿风化破碎淋滤，硒进入地下水，即可形成含硒矿泉水。

以韶山滴水洞矿泉水为例，是在独特的地质、水文地质条件下的产物。韶山矿泉水贮存在F_1断裂下盘震旦系(Z)浅灰绿色及灰黑色硅质岩夹灰黑色含炭质硅质板岩中，上覆有寒武系中下统(ϵ_{1+2})硅质板岩夹含炭质硅质灰岩、板岩和印支期沩山花岗岩体(γ_5^1)。上述地层和岩体及其接触部位的特殊环境，富含硅质和锂、锶、硒、锌等多种微量元素，如SiO_2含量在70.13%以上，矿泉水的形成提供了物质基础(图2-18)。

震旦系硅质岩坚硬性脆，节理裂隙发育，据SK10孔资料，还发育有张开宽度达3cm的裂隙，尤其是F_1断裂为矿泉水下渗运移和贮存提供了通道和场所。

东部山区的大气降水沿上述地层，F_1断裂带的裂隙下渗，继而深部循环，据可溶SiO_2含量估计循环深度在1km以上，在较长时间的运移过程中，溶解了岩石中的成分，使水中可溶性SiO_2和Se含量达到了国家标准，并含有Li、Sr、Zn等多种微量元素。

由于矿泉水含水层上覆有厚达194.75m的寒武系中下统(ϵ_{1+2})硅质板岩和印支期花岗岩等盖层，矿水未能溢出地表，地表水和上层潜水未能影响到矿泉水，经深循环含有偏硅酸、硒等成分的矿泉水就贮存在震旦系硅质岩和断裂带中，当钻孔揭露矿泉水含水层后，承压的矿水从孔内溢出地表，溢出水头高出地表27.51m。

6. 碳酸矿泉水

碳酸矿泉水以含大量的fCO_2为主要特征，其形成首先要具有碳酸矿泉水的“矿水床”，而形成“矿水床”又必须具备三个条件：第一，有充足的二氧化碳来源；第二，具有游离二氧化碳大量渗入水中的物理化学环境；第三，有充足的补给源。也可以说，必须具备有气源、水源、运移途径、盖层等条件。

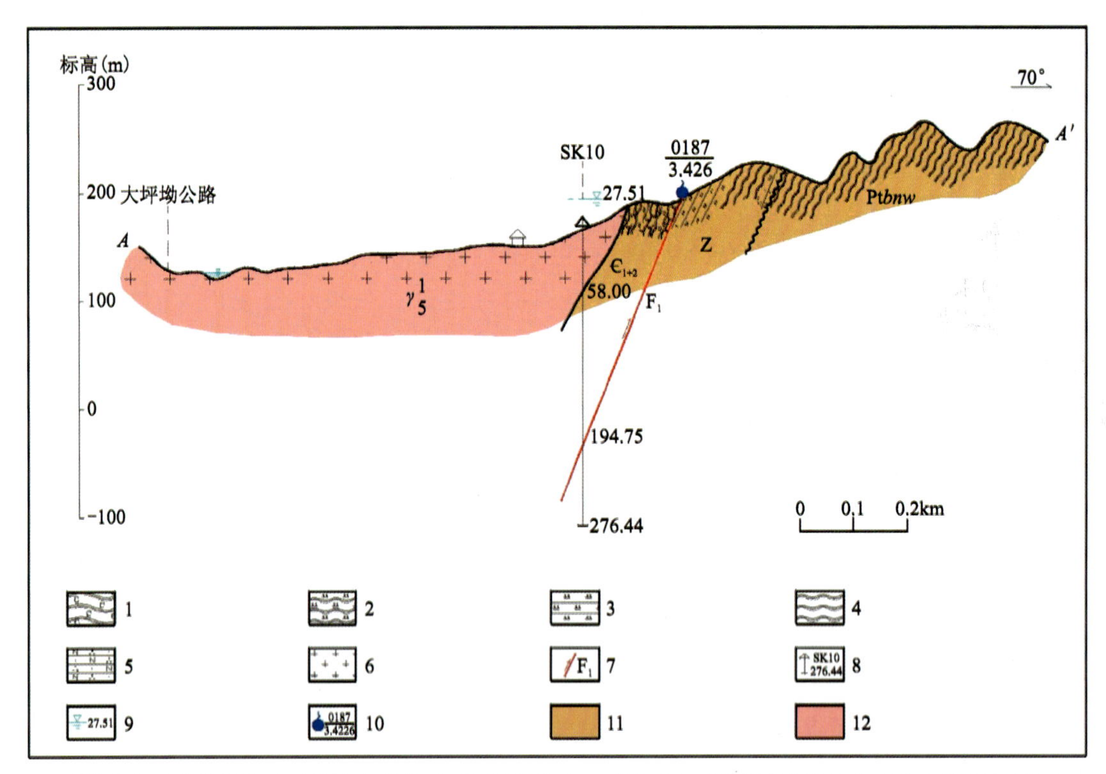

1.碳质板岩；2.硅质板岩；3.硅质岩；4.板岩；5.长石石英砂岩；6.花岗岩；7.压性断裂及编号；8.矿泉水钻孔孔号及终孔深(m)；9.钻孔地下水位高出孔口(m)；10.泉$\frac{\text{编号}}{\text{流量(L/s)}}$；11.水量贫乏的浅变质岩裂隙水(泉流量0.05L/s～0.5L/s)；12.水量贫乏的花岗岩风化孔隙裂隙水(泉流量0.05L/s～0.5L/s)。

图 2-18 韶山滴水洞矿泉形成示意图

关于碳酸矿泉水中碳酸气的来源，一直是个待深入研究的问题。前苏联学者别洛索夫提出碳酸气的形成可分为二类，即：(1)生物起源型——即在厌氧条件下，微生物活动可以产生甲烷，并常伴以碳酸气(主要在油田区)；(2)化学起源型——又可分为二个亚类。即：①变质起源的气体是岩石在高温、高压影响下，产生碳酸气(主要在火山活动歇止区及剧烈构造活动区)；②在正常温度与压力下进行的天然化学反应而产生的碳酸气(主要是在碳酸盐岩地区)。湖南2个碳酸矿泉水周围均没有碳酸盐岩地层分布，因此推断：湖南已发现的碳酸泉的成因，不属此类型。

从目前湖南省内的碳酸矿泉来看，它与多期活动性断裂、岩浆活动、中生代断陷盆地边缘密切相关。其碳酸气的来源主要为岩浆与围岩作用发生热力变质作用而产生。大气降水为矿水的主要补给来源，区域性活动断裂是碳酸气的运移通道和聚集场所。此外，还必须有一个良好的封闭盖层(碎屑岩或断层泥)起保气作用。如省内外闻名的平江福寿山碳酸矿泉出露在长平断裂带上北北东向主干压扭性断裂及与之斜交的压性“入”字型断裂和北西向张性断裂交接部位上。其上盘有5～10m厚的断层泥组成相对隔水层，对气体具有良好的封闭性；下盘为碎裂花岗岩、二长岩，具备良好的孔隙裂隙储水性能。长平断裂带至少有四次以上活动，其裂隙十分发育，大气降水部分沿构造裂隙渗入地下，当地下水由补给区缓慢地向排泄区运移过程中，溶解了花岗岩中的矿物质，最终在主断裂的下盘停积下来。

在岩浆侵入过程中，一方面岩浆冷却释放出二氧化碳，另一方面高温岩浆与含钙围岩(含钙质的板岩或其它岩石中的钙质成分)接触产生二氧化破,分布富集在岩体边缘,由于后来的构造运动,虽然有所散失,经过最后一次喜山期的强烈活动,二氧化碳也进行了重新分配,在断层泥之下的碎裂花岗岩中富集起来,形成一处处气泡,在与补给区运移而来的地下水汇合以后,二氧化碳大量溶解于地下水中,形成碳酸矿泉水。该矿泉除含游离 CO2 外,还含偏硅酸、氡,属一种复合型矿水,顺长平断裂带走向追索,可能有碳酸泉断续出露。

如平江福寿山矿泉水,主要赋存在主干断裂长柏断裂带中,该断裂是一组多期活动性、切穿莫霍面的Ⅰ级深大断裂,切穿了岩石圈,直至上地幔,下部甚至可直接与岩浆连通,fCO_2气体和氡沿 F_3 断裂呈线状高含量出现,也说明此断裂向下延展的深度将很大。因此,此深大断裂带的发育,一方面,地下水得以沿断裂带下渗,并向深部运移,在径流运移过程中溶滤了围岩中某些元素和组分;另一方面,深部热力变质产生的 fCO_2 有了上升通道,因此,本区地质构造条件极有利于矿泉水的形成(图 2-19)。

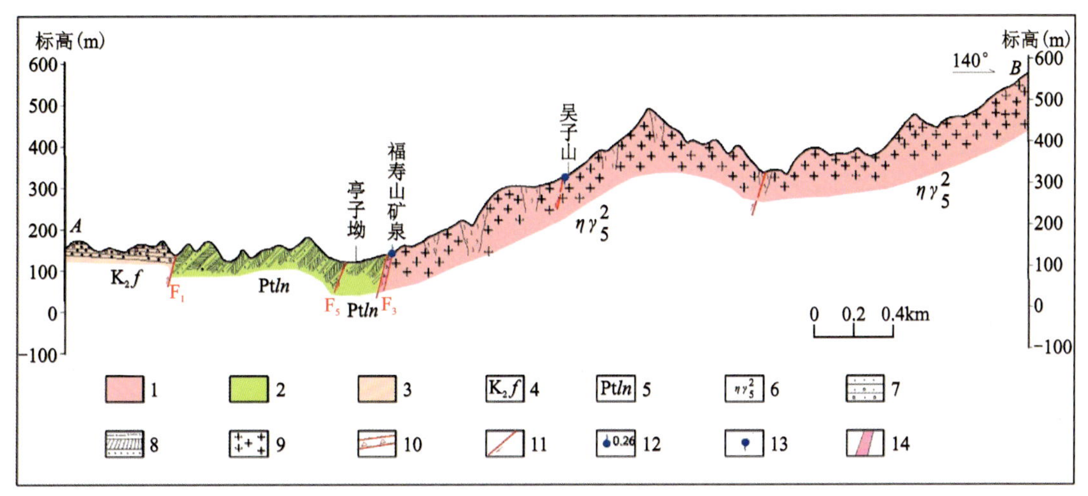

1.岩浆岩风化裂隙水;2.浅质岩裂隙水;3.红层孔隙裂隙水;4.白垩系上统分水坳组;5.冷家溪群;6.燕山期岩浆岩;7.砾岩、含砾砂岩;8.浅变质板岩、粉砂质板岩、砂岩;9.黑云母二长花岗岩;10.断层角砾岩;11.断层;12.饮用天然矿泉水泉,右为流量;13.泉水;14.矿泉水含水带。

图 2-19　平江福寿山矿泉水形成示意图

本区矿泉水经常性的水源补给主要为 F_3 断裂带南东侧的岩浆岩浅部风化裂隙水,断层上盘为浅变质板岩类岩层,隔水性良好;同时,断层直接顶板为厚数米至十余米的断层泥,阻水阻气性能良好,因此,本区矿泉水含水带的直接顶板为阻水阻气良好的盖层,也有利于矿泉水的形成。

7. 氡矿泉水

几乎所有的地下水中都含有氡。氡是镭蜕变而成的一种惰性气体,它从岩石进入地下水决定于岩石的射气作用。服从气体分压定律,而与水的化学成分无关。地下水温升高时,能引起氡急剧脱气。岩石中含较多的放射性元素为形成氡水提供了物质基础。有研究成果表明酸性岩浆岩中含镭、铀量比沉积岩高。

湖南省的氡矿泉水一般分布在湘东地区,大都产于花岗岩类岩石中,数量占到 80%以上,其它沉积岩、变质岩中只占不到 20%。富含铀的花岗岩被含氧和二氧化碳的大气降水所淋滤,以碳酸铀铣络合物的形式迁移,进而形成氡水。另外在一些断裂构造带中,岩石破碎,扩散系数高，也容易形成氡矿泉水。

以炎陵雪飞矿泉水为例，其氡含量达 193.7Bq/L～556.23Bq/L，而镭含量 1.4×10^{-7}Bq/L～5.7×10^{2}Bq/L，氡含量远在镭、氡平衡量以上说明氡不是镭衰变的产物，而是岩石或矿泉中镭和其它化学成分发生作用而产生的，由于氡含量较高，大于矿泉水中相应镭含量所产生的射气，有关资料认为含大量氡矿泉水系来自地下深处。根据以上所述，本矿泉水是沿深大断裂带深循环-溶滤作用而形成的(图 2-20)。

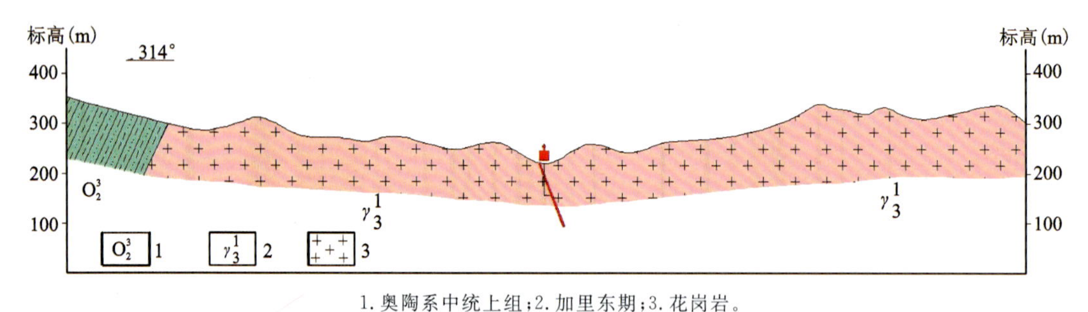

1. 奥陶系中统上组；2. 加里东期；3. 花岗岩。

图 2-20　炎陵雪飞矿泉水形成示意图

（二）富集规律

依据矿泉水的赋存条件，水理性质和水力特征，省湖南域内矿泉可分为红层孔隙裂隙矿泉水、基岩裂隙矿泉水和碳酸盐岩岩溶矿泉水三类，各类特征及其富水性如下：

1. 红层孔隙裂隙矿泉水

红层系指白垩系和下第三系，分布在全省 90 个面积大于 5km？ 的盆地内，其中以沅麻、常桃、长平、衡阳、醴攸、长株、茶永盆地为主，面积 26700km？ ，占全省总面积的 12.6%，岩性为一套典型的陆相碎屑岩，由紫红色砾岩、砂砾岩、砂岩、粉砂岩、泥岩组成，局部夹有泥灰岩、膏盐层等，最大厚度 13000 余 m。燕山晚期至喜山期，红层盆地产生褶皱和断裂，由拗陷盆地转变为断陷盆地，同时岩性变化大。红层矿泉水的赋存条件及水动力特征比较复杂，归纳起来有三种状态：一是红层中有断层和构造裂隙发育，上覆泥岩或富含泥质的岩层，矿泉水具承压性，属裂隙孔隙水；二是钙质泥岩、钙质粉砂岩溶孔水，岩层中发育溶蚀孔洞，含溶孔水；三是部分地区红层底砾岩或层间砾岩。砾石多为石灰岩，钙质或钙泥质胶结，发育溶孔、溶洞，矿泉水赋存于溶孔、溶洞中，属裂隙岩溶水。红层中裂隙孔隙水较普遍，是红层中矿泉水的主要类型。

红层裂隙孔隙矿泉水，占到全省矿泉水总数的 12.0%。流量多在 0.1～1L/s 之间，最小的为 0.01L/s，最大的为 11.99L/s，红层水的富集受构造控制，断裂有利于矿泉水径流排泄。如临澧白龙泉矿泉，位于下第三系含盐地层中，有断裂通过，涌水量达 3.47L/s。该类矿泉主要水型为偏硅酸-锶水、偏硅酸水、锶水。

由于白垩纪和第三纪的特殊的古地理、古气候的影响，在盆地中沉积了多层岩盐和石膏等易溶盐类，通过地下水的作用形成矿泉水。这种矿泉水在盆地中部，其水化学成分有明显的分异性，即自上而下由重碳酸水过渡为硫酸盐和氯化物水，矿化度从上至下递增，例如衡阳盆地在地表至埋深 40m 间的水化学类型一般为 HCO_3-Ca · Mg 与 HCO_3 · Cl-Ca. Mg 型水，矿化度小于 0.5g/L；埋深在 40～240m 的，主要为 HCO_3 · SO_4-Na 和 Cl · SO_4-Na 型水，矿化度为 0.5～150g/L；埋深在 200～410m 的，其化学成分主要为 Cl-Na 和 SO_4-Na 型水，矿化度大于

150g/L，最高达 278.56g/L。这种高矿化度的盐类矿泉水，不宜作天然矿泉水饮用。

2. 基岩裂隙矿泉水

该类矿泉水广泛分布于全省各地，出露面积占全省总面积的 47.7%，含水岩组为前震旦系至侏罗系的板岩、千枚岩、硅质岩、凝灰岩、砾岩、砂岩和页岩以及加里东期至燕山期的花岗岩、酸-超基性火成岩等。该类裂隙矿泉水数量，占全省矿泉水总数的 68.1%，主要赋存在构造裂隙中，富水性不均一，富水程度取决于构造裂隙的发育程度、断裂及地貌等因素。

其中岩浆岩裂隙矿泉水，占全省矿泉水总数的 42.9%。这类矿泉水受岩浆岩控制，主要分布在湘东、湘中和湘南大小花岗岩岩体的出露地带。矿泉水的化学组份与花岗岩的成分关系十分密切。岩浆入侵时的产物主要是硅酸盐、金属氧化物、放射性物质，并携带如锂、锶、硼、锌等微量元素，给矿泉水的形成奠定了丰富的物质基础，多形成偏硅酸型水。资料表明：花岗岩中 SiO_2 含量达到 63.7～74.9%，而矿泉水中偏硅酸含量达 29～117mg/L，主要分布在 40～60mg/L，矿泉水出露的数量和矿泉水中微量元素的含量大体与岩石中元素的含量成正相关变化。岩浆岩型矿泉水因受岩性影响，水质类型以 HCO_3-Na 和 HCO_3-Na・Ca 型为主，其次为 HCO_3・SO_4-Ca・Mg 型、SO_4-Ca 型和 SO_4・HCO_3-Ca 型。岩浆岩型矿泉水除了偏硅酸型外，另一种较多是锂型矿泉水，其在我省很少以单一型出露，通常以复合型出露，并且以热泉为主，如偏硅酸-锂型我省有 10 处，根据有限资料统计分析，岩浆岩中锂元素较高，Li 含量 0.253～0.58mg/L。岩浆岩裂隙矿泉水流量一般在 0.1～1L/s，流量最小的为 0.01L/s，最大的为 62.5L/s。

浅变质岩、碎屑岩裂隙矿泉水，占全省矿泉水总数的 25.2%。这类矿泉水主要受断裂构造的控制，由大气降水入渗补给经过深循环形成。该型矿泉水主要受华夏系和新华夏系断裂构造的控制，沿北北东向和北东向断裂呈线状或带状分布。主要分布于澧县-花垣，溆浦-安化，长沙-平江，临武-茶陵，汝城-桂东等断裂带上。此外由于活动断裂也是深部热源的良好通道，因此断裂裂隙型矿泉水中同时又是温泉的比例较高。受大型断裂构造控制的矿泉水由于补给区域较大，通常矿泉水流量相当可观，大都在 0.1～1L/s，流量最小的为 0.01L/s，最大的为 62.5L/s。如张家界三碗水出露的矿泉点，处于澧水断裂带附近的震旦系板岩中，构造裂隙发育，泉流量大，达 5.34L/s。

3. 碳酸盐岩岩溶矿泉水

省内碳酸盐岩广布，占全省总面积的 28.4%。主要分布于湘西北、湘中和湘南地区，含水岩组在湘西北地区为上震旦统、寒武系、奥陶系、二迭系及三迭系下统，湘中、湘南地区为泥盆系、石炭系和二叠系下统，湘西地区为寒武系。均不同程度地发育有各种岩溶形态，碳酸盐岩中的矿泉水就赋存在裂隙、溶洞中。

碳酸盐岩岩溶矿泉水，占到全省矿泉水总数的 19.9%。含水一般较丰富，据统计，碳酸盐岩有流量资料的 83 处矿泉水中，流量小于 1.0L/s 的有 26 处，占碳酸盐岩中矿泉水总数的 31.4%；1.0～10.0L/s 的 36 处，占 42.9%；大于 10.0L/s 的 21 处，占 25.7%。流量最小的为 0.1L/s，最大为 39.65L/s。锶水、硅酸锶水、硅酸水为碳酸盐岩岩溶矿泉水的主要水型。

岩溶水的富水程度取决于岩溶发育程度。其富水部位主要有：一是碳酸盐岩质纯，厚度大，夹非碳酸盐岩少；二是有利的褶皱构造部位，如向斜翘起端，背斜倾伏端及褶皱拐弯突出部位；三是可溶岩与非可溶岩接触部位；四是断裂交汇、复合部位及断裂密集带、压性断裂外带和张性断裂带，这是决定性因素。例如耒阳汤泉矿泉，出自二叠系栖霞组灰岩中，出露处有区域性断层通过，岩溶发育，含水丰富，钻孔单位涌水量达 205.4L/(s·m)。

第五节　地下热水形成条件及富集规律

一、地下热水资源概述

截至 2021 年 11 月，湖南省共发现水温在 25.0℃及以上的地热水点 221 个，其中天然露头泉点有 108 个、人工揭露地热水点为 113 个(其中钻孔 110 个、矿坑 3 个)，全省地热资源总量为 28.13 万 m^3/d。这些地热水点分布在除娄底和益阳 2 个地区之外的 12 个地(市)52 个县(市、区)中(表 2-5)。

表 2-5　湖南省地热资源分布及温度分级统计表

地州市	温度分级/℃				合计/个
	$25 \leqslant t < 40$ 温水/个	$40 \leqslant t < 60$ 温热水/个	$60 \leqslant t < 90$ 热水/个	$90 \leqslant t < 150$ 中温/个	
长沙	23			2	25
株洲	17	2			19
湘潭	4	1			5
衡阳	17				17
邵阳	13	4			17
岳阳	11				11
常德	2	6			8
张家界	11	13			24
郴州	32	31		2	65
永州	8	2			10
怀化	4	1			5
湘西	9	4	2		15
总计/个	151	64	2	4	221

从表 2-5 中可以看出，湖南省没有 150℃以上的高温现代火山型与岩浆型地热资源，大多为温水，其次为温热水，然后是少量的中温地热资源。因此，从湖南省地热资源分布区域、岩性特征、构造特征、地温场特征等多个因素综合分析，地热资源均以水热形式储存。总体来说，湖南省地热资源以断裂-水热型为主。

湖南省山区断裂型地热资源分布广泛，多分布于地壳隆起区或褶皱山地，沿断裂带展布，特别是挽近期活动性断裂，深循环的地下水沿构造破碎带上升至地表或浅部，常以温泉形式出露地表。该类地热资源多以断裂为背景产出，一般分布范围小，埋藏相对较浅，多为低温地热资源。该类型地热资源有 179 处。

湖南省平原区埋藏型地热资源多分布在省境内的中—新生代断陷盆地中，该类盆地规模较大者有洞庭盆地、衡阳盆地、长平盆地、醴攸盆地、茶永盆地、沅麻盆地等，它们均形成于中—新生代，盆内沉积有巨厚的陆相碎屑岩系；基底断裂较发育，存在次级凸起和凹陷，一般由浅变质岩和碳酸盐岩组成基底。盆地形成前，基底长期处于隆起风化剥蚀状态，发育有古风化层和古岩溶洞隙。据已有钻孔资料揭示，长沙盆地、株洲盆地已发现低温温水资源；衡阳盆地边缘有温泉异常显示，盆地内于2000～2500m内揭露到含水性较好的断裂带和岩溶发育段，按地温梯度2.5～3℃/100m估算，含水段温度为65～78℃。

二、地下热水形成及富集规律

（一）形成条件

根据已有资料显示，湖南省发现的温泉、热水钻孔、热矿水区、地热田，主要赋存于岩溶裂隙层状、脉状含水层，花岗岩构造破碎带，且大都分布在深大构造、活动断裂、不同构造体系复合联合的特殊部位上，因此，省内地下热水的成热规律与断裂、岩浆岩活动、碳酸盐岩密切相关。

1. 地热田的形成受断裂构造的控制

（1）深大断裂控制着地热田的分布

深大断裂往往是不同地质块体（构造单元）缝合转换的边界，具有期次活动的特征，断裂两侧地壳和岩石圈厚度不同，是上地幔软流圈的隆升和下降的转换断裂带。由于两侧岩石导热率不同，使深部断裂带成为地球内部热量向上转移传输再分配的通道。在浅部于脆性岩石地层内形成裂隙发育带，为地下热水循环系统的形成提供了空隙通道，沿断裂带温泉呈串珠状分布。湖南省主要的地热田均出露在慈利-保靖、公田-灰汤、连云山-衡阳-零陵、茶陵-郴州-临武、桂东-田庄、热水、常德-安仁、邵阳-郴州8条深大断裂带沿线。

（2）地热流体多沿北西与北东向断裂交会地段出露或沿北西向断裂展布

湖南省内的北东断裂为主控断裂，多以压性、压扭性为主，是热源断裂。北西断裂为次级断裂，以张性、张扭性断裂为主，受现代主压应力（110°～115°）作用，北西向断裂多为张性，是地下热水补给、径流、储集、排泄的理想空间。两组不同方向深大断裂交会处是深部地热流体向上传输的通道。

2. 地热田的形成与岩浆活动密切相关

（1）地热田分布与岩浆岩高生热率关系密切

湖南省境内中酸性岩浆岩放射性生热元素（U、Th、K）含量普遍偏高。根据相关资料，湖南省2km埋深地温大于80℃，4km埋深地温大于135℃的岩体主要分布于湘中南瓦屋塘-白马山岩浆岩带和湘东南华南造山带姑婆山-金鸡岭-香花岭-骑田岭-瑶岗仙、千里山-热水（东岭）-寨前-下村等岩浆岩带。该2处岩浆岩带均是水热活动较强带，另外长沙麻林桥、衡东白莲寺、茶陵汉背等较高生热率岩体内及附近均有温泉出露。而生热率低的桃花山，小墨山（1.26～2.09$\mu W/m^3$），阳明山、塔山、大义山岩体（1.842～3.68$\mu W/m^3$），则无热水异常出现，表明花岗岩生热率与地热田分布关系较密切。

(2)花岗岩的高热导率是岩体及附近地热流体形成的重要原因

花岗岩的热导率远高于其他岩石，其值高达2.721W/m·℃。因而在花岗岩体分布区域，热导率高的花岗岩体成为了大地热流汇聚通道，而周围低热导率的岩层则成为相对隔热保温层。因此，受出露岩体影响，深部大地热流沿岩体自下而上聚汇于岩体顶部，从而形成“热流天窗”效应，这是湖南省内众多低温温泉出露于岩体及其接触带附近的重要原因。

(3)花岗岩坚硬、性脆的特性提供了形成带状含水体的物质基础

因花岗岩坚硬、性脆的特性，当受到地质营力作用下，岩石破裂，易在岩体内形成断裂带或裂隙发育带。断裂破碎带接受大气降水补给后，在势能差的作用下，地下水向下渗流进行深循环，在径流过程中吸收围岩热能而增温，溶蚀围岩的可溶元素、矿物而使其化学组分变复杂，矿化度增高，从而成为地热流体的聚汇、运移、储集、排泄的通道和空间。

3. 可溶性的碳酸盐岩给地热流体的循环升温提供了条件

(1)浅部岩溶裂隙含水层为大气降水进行深循环加热提供了充足的水源

碳酸盐岩分布区，地表岩溶裂隙发育，面岩溶率2.2%～10.2%，地下岩溶裂隙也较发育。一般深度150m以上为强—中岩溶发育带，150m以下为弱发育带。裸露区碳酸盐岩的大气降水渗入系数0.09～0.566，150m以上含较丰富的岩溶裂隙水，而大气降水和浅部岩溶水成为150m以下弱发育带的地下水的补给来源，是地热水形成的有利条件。

(2)深部碳酸盐岩层间滑脱裂隙和横张裂隙是地热流体深循环储集的通道与空间

碳酸盐岩为层状脆性岩石，受挤压、剪切应力作用，在形成褶皱变形和走滑位移的同时，易产生层间滑脱裂隙和横向张扭裂隙带。这些裂隙带成为上覆的浅表岩溶水和大气降水向下渗流进行深循环的通道，深循环地下水在运移过程中吸收围岩的热量而增温，溶蚀碳酸盐岩可溶矿物和元素，其成分变化复杂，矿化程度升高，岩石矿物被溶蚀带走而使裂隙扩宽、空隙度增大，使其渗透性增强、含水性变好，从而成为地下热水储集层，在地形低洼地段被侵蚀切割而出露地表成温泉。未被侵蚀切穿的地段成为隐伏热水储集带。湖南省出露(揭露)于碳酸盐岩的地热田占总数的67.5%。

(3)高热导率的碳酸盐岩使褶皱带基底大地热流向其背斜轴部汇聚

层状碳酸盐岩岩层如被导热率低、渗透率弱的层状岩层所夹持，当受挤压应力作用下沿基底或软弱层产生拆离滑脱层，而基底之上岩层变形褶曲、岩层倾斜，致使深部向上的大地热流在基底以上岩层内进行再分配对流，热导率高的陡倾斜碳酸盐岩层成为其转移聚汇通道(与花岗岩体导热类似)，从而使其热流值相对两侧增大。两侧热导率相对低的岩层则成为隔热保温层，热流沿背斜两翼的倾斜岩层自下而上相向向上汇聚于背斜轴部，而形成屋脊效应，这也是湖南省大部分地热田出露于背斜轴部和背向斜转折端的原因。

(二)富集规律

1. 地下热水与断裂构造的关系

(1)深大断裂控制着地下热水的分布

深大断裂往往是不同地质块体(构造单元)缝合转换的边界，具有多次长期活动的特征，断裂两侧地壳和岩石圈厚度不同，是上地幔软流圈隆升和下降的转换断裂带。

一方面由于两侧岩石导热率不同，深部断裂带成为地球内热向上转移传输再分配的通道。

在浅部于脆性地层或岩体内形成裂隙发育带，为大气降水的渗入补给、径流、深循环、加温储集、排泄（温泉）等地下热水系统的形成提供了网络通道和空间，沿断裂带温泉呈串珠状分布。

（2）北东向断裂控热，北西向断裂控水

湖南省北东向断裂多为主控断裂，以压性，压扭性为主，切割深度较大，是热源断裂；而北西向断裂为次级断裂，以张性、张扭性断裂为主，受现代主压应力（110°～115°）作用，北西向断裂呈伸展松弛状态，是地下热水补给、径流、储集、排泄的通道和空间。特别是两组断裂的交会部位岩石比较破碎，有利于地下水的富集。因此，两组断裂的交会部位及北西向断裂带是地下热水出露的主要地段，有很多泉群沿北西向断裂展布。如岳阳公田压扭性断裂，在公田一带存在北东向与北西向断裂的交会部位，地热勘探的钻孔自流量在1.39～9.02L/s之间，单井水量可大于1000m^3/d；平江黄龙庙-温泉两组断裂交会部位有3处温泉出露，天然流量为0.218～1.8L/s，钻孔自流量为1580m^3/d。

（3）多条平行断裂构成强富水带

多条近平行的断裂组成的断裂带富水性强。如保靖-张家界-慈利压扭性断裂带由2～3条近平行发育的断裂组成，在断裂的北东段（1∶20万石门幅、大庸幅范围内）沿断裂带及附近共出露岩溶大泉、地下河19处，总流量为702.23L/s，而在断裂的南西段（1∶20万永顺幅范围内）沿断裂出露岩溶大泉、地下河11处，泉流量为10.1～31.8L/s，地下河流量为85～736L/s（5—9月测）；湾塘张扭性断裂带（R116单元）由4条北东向扭性断裂构成（宏夏桥岩体外侧的莲花状旋扭构造），施工6个钻孔，其中4个钻孔的单位涌水量为1.11～1.86L/(s·m)。

（4）帚状构造收敛部位的断裂富水性好

帚状构造的收敛部位是多条断裂的交会部位，利于地下水的富集。如保靖-张家界-慈利压扭性断裂带北西侧的三家馆帚状构造的收敛部位附近出露的地下河流量达128L/s（10月测）；花岗岩本是隔水层，但湘源锡矿压扭性断裂所在的帚状构造的收敛部位，断裂破碎带宽50余米，孔深150m处遇热水，250m以下热水涌出地表，终孔时水头高出地面20余米，自流量为8.54L/s，矿山原抽水量为3600m^3/d，可见帚状构造收敛部位富水性强；断裂南段的帚状构造撒开端，破碎带宽20～40m，钻孔单位涌水量为0.421L/s·m，断裂富水性中等。

（5）切割岩体的断层为热水富集带

切割岩体的断层多为导水导热断层。如发育于龙山-白马山隆起内白马山复式岩体中的金石桥北东向压性断裂及司门前压扭性断裂、天龙山岩体中的报木田压扭性断裂、雪峰山推覆构造带内瓦屋塘岩体中的铁山庙-武阳北北东向压扭性断裂及茶陵-桂阳凹陷内郴州背斜核部的郴州-临武北北东向断裂带等。

2. 地下热水与褶皱的关系

（1）碳酸盐岩区封闭型褶皱储水构造为热水富集带

在碳酸盐岩区封闭的背斜或向斜构造，其富水性较好，特别是有断裂通过时，导水断裂富水性强，为热水富集提供了良好的导水导热条件。如位于大同山-范家大山背斜内的热水溪-范家大山-暖水街压性断裂通过志留纪砂岩、页岩分布区时，断裂带上无泉水出露，当断裂通过碳酸盐岩分布区时，沿断裂带出露泉点9处、地下河1条，总流量为178.028L/s，其中5处为上升泉，其合计流量为35.924L/s。

（2）褶皱构造的核部或翼部为热水富集带

背斜或向斜的核部或翼部，特别是碳酸盐岩分布区的背斜、向斜的核部或翼部往往发育与背斜和向斜轴近于平行的、贯穿整个背斜或向斜的压性—压扭性断裂或张性—张扭性断裂，为热水富集提供了良好的导水导热条件。如发育于鹤峰复背斜内二坪背斜核部的二坪北东向压性断裂、桑植复向斜内大同山-范家大山背斜核部的热水溪-范家大山-暖水街压性断裂、红岩溪-比耳背斜核部的砂坪-热水洞压性断裂、保靖背斜西翼的保靖-永顺张性断裂带、桑植复向斜南东翼的保靖-张家界-慈利压扭性断裂带、古丈隆起内景龙桥向斜北西翼的热市张扭性断裂、浏阳-衡东隆起内泉水窟向斜富水构造北西翼的龙头铺-罗家屋场压扭性断裂带、茶陵-桂阳凹陷内铁锣向斜南东翼的杨滨北东向压性断裂、茶陵-桂阳凹陷内郴州背斜核部的郴州-临武北北东向断裂带及桂东-汝城岩浆带内田庄-延寿向斜南东翼的大峰仙-延寿北东向压性断裂等。

(3)褶皱构造的倾伏端或仰起端为热水富集带

背斜倾伏端或向斜仰起端（或红层构造盆地），特别是背斜倾伏端或向斜仰起端的碳酸盐岩与碎屑岩的接触带部位，或是这些部位发育有横切端部的断裂时，为热水富集提供了良好的导水导热条件。如发育于桑植复向斜内人潮溪背斜倾伏端南翼的汤溪峪北东东向压性断裂、浏阳-衡东隆起内的醴攸红层盆地南端的郁水村北东东向张性断裂、炎陵-宜章岩浆带内五盖山背斜南部的用口北东东向张扭性断裂及坪石白垩系红层构造盆地北缘的温塘口北东向张性断裂等。

3. 地下热水与岩石

(1)地下热水与岩浆岩

湖南省内已发现的地下热水将近半数分布于岩体中，分布特征如下。

1)分布于中、酸性复式岩体：热水点主要分布于中、酸性花岗岩体，而火山喷发岩和基性、超基性侵入岩分布区无热温泉分布。从岩体年代来看。以印支期和燕山期为主；从岩体形式来看，以复式岩体为主，特别是以印支期和燕山早期的复式岩体为主。

2)集中分布于4个岩浆岩带：地热水主要集中分布于桃江-白马寺、幕阜山-南岳、炎-郴-蓝及姑婆山-诸广山4个岩浆岩带。如桃江-白马寺岩浆岩温泉（群）水温27.3～44℃，其中25～40℃的6处，水量为630.6m^3/d；40～60℃的2处，水量为251.5m^3/d，均出露于花岗岩的断裂破碎带及岩体内蚀变带，具有直接利用的潜力。

3)主要分布于花岗岩岩体内部：据统计，湖南省共有36处温泉分布于岩体内，特别是内部有断层经过的岩体。如发育于白马山复式岩体中的金石桥北东向压性断裂及司门前压扭性断裂、天龙山岩体中的报木田压扭性断裂、雪峰山推覆构造带内瓦屋塘岩体中的铁山庙-武阳北北东向压扭性断裂及茶陵-桂阳凹陷内郴州背斜核部的郴州-临武北北东向断裂带等。

4)少部分分布于岩体外接触带。

5)少部分分布于岩体周边的上覆碳酸盐岩含水层中。

(2)地下热水与岩性突变带

岩性的突变往往有利于地下热水的富集，主要表现为以下3个方面：

1)分布于花岗岩体与围岩接触带外侧的断裂相对富水。发育于花岗岩体与围岩接触带的断裂，其破碎带一般较宽，围岩比较破碎，利于地下水的富集。如桃林北东向张扭性断裂南东侧岩石挤压破碎，见硅化带宽20～150m，岩石片理发育，矿坑排水量为9.84L/s，钻孔涌水量为6.01～7.87L/s，钻孔单位涌水量为0.16L/s·m，断裂富水性中等。

2)碳酸盐岩与碎屑岩以断裂接触时，沿碳酸盐岩一侧相对富水。碳酸盐岩与碎屑岩以断裂接触时，碎屑岩一侧一般起到阻水的作用，碳酸盐岩一侧则相对富水。如沙市北北东向断裂两侧岩性为上三叠统小坪组砂岩夹页岩和晚泥盆世—石炭纪灰岩、白云质灰岩，沿沙市断裂中泥盆世灰岩中发育一小型地下暗河，流量为24.39L/s(9月测)，点东与沙市断裂相交的北北西向断裂带之间的壶天群白云质灰岩(其两侧均为小坪组砂岩夹页岩)中出露1处冷泉，其流量为197.25L/s(9月测)，温泉出露于沙市断裂与北西向、北东东向次级断裂交会部位的中上石炭统壶天群白云质灰岩中。

3)分布于白垩系—古近系红层与前白垩系接触带部位，并控制了红层沉积边界，这些断裂大多数属多期次活动断裂。如发育于幕阜山隆起内的公田北东向压扭性断裂、平江-长沙压扭性断裂带、宁乡凹陷与涟源凹陷分界线处的乌江压性断裂(并截切沟山花岗岩体)及衡阳盆地内的陈家老屋-长岭铺北东向压扭性断裂(切割白垩系并控制古近系红层南东边界)等。

第三章　地下水系统特征

第一节　系统分区原则

基于水循环理论和地球系统科学理论，在地下水资源一、二、三级分区中兼顾原国土资源部和水利部分区方案的优势，体现地下水和地表水循环的一体化；依据地下水流系统理论划分地下水资源四、五级分区，将水文系统、含水系统和地下水流系统有机结合，突破以往单独从地表水和地下水角度进行划分的局限性，充分考虑地表水与地下水的转化关系，提高对地下水资源赋存与分布规律的认识。

以水资源三级区为基础，依据次级小流域或含水岩组特征和补、径、排条件划分的若干个含水系统，以含水系统（计算块段）作为地下水资源评价的基本单元。以区域总体含水岩组特征为依据，对出露范围较小、对地下水的补径排影响较小的含水岩组进行合并。

（1）地下水资源一级区原则上与水资源一级区保持一致。

（2）地下水资源二级及以下分区划分应兼顾不同尺度流域和区域水文地质特征。山丘集水区主要依据次级流域进一步划分，地下水盆地平原汇流区主要依据第四系含水层水文地质特征兼顾流域分区进一步划分；以不同级次的流域特征为依据逐级划分。

（3）基岩山区在较大流域分级的基础上，以含水岩组类型（碳酸盐岩裂隙溶洞水、碎屑岩裂隙水、岩浆岩裂隙水与浅变质岩裂隙水等）进一步划分，突出大型岩溶泉域、地下河系统和大型碎屑岩地下水系统。判断地表水分水岭与地下水分水岭的一致性，以地表水集水区和地下水分布区的外包线作为该分区的边界。

（4）对于山区面积较大的山间盆地、大型洼地或大型河谷参照地下水集水盆地划分；对于平原区面积较大的山丘区参照基岩山区划分次级分区。

（5）在评价单元内，可进一步划分地下水资源评价单元子区。

（6）对于跨地下水分区界线的大型岩溶泉域，按完整泉域进行评价，地下水资源量可计入泉口所在的地下水资源分区，也可按当地补给量的分布或分水规定，分别计入泉域所属的地下水资源分区。

依据上述划分原则，湖南省划分为 2 个一级区，6 个二级区，16 个三级区，32 个四级区，1348 个五级区。各区划分结果见表 3-1。

表 3-1　地下水系统分区简表

一级区名称	一级区代号	二级区代号	二级区名称	三级区代号	三级区名称	四级区代号	四级区名称
长江地下水资源区	GF	GF-5	长江中游区	GF-5-8	城陵矶至湖口右岸区	GF-5-8-1	城陵矶至湖口右岸区碎屑岩裂隙含水系统区
		GF-6	江汉洞庭平原汇流区	GF-6-3	洞庭环湖区	GF-6-3-1	洞庭环湖区第四系孔隙含水系统区
						GF-6-3-2	
		GF-7	洞庭湖水系区	GF-7-1	洞庭环湖区澧县以上区	GF-7-1-1	洞庭环湖区澧县以上岩溶水含水系统区
				GF-7-2	沅江浦市镇以下区	GF-7-2-1	沅江浦市镇以下区寒武系—奥陶系岩溶含水系统区
						GF-7-2-2	
						GF-7-2-3	沅江浦市镇以下区白垩系孔隙裂隙水含水系统区
				GF-7-3	澧水澧县以上区	GF-7-3-1	澧水澧县以上区岩溶含水系统区
						GF-7-3-2	
				GF-7-4	洞庭环湖区	GF-7-4-1	洞庭环湖区浅变质岩裂隙含水系统区
				GF-7-5	洞庭环湖汨罗江区	GF-7-5-1	洞庭环湖汨罗江区岩浆岩裂隙含水系统区
				GF-7-6	沅江浦市镇以上区	GF-7-6-1	沅江浦市镇以上区寒武系—奥陶系岩溶含水系统区
						GF-7-6-2	沅江浦市镇以上区基岩裂隙含水系统区
						GF-7-6-3	
						GF-7-6-4	沅江浦市镇以上区奥陶系岩溶含水系统区
				GF-7-7	资水冷水以下区	GF-7-7-1	资水冷水以下区基岩裂隙含水系统区
						GF-7-7-2	资水冷水以下区石炭系—二叠系岩溶含水系统区
						GF-7-7-3	资水冷水以下区基岩裂隙含水系统区
				GF-7-8	资水冷水以上区	GF-7-8-1	资水冷水以上区基岩裂隙含水系统区
						GF-7-8-2	资水冷水以上区石炭系—二叠系岩溶含水系统区
						GF-7-8-3	资水冷水以上区基岩裂隙含水系统

续表 3-1

一级区名称	一级区代号	二级区代号	二级区名称	三级区代号	三级区名称	四级区代号	四级区名称
长江地下水资源区	GF	GF-7	洞庭湖水系区	GF-7-9	湘江衡阳以下区	GF-7-9-1	湘江衡阳以下区石炭系—二叠系岩溶含水系统区
						GF-7-9-2	湘江衡阳以下区基岩裂隙含水系统区
						GF-7-9-3	
						GF-7-9-4	湘江衡阳以下区寒武系岩溶含水系统区
				GF-7-10	湘江衡阳以上区	GF-7-10-1	湘江衡阳以上区基岩裂隙含水系统区
						GF-7-10-2	
						GF-7-10-3	
		GF-8	鄱阳湖水系区	GF-8-6	赣江栋背以上区	GF-8-6-1	赣江栋背以上区基岩裂隙含水系统区
珠江地下水资源区	GH	GH-1	珠江中上游区	GH-1-2	红柳江	GH-1-2-2	柳江区
				GH-1-4	西江	GH-1-4-1	桂贺江区
		GH-2	珠江下游区	GH-2-1	北江	GH-2-1-1	北江大坑口以上

第二节　地下水系统分区特征

湖南省地下水系统划分为长江地下水资源区、珠江地下水资源区 2 个一级区，长江中游区、江汉洞庭平原汇流区、洞庭湖水系区、鄱阳湖水系区、珠江中上游区、珠江下游区 6 个二级区，以洞庭湖水系区为主体，其次是江汉洞庭湖平原汇流区，珠江区和鄱阳湖区仅分布于边境地带(图 3-1)。

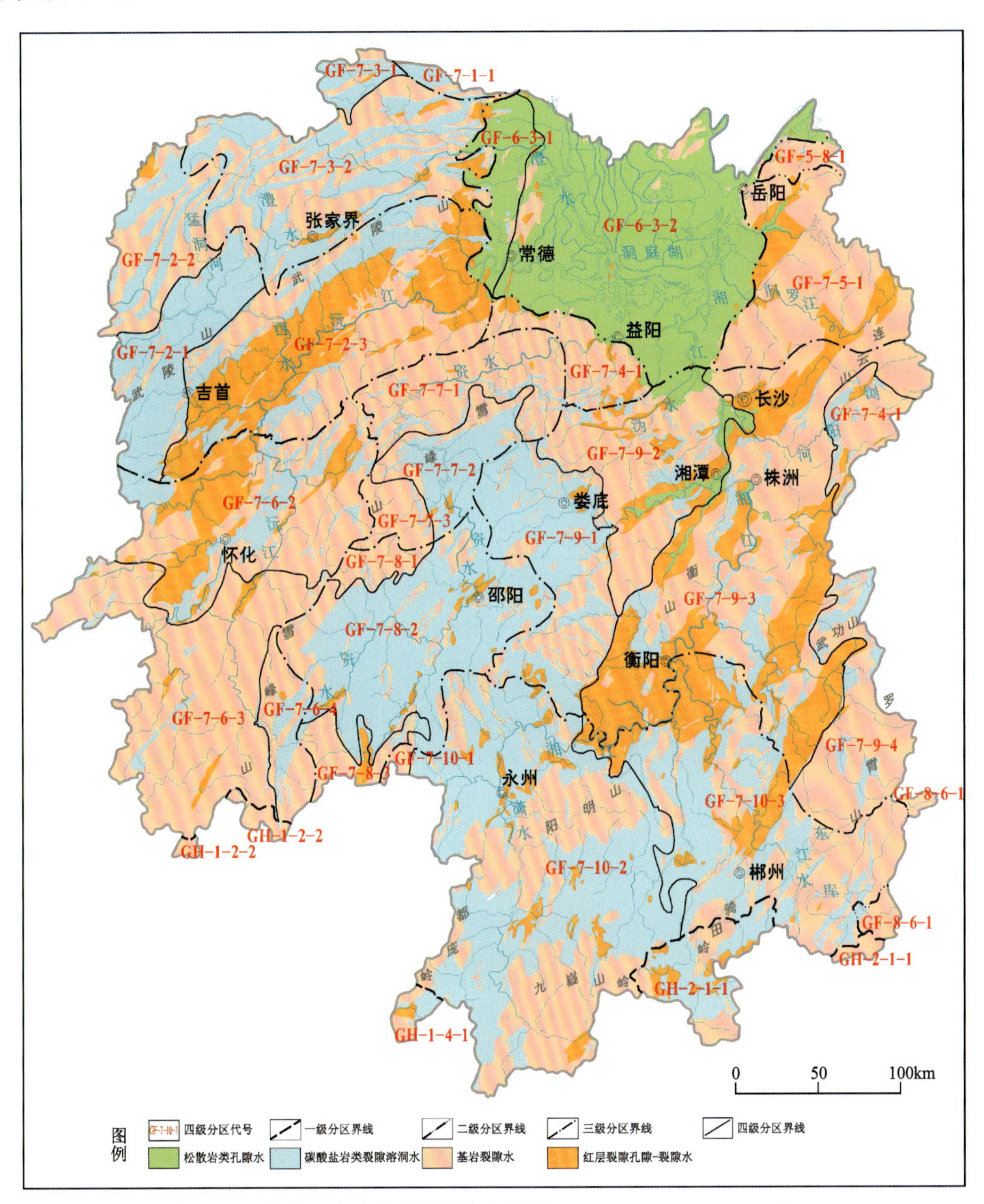

图 3-1　湖南省地下水系统综合分区图(湖南省地勘局 416 队 2020 版)

《全国地下水资源评价技术要求(试行)》(中国地质调查局 2020.8)

一、长江中游区(GF-5)

该区仅含城陵矶至湖口右岸区碎屑岩裂隙含水系统(GF-5-8-1)一个四级区。含水系统以基岩裂隙含水为主。其中以浅变质岩为主的构造裂隙含水层，含水贫乏，泉水流量0.114～0.863L/s。红层裂隙孔隙-裂隙水多为风化裂隙水，泉水流量0.006～0.09L/s，单井涌水量0.35～4.6m^3/d，含水贫乏。

二、江汉洞庭平原汇流区(GF-6)

该区含洞庭环湖区(GF-6-3)一个三级区，细分为洞庭环湖常德第四系孔隙含水系统区(GF-6-3-1)和洞庭环湖松滋-安乡第四系孔隙含水系统区(GF-6-3-2)两个四级区。

(一)洞庭环湖区第四系孔隙含水系统区(GF-6-3-1)

洞庭湖断陷盆地的边缘，近期构造以间歇性抬升为主。大范围内第四系沉积物以阶地形式出露于河口三角洲和河流沿岸，总地势呈起伏和缓的垄岗化的平原景观，总体向湖区平原中心倾斜。

地下水类型以松散岩类孔隙潜水为主，局部为红层裂隙孔隙-裂隙水；边缘及构造带附近局部有基岩裂隙水、碳酸盐岩类裂隙溶洞水零星分布。

孔隙水分布在沅水、澧水的漫滩、各级阶地和河口三角洲地带。

沅水、澧水及其支流漫滩发育广泛，宽度数百至数千千米，含水层厚8～10m，含水岩组为全新统冲积砂砾层，具二元结构，上覆10m左右的粉质黏土，地下水以潜水为主，局部微承压，水位埋深5～10m，单井涌水量在1000m^3/d左右。

河谷的一级阶地，一般为半埋藏阶地，由上更新统砂砾层构成，层厚15～25m，二元结构，上层为棕黄色或棕红色稀疏网状的粉质黏土，下层以砂层或砂砾层为主构成主要含水层，水位埋深因地而异，一般8～10m，钻孔单井涌水量500～1000m^3/d。

二级以上阶地，出露相对小些，大部地区受水系切割，连续性差，富水程度较低，一般是中等或贫乏，钻孔单位涌水量为100～1000m^3/d，局部地段的中更新统含水层有较丰富的水量。

(二)洞庭环湖区第四系孔隙含水系统区(GF-6-3-2)

本区是洞庭湖地区的主要水体和河湖冲积平原部分，地势低平，水域广阔。地表除局部由浅变质岩、花岗岩、古近系红层组成的高程100m以下的残丘外，绝大部分为高程25～50m的河湖淤积平原和人工围垦平原。南部的洞庭湖水体部分，集纳了洞庭湖群的主要湖泊和“四水”尾闾的水体。

松散岩类孔隙水的分布广泛，含水层结构双层或多层叠置，累计厚度最大可达334m，一般厚100～200m。根据其水理性质和水力特征可分为两个含水岩组，Ⅰ含水岩组一般分为上、下两个层位，上层多出露地表，以潜水为主，局部承压，平均厚78m，下层部分出露地表，以承压水为主，局部为潜水，平均厚38.54m，本含水岩组水量较丰富，上层单井单位涌水量平均为664m^3/d，下层单井单位涌水量平均为171m^3/d。Ⅱ含水岩组位于Ⅰ含水组之下，地表无出露，为承压含水层，含水层平均厚30.88m，平均钻孔单位涌水量为100m^3/d，含水层埋深一般在60m以下，最深地段沅江一带达180m。

三、洞庭湖水系区(GF-7)

本区占湖南省绝大部分地区，其又可分为洞庭环湖区澧县以上区(GF-7-1)等10个三级区，洞庭环湖区澧县以上岩溶水含水系统区(GF-7-1-1)等25个四级区。

(一)洞庭环湖区澧县以上区(GF-7-1)

含洞庭环湖区澧县以上岩溶水含水系统区(GF-7-1-1)一个四级区。

该区位于湘西北最北端与湖北省交界，总地势为西北高、东南低。区内地表岩溶形态极其发育，岩溶洼地、落水洞、漏斗，分布很普遍，降水通过此补给地下河，形成垂直径流带，侵蚀基准面以上的地下河以河流为主要排泄带，因此岩溶水的补给—排泄的分带性明显，分水岭和上部斜坡带形成石山缺水地区，河谷地带又为洪涝所害。此外，该区还较普遍含风化裂隙水，泉水流量一般为0.014～0.967L/s，个别达2.70L/s；地下水径流模数一般为0.054～2.89L/(s·km^2)，局部达5.43L/(s·km^2)。故其富水性多为贫乏至中等。

(二)沅江浦市镇以下区(GF-7-2)

该区包含沅江浦市镇以下区寒武系—奥陶系岩溶含水系统区(GF-7-2-1)、沅江浦市镇以下区寒武系—奥陶系岩溶含水系统区(GF-7-2-2)、沅江浦市镇以下区白垩系孔隙裂隙含水系统区(GF-7-2-3)3个四级区。

1.沅江浦市镇以下区寒武系—奥陶系岩溶含水系统区(GF-7-2-1)

区内含水层系统形成是以古老浅变质岩系为主的背斜构造组成的峰峦为边界，上覆的寒武系—奥陶系多为碳酸盐岩类岩层组成汇水盆地，主要构造形迹为凤凰背斜、古丈复背斜、慈利-张家界-保靖断裂带；凤凰背斜、古丈复背斜核部为冷家溪、板溪群，向北东延伸与金塌-四都坪断裂带北部构成武陵山系主脉，山脉的斜坡及谷地是由下古生界的奥陶系、寒武系及上震旦统灰岩，其中上寒武统—下奥陶统灰岩质纯，分布广泛，岩溶水分布占总面积的85%以上。碳酸盐岩岩溶发育，组成中低山溶丘峡岩，峰丛洼地及垄岗谷地，岩溶水多以管状的地下河形式，或树枝状水流系统集中排泄，且规模较大。

2.沅江浦市镇以下区寒武系—奥陶系岩溶含水系统区(GF-7-2-2)

该区由一系列的向、背斜及顺向断裂组合成一弧形构造体等组成。向斜核部为三叠系砂岩、灰岩，背斜核部一般是寒武系—奥陶系灰岩、白云质灰岩。碳酸盐岩岩溶发育，组成中低山溶丘峡岩，峰丛洼地及垄岗谷地，岩溶水多以管状的地下河形式，或树枝状水流系统集中排泄，且规模较大，有的地下河长达几十千米。

3.沅江浦市镇以下区白垩系孔隙裂隙含水系统区(GF-7-2-3)

该区西北部含水层系统是以古老浅变质岩系为主的背斜构造组成的峰峦为边界，上覆的寒武系—奥陶系多为由碳酸盐岩类岩层组成的汇水盆地，上寒武统—下奥陶统灰岩质纯，分布广泛，岩溶发育。

中部为湘西山区最大的山间盆地，盆地由互相连接的大河滩-沅陵和麻阳-芷江盆地及其他小型盆地组成的复合盆地群，丘陵和丘状低山一般高程200～500m，相对高度50～200m，坡角15°～25°，多呈延伸不长的垄状分布，局部地段可见丹霞地貌。盆地内水系发达，沅水的主要支流，渠水、巫水、麻阳河、酉水均在此汇入沅江。

白垩系—古近系的陆相碎屑岩沉积厚度可达4000m，岩性上主要是紫红色—砖红色的山麓相—山麓洪积相、浅湖相系列的韵律性的砾岩、长石石英砂岩、砂质泥岩等。横向上，岩相均较稳定，构造形迹以倾角和缓(5°～8°)的短轴开阔褶皱及较大规模断裂为主。白垩系孔隙裂隙水可分为两段，下白垩统的砾岩、砂岩层富水性中等，单井涌水量一般196.07～562.63m^3/d，泉流量0.11～0.87L/s，水位埋深0～10.60m；上白垩统及古近系的泥岩、粉砂岩及部分砂岩、砾岩含水贫乏，单井涌水量一般21.43～50.98m^3/d，泉流量小于0.1L/s，水位埋深0～15.34m。

（三）澧水澧县以上区(GF-7-3)

该区分为澧水澧县以上区岩溶含水系统区(GF-7-3-1)和澧水澧县以上区岩溶含水系统区(GF-7-3-2)。

1. 澧水澧县以上区岩溶含水系统区(GF-7-3-1)

该区位于湘西北最北端与湖北省交界，总地势为西北高、东南低，西北部高程一般800～1000m，湘鄂交界的壶瓶山是区内最高峰，高程2099m。由一系列的向、背斜及顺向断裂组合成一弧形构造体。向斜核部为三叠系砂岩、灰岩、背斜核部一般是寒武系—奥陶系灰岩、白云质灰岩。碳酸盐岩岩溶发育，组成中低山溶丘峡岩，峰丛洼地及垄岗谷地，岩溶水多以管状的地下河形式，或树枝状水流系统集中排泄，且规模较大。地表岩溶形态极其发育，岩溶洼地、落水洞、漏斗，分布很普遍，降水通过此补给地下河，形成垂直径流带，侵蚀基准面以上的地下河以河流为主要排泄带，因此岩溶水的补给—排泄的分带性明显。

2. 澧水澧县以上区岩溶含水系统区(GF-7-3-2)

区内主要的构造可概括为桑植—石门新华夏系褶断带，由一系列的向、背斜及顺向断裂组合成一弧形构造体，地层连续性好，形成数个较完整的水文地质单元。向斜核部为三叠系砂岩、灰岩、背斜核部一般是寒武系—奥陶系灰岩、白云质灰岩。碳酸盐岩岩溶发育，组成中低山溶丘峡岩、峰丛洼地及垄岗谷地，岩溶水多以管状的地下河形式，或树枝状水流系统集中排泄，且规模较大，有的地下河长达几十千米，最大流量可达7300L/s。地表岩溶形态极其发育，岩溶洼地、落水洞、漏斗，分布很普遍，降水通过此补给地下河，形成垂直径流带，侵蚀基准面以上的地下河以河流为主要排泄带，因此岩溶水的补给—排泄的分带性明显，分水岭和上部斜坡带形成石山缺水地区，河谷地带又为洪涝所害。

（四）洞庭环湖区(GF-7-4)

本区含洞庭环湖区浅变质岩裂隙含水系统区(GF-7-4-1)一个四级区。

本区构造属新华夏系第二隆起带，地层发育以元古宇冷家溪、板溪群和下古生界的浅变质岩最为广泛，第四系松散堆积物主要发育在资水沿岸的河谷阶地。

全区广泛分布的浅变质岩和部分碎屑岩中的构造裂隙水，一般含水贫乏到中等，泉水流量一般小于1L/s。局部地段，尤其是构造破碎带存在着相对富集地段，泉水流量可达8.5L/s。松散岩层孔隙水多分布于潜水含水层中，水量贫乏到中等，民井涌水量多小于100m^3/d。

（五）洞庭环湖汨罗江区(GF-7-5)

该区含洞庭环湖汨罗江区岩浆岩裂隙含水系统区(GF-7-5-1)一个四级区。

本区为湘赣边界山地区北部，幕阜山—连云山呈北东向斜列，山地面积占1/4，丘陵占1/2，其余为阶地和水面。东部为浅变质岩、岩浆岩山地，山岭陡峻，高程一般500～1000m，切割深度200～700m，山脊线高程在1000～1600m之间。岭间河谷只有50～200m，西部丘陵高程200～600m，切割深度在500m以下，区内水系发育，汨罗江、新墙河均源于此山地区。含水层系统以基岩裂隙含水为主，占全区的77.79%。其中以浅变质岩为主的构造裂隙含水层，含水贫乏，泉流量0.01～0.089L/s，其次是岩浆岩风化壳网状裂隙水，一般含水贫乏至中等，泉水流量0.114～0.863L/s，但因其发育普遍，含水性质近似均匀状，开发条件较易，利用价值较好，红层裂隙孔隙-裂隙水分布在筻口地区，多为风化裂隙水，泉水流量0.006～0.09L/s，单井涌水量0.35～4.6m^3/d，含水贫乏，但在盆地边缘地带的底砾岩可见以灰质胶结的砾岩层，含中等—丰富的裂隙岩溶水。

（六）沅江浦市镇以上区（GF-7-6）

该区包含沅江浦市镇以上区寒武系—奥陶系岩溶含水系统区（GF-7-6-1）、沅江浦市镇以上区基岩裂隙含水系统区（GF-7-6-2）、沅江浦市镇以上区基岩裂隙含水系统区（GF-7-6-3）、沅江浦市镇以上区奥陶系岩溶含水系统区（GF-7-6-4）4个四级区。

1.沅江浦市镇以上区寒武系—奥陶系岩溶含水系统区（GF-7-6-1）

该区位于凤凰、新晃西部地区。上寒武统—下奥陶统灰岩质纯，分布广泛，岩溶水分布占总面积的85%以上。碳酸盐岩岩溶发育，组成中低山溶丘峡谷、峰丛洼地及垄岗谷地，岩溶水多以管状的地下河形式，或树枝状水流系统集中排泄，且规模较大。

2.沅江浦市镇以上区基岩裂隙含水系统区（GF-7-6-2）

该区位于怀化芷江、麻阳、辰溪、溆浦一带，沅陵-麻阳红层盆地南部以及雪峰山南段。西侧以红层孔隙裂隙水为主（沅江-麻阳盆地），中部以雪峰山西麓碳酸盐岩岩溶水为主，东部以雪峰山浅变质岩裂隙水为主。

西部下白垩统的砾岩、砂岩层富水性中等，单井涌水量一般196.07～562.63m^3/d，泉流量0.11～0.87L/s；上白垩统的泥岩、粉砂岩含水贫乏，单井涌水量一般21.43～50.98m^3/d，泉流量小于0.1L/s。

中部含碳酸盐岩裂隙岩溶水，其中中上石炭统和二叠系灰岩、白云岩及少量硅质灰岩系含水中等，地下河及岩溶大泉发育较广，流量10.08～79.57L/s，而中上寒武统及下三叠统白云质灰岩、泥质灰岩、泥灰岩，夹页岩层，含水贫乏。

东部浅变质岩裂隙水由新元古代—早古生代板岩、变质砂岩、硅质岩等组成，一般富水性贫乏—中等，断裂构造部位含水较丰富。

3.沅江浦市镇以上区基岩裂隙含水系统区（GF-7-6-3）

本区构造属新华夏系第二隆起带，北部属安化-会同华夏断褶带；东部为雪峰山新华夏系断裂带；南部尚有中华山-五团南北向构造，构成多种形式的复合构造，全境地层发育以元古宇冷家溪、板溪群和下古生界的浅变质岩最为广泛，上古生界的碳酸盐岩和中新生界的碎屑岩则分布于靖县、溆浦等小型盆地中，第四系松散堆积物主要发育在沅江沿岸的河谷阶地。

基岩裂隙水中以构造裂隙水为主，一般含水贫乏至中等，泉水流量一般小于1L/s。局部地段，尤其是构造破碎带存在着相对富集地段，泉水流量可达8.5L/s。岩溶分布面积甚小，仅在溆浦、靖县、会同、新晃、贡溪等地上中寒武统，上中石炭统和下二叠统的互层或夹层的灰岩、白云岩中，分布面积小且零星，其中上中寒武统，泥质灰岩、泥灰岩、泥质系带灰岩含水贫乏，大泉流量常见值为5.002～9.697L/s。上中石炭统及下二叠统灰岩、白云岩中岩溶发育，地下河及大泉流量为10.54～69.42L/s。松散岩层孔隙水只在会同地等河流阶地中，多为潜水含水层，水量贫乏至中等，民井涌水量小于100m^3/d。

4. 沅江浦市镇以上区奥陶系岩溶含水系统区(GF-7-6-4)

本区位于雪峰山脉以东，绥宁、城步一带，由泥盆系—石炭系组成的复式向斜构造组成，向斜核部为中—上石炭统或上泥盆统灰岩层，断裂构造十分发育，多为北东向展布的压性—压扭性断裂，含水层系统系由泥盆系—石炭系夹层状碳酸盐岩构成，岩溶不甚发育，一般含水中等至贫乏，仅在向斜核部出露的中—上石炭统白云质灰岩，有较强的岩溶发育，含水丰富。

(七)资水冷水以下区(GF-7-7)

该区包含资水冷水以下区基岩裂隙含水系统区(GF-7-7-1)、资水冷水以下区石炭系—二叠系岩溶含水系统区(GF-7-7-2)、资水冷水以下区基岩裂隙含水系统区(GF-7-7-3)3个四级区。

1. 资水冷水以下区基岩裂隙含水系统区(GF-7-7-1)

本区构造属新华夏系第二隆起带，为东西向构造与华夏系构造及东西向构造复合的弧形构造，地下水类型以基岩裂隙水分布最为广泛，局部地带尚有岩溶水和孔隙水。

基岩裂隙水中以构造裂隙水为主，一般含水贫乏至中等，泉水流量一般小于1L/s。岩溶分布面积甚小，仅在安化西部等地零星出露，大泉流量常见值为5.002～9.697L/s，含水贫乏至中等。松散岩层孔隙水只在东部资水河流阶地中分布，多为潜水含水层，水量贫乏至中等，民井涌水量小于100m^3/d。

2. 资水冷水以下区石炭系—二叠系岩溶含水系统区(GF-7-7-2)

区域构造条件为由一系列呈北东向展布的褶曲，其中向斜核部均为由上二叠统或下三叠统组成的含煤盆地，盆地两翼为下二叠统或石炭系的灰岩，岩溶发育深度最深高程为－886.11m。可见一些流程不长的地下河，流量在100L/s左右。基岩裂隙水主要分布在雪峰山山地地带，以浅变质岩构造裂隙水为主。

3. 资水冷水以下区基岩裂隙含水系统区(GF-7-7-3)

本区构造属新华夏系第二隆起带，为东西向构造与华夏系构造及东西向构造复合的弧形构造，地下水类型以基岩裂隙水分布最为广泛，局部地带尚有岩溶水。基岩裂隙水中以构造裂隙水为主，一般含水贫乏至中等，泉水流量一般小于1L/s。

(八)资水冷水以上区(GF-7-8)

该区包含资水冷水以上区基岩裂隙含水系统区(GF-7-8-1)、资水冷水以上区石炭系—二叠系岩溶含水系统区(GF-7-8-2)、资水冷水以上区基岩裂隙含水系统(GF-7-8-3)3个四级区。

1. 冷水以上区基岩裂隙含水系统区(GF-7-8-1)

雪峰山脉是本区的主体，南连南岭山脉的南山山体，山势自西南向东北逐渐降低。山地高程一般在500～1000m，山体较破碎，山脊断续，山坡和缓，山顶面自南向北倾斜。地下水类型以基岩裂隙水为主，一般含水贫乏至中等，泉水流量一般小于1L/s。

2. 资水冷水以上区石炭系—二叠系岩溶含水系统区(GF-7-8-2)

该区位于龙山—白马山一线以南的湘中丘陵地带的南部，全区地势呈一由北向东南逐渐降低的丘陵盆地群，自西向东近似平行分布，雪峰山山前盆地、邵阳盆地和祁阳-永州盆地3个长条形盆地，构成3个高度有明显差异的地貌景观。

雪峰山山前盆地高程300～400m，以中低山溶丘洼地和峰丛洼地为主要形态，地表起伏较小，约50m。

邵阳盆地大部分为高程200～300m的低山溶丘洼地形态，相对高度50～100m。

西部洞口—城步地段主要是泥盆系—石炭系组成的复式向斜构造，向斜核部为中—上石炭统或上泥盆统灰岩层，断裂构造十分发育，多为北东向展布的压性—压扭性断裂，含水层系统由泥盆系—石炭系夹层状碳酸盐岩构成。岩溶不甚发育，一般含水中等至贫乏，仅在向斜核部出露的中—上石炭统白云质灰岩，有较强的岩溶发育，含水丰富。

东部邵阳市—隆回—武岗一线，为一系列大致平行，以下三叠统或上二叠统为轴的紧密线状向斜，向斜两翼及其间的背斜部分，主要由石炭系灰岩、白云岩组成，一般产状较核部平缓，并受大致与褶皱平行的弧形冲断裂改造，使得不同层位的灰岩、白云岩相互沟通形成有水力联系的大片可溶岩层出露，为岩溶作用创造条件，因此岩溶强烈发育，形成多种岩溶形态，尤以地表溶洞、漏斗、落水洞、洼地呈有规律的线状分布，地下水多为管道运动，连通较好，成为有远景的岩溶水分布区。

3. 资水冷水以上区基岩裂隙含水系统(GF-7-8-3)

该区位于邵阳新宁、城步一带，地下水类型以基岩裂隙水分布最为广泛，局部地带尚有岩溶水。基岩裂隙水中以构造裂隙水为主，一般含水贫乏至中等，泉水流量一般小于1L/s。

(九)湘江衡阳以下区(GF-7-9)

湘江衡阳以下区石炭系—二叠系岩溶含水系统区(GF-7-9-1)、湘江衡阳以下区基岩裂隙含水系统区(GF-7-9-2)、湘江衡阳以下区基岩裂隙含水系统区(GF-7-9-3)、湘江衡阳以下区寒武系岩溶含水系统区(GF-7-9-4)4个四级区。

1. 湘江衡阳以下区石炭系—二叠系岩溶含水系统区(GF-7-9-1)

该区由涟源-双峰盆地和龙山山体组成。南部边界为东西走向的龙山，为高程800m以上的低山山地，北部为高程200～400m的涟源-双峰的丘陵盆地。盆地地表起伏较大，中部地区由灰岩构成的低山溶丘高程500～800m。涟水为本区主要地表水系，河谷高程在100m以下。

区域构造条件为由一系列呈北东向展布的褶曲，其中向斜核部均为由上二叠统或下三叠统组成的含煤盆地，盆地两翼为下二叠统或石炭系的灰岩。可见一些流程不长的地下河，流量在100L/s左右。基岩裂隙水主要分布在龙山山地地带，以浅变质岩构造裂隙水为主，弱—中等富水性。

2. 湘江衡阳以下区基岩裂隙含水系统区(GF-7-9-2)

该区位于湘赣边界山地之西，洞庭湖平原之南，西与雪峰山脉相邻，沿湘江中、下游发育的湘东丘陵河谷区。总地势为一南高北低的长条形盆地，地貌类型多样，山地、丘陵、河谷冲积平原都有较大的分布。

河谷冲积平原主要分布在湘江及其支流两岸，有六七级阶地，其中四级以下阶地和河漫滩，普遍有较重要的孔隙含水层分布。长沙附近往北至洞庭湖平原为大片分布区，具二元结构的松散岩层赋存第四系孔隙水，多以潜水形式存在，在一些含水层厚度大、岩层结构复杂地段，存在一定水头的承压水，由于阶地位置和含水层厚度等因素的控制，不同含水层或同一含水层的不同地段水量差异较大，在大托铺以西和湘江东岸、靳江河两岸、浏阳河两岸的河漫滩和一级阶地含水丰富—较丰富。地下水水位埋深 0.5～0.8m，含水层厚 1.2～9.3m。钻孔单位涌水量 0.212～4.4L/(s·m)。大托铺机场、坪塘、东塘的三级阶地(白砂井组)地下水水位埋深 0.68～7.24m，含水层厚 2.06～8.07m，涌水量 0.513～4.883L/(s·m)，石碑岭、新开铺一带四—五级阶地水量中等，地下水水位埋深 5.36～17.06m，含水层厚 6.13～18.95m，单位涌水量 0.212～0.538L/(s·m)。除此以外，浏阳河下游入湘江的三角洲地段亦存在较稳定的富水块段。

红层丘陵地段，高程一般 60～160m，由白垩系至古近系的陆相沉积的碎屑岩组成，主要有长沙-平江红层盆地、湘乡盆地等，属断陷盆地类型，是相互独立又有一定联系的较为完整的含水盆地，浅部含水层均以风化裂隙水为主，水量贫乏，泉井流量多在 0.1L/s 以下。盆地边缘多见一套巨厚层的以灰岩砾石为主，胶结物为钙泥质的灰质砾岩层，裂隙发育，且有溶蚀作用，形成溶蚀孔洞，富含裂隙岩洞水，水量丰富，在湘潭市区原主要供水井开采此层水的单井涌水量一般为 1019～1818m^3/d，最大达 4 193.5m^3/d，水位埋深 6.73～25.6m，含水层分布面积达几十平方千米，近年来在长沙地区也有发现，黄花机场在此层位中建的供水井，涌水量达 3000m^3/d 以上。

碳酸盐岩裂隙岩溶水主要分布在桃江灰山港、宁乡煤炭坝、清溪冲、湘潭银田寺、云湖桥、谭家山、长沙坪塘、白泉等地，含水岩组包括下石炭统梓门桥组，中上石炭统壶天群，下二叠统茅口组、栖霞组和上二叠统长兴组的灰岩、白云岩层，大部分覆盖或埋藏于第四系或白垩系—古近系岩层之下，形成隐伏状态，含水属丰富—极丰富，钻孔单位涌水量在 0.17L/(s·m)以上，最高可达 38.71L/(s·m)。

浅变质岩与岩浆岩在本区分布最为广泛。但均以含水贫乏的构造裂隙和风化裂隙为主，水量贫乏，一般单井涌水量小于 100m^3/d。

3. 湘江衡阳以下区基岩裂隙含水系统区(GF-7-9-3)

该区位于湘江中游、湘江干流及其支流，耒水、舂陵水、蒸水在此汇合成树枝状水系。总的地势为四周中低山环绕、内部丘陵起伏、由四周向东部逐步降低的大型复式盆地。

红层碎屑岩孔隙裂隙水分为 3 种赋存状态，即泥岩和砂质泥岩层中的风化裂隙溶孔水、砂砾岩层中的裂隙孔隙层间水及灰质砾岩中的裂隙岩溶水等。

泥岩风化裂隙溶孔水赋存于白垩系和古近系中部的含有钙质成分的泥岩和砂质泥岩层位中，由于水的溶蚀形成蜂窝状的溶孔，富水性中等，单孔涌水量为 204～926m^3/d，局部可达 4917m^3/d，水位埋深一般高出溶蚀带上限 10～20m，具有承压性。

砂砾岩裂隙孔隙层间水，产于结构松散的钙质、泥质胶结的砂岩、砾岩中，富水性中等，单井涌水量为 127～240m^3/d，含水层顶板埋深 4.5～147.5m，水头高出顶板 4～28m，为承压水。

灰质砾岩裂隙岩溶水分布于盆地边缘的下白垩统及部分上白垩统的含灰质砾岩层，因其溶蚀作用强烈，赋存状态类似于岩溶水，厚 1.5～65.81m 不等，顶板最大埋深 94.51m，溶洞发育，富水性中等—丰富，泉流量一般为 0.132 8～3.594L/s，最大 13.27L/s，单井涌水量 668～792m^3/d，水位埋深 2.30～9.51m，具承压性。

松散岩类孔隙水以全新统具二元结构的漫滩相砂砾层含水性较好，砾石层厚 0.44～23.60m，富水性中等，钻孔涌水量为 109～265m^3/d，最大 2364m^3/d，水位埋深 0.18～9.18m，阶地含水砂砾层一般含水贫乏，钻孔单井涌水量只有 10m^3/d，水位埋深 0～16.43m。

4. 湘江衡阳以下区寒武系岩溶含水系统区(GF-7-9-4)

该区位于湘赣边界炎陵—茶陵—浏阳一带。碳酸盐岩裂隙岩溶水主要分布在炎陵三河、浏阳永和等地，含水岩组包括下石炭统梓门桥组，中上石炭统壶天群，下二叠统茅口组、栖霞组和上二叠统长兴组的灰岩、白云岩层，大部分覆盖或埋藏于第四系或白垩-古近系岩层之下，形成隐伏状态，含水属丰富—极丰富，钻孔单位涌水量在 0.17L/(s·m)以上，最高可达 38.71L/(s·m)。基岩裂隙水含水岩组主要是上古生界及中生界碎屑岩和下古生界的浅变质岩系，岩浆岩体等裂隙含水，富水性中等，地下水出露以泉为主，泉流量一般为 0.027～0.092L/s，最大为 0.454L/s，地下水埋深一般小于 50m。

(十)湘江衡阳以上区(GF-7-10)

该区包含湘江衡阳以上区基岩裂隙含水系统区(GF-7-10-1)、湘江衡阳以上区基岩裂隙含水系统区(GF-7-10-2)、湘江衡阳以上区基岩裂隙含水系统区(GF-7-10-3)。

1. 湘江衡阳以上区基岩裂隙含水系统区(GF-7-10-1)

该区多为高程 100～200m 的岩溶残峰坡地形态，相对高度 60～70m，起伏平缓的红土低丘。含水层以泥盆系—石炭系的碳酸盐岩为主，多数为丰富岩溶水地带，地下河发育多与断裂带相关，地下河、大泉流量一般为 100～1000L/s。

2. 湘江衡阳以上区基岩裂隙含水系统区(GF-7-10-2)

该区为阳明山与都庞岭两山夹持间宽阔的丘陵地带。属南岭北坡山前丘陵地带，高程一般在 500m 以内，湘江上游河段的一级支流舂陵水、耒水自南至北分别于常宁松柏和衡阳汇入湘江，沿河由一系列小型盆地成串斜列，较具规模的如道县-江永盆地、新田-嘉禾盆地等，多为岩溶化程度比较高的溶蚀盆地，是湖南省主要的岩溶分布区之一。

本区构造部位处于桂阳-郴州东西向坳褶带，内部为一系列南北向构造穿插，东部发育郴州-宜章新华夏系褶断带。主要构造形迹为复背斜、复向斜及断裂。

主要地下水类型为碳酸盐岩类裂隙溶洞水。含水岩层为泥盆系、石炭系、下二叠统灰岩、白云质灰岩，一般富水性中等，地下河、大泉流量常见值为 10.08～99L/s，最大 1 128.8L/s。宁远以西中上泥盆统和下石炭统，富水程度丰富，地下河、大泉流量一般为 100～877.07L/s，最大为 1 633.3L/s，新田及常宁南部中上泥盆统；桂阳、临武等地下三叠统富水性稍弱，地下河不甚发育，大泉流量多为 5.002～11.318L/s，水位埋深一般小于 10m，局部地段有 50m。

基岩裂隙主要赋存于下古生界浅变质岩，泥盆系碎屑岩、花岗岩体，富水性一般为中等，泉流量常见值 0.101～0.76L/s，最大 1.828L/s，钻孔涌水量 5.36～738.34m^3/d。震旦系、下寒武统板岩、千枚岩及变质砂岩，含水贫乏，但局部地区赋存裂隙承压水，如小锦江矿区钻孔涌水量为 28.08～392.17m^3/d，水位高出地面 5.38～38.10m。

3. 湘江衡阳以上区基岩裂隙含水系统区(GF-7-10-3)

罗霄山、诸广山脉盘亘全区，地势高耸，山峰高程多在1000m以上，相对高度为200～1200m，罗霄山主峰八面山高程达2042m。湘江一级支流洣水、东江均源于此，为湘江和赣江的分水岭地带。区内地质构造比较复杂，诸广山、罗霄山岩浆岩体呈南北向组成东部屏障，中间炎陵复式向斜断续有7～8个单个褶曲，南部汝城向斜有二叠系、石炭系的碳酸盐岩及碎屑岩，以北的向斜均为泥盆系碳酸盐岩、碎屑岩，碳酸盐岩多为夹层或互层型，地表岩溶形态不甚典型，局部地段可见一些小型的岩溶泉和地下河分布。西部为一隆起带，由岩浆岩体和寒武系的砂岩、砂板岩组成。

含水岩组主要是上古生界及中生界碎屑岩和下古生界的浅变质岩系，岩浆岩体等裂隙含水，富水性贫乏至中等，地下水出露以泉为主，泉流量一般为0.027～0.092L/s，最大为0.454L/s，地下水埋深小于50m。

四、鄱阳湖水系区(GF-8)

该区仅含赣江栋背以上基岩裂隙含水系统区(GF-8-6-1)一个四级区，位于桂东东北、汝城东南角。诸广山脉盘亘全区，地势高耸，山峰高程多在1000m以上，含水岩组主要是上古生界及中生界碎屑岩和下古生界的浅变质岩系，岩浆岩体等裂隙含水，富水性贫乏至中等。

五、珠江中上游区(GH-1)

该区包括柳江区(GH-1-2-2)和桂贺江区(GH-1-4-1)两个四级区。

柳江区(GH-1-2-2)位于怀化市通道县和城步县南部，与广西壮族自治区接壤。地形以中山峡谷地貌为主，高程多为500m以上。构造以北东向构造为主，含水岩组主要以元古宇—寒武系的浅变质岩为主，含变质岩类裂隙水，富水性贫乏。

桂贺江(GH-1-4-1)位于永州市江永县西南角，地形呈中间低、两侧高，中间为冲积河谷阶地地貌，两侧为中低山峡谷地貌，高程200～1700m。地层岩性东部主要为泥盆系碳酸盐岩，呈北东向展布贯穿本区，含碳酸盐类裂隙溶洞水，水量丰富，地下径流模数大于6L/(s·km^2)。与之相邻的周边出露泥盆系碎屑岩，含碎屑岩类裂隙水，富水性中等，地下径流模数1～3L/(s·km^2)。西北角和南部出露寒武系—奥陶系变质岩，含变质岩类裂隙水，富水性贫乏。

六、珠江下游区(GH-2)

珠江下游区仅包括北江大坑口以上(GH-2-1-1)一个四级区，分别位于郴州市宜章县—临武县一带和汝城县南部。

宜章—临武一带地形主要为碳酸盐岩中、低山峰丛洼地，东南角为中山峡谷地貌，高程500～1700m。出露的地层岩性:中部主要为泥盆系—二叠系的碳酸盐岩，含碳酸盐类裂隙溶洞水，富水性分布不均，中等至丰富均有出露，地下径流模数一般为3～10L/(s·km^2)。南侧为侏罗纪侵入的岩浆岩，含岩浆岩类裂隙水，泉流量0.1～1L/s，富水性中等。

汝城县南部为低山陡坡峡谷地貌，高程300～1000m。出露的地层岩性为侏罗纪侵入的岩浆岩，径流模数1～3L/(s·km^2)，富水性中等。

第四章　地下水资源评价与开发利用潜力

湖南省地下水资源调查、评价工作由来已久。自20世纪50年代初至60年代末就有所开展，当时的地下水资源评价工作主要为矿产资源勘查服务，地下水资源评价以矿区水文为主。70年代初至80年代末，完成了湖南省35个(包括邻省的4个)图幅的1∶20万区域水文地质普查工作，为后来的工作奠定了基础。80年代初(1983年)，完成了4种地下水类型的总结，并编制了水文地质图、环境地质图，同时完成了第一轮湖南省地下水资源评价。90年代中期，相继在岩溶贫困地区开展了岩溶水调查和评价工作。2002年完成了第二轮湖南省地下水资源评价，基本查清了省境地下水资源状况。

前两轮地下水资源评价计算方法平原区均采用的是入渗系数法，山地区则选用径流模数法，所计算的数据精度较低。本次评价在前人工作的基础上结合数值模拟法、系统理论法和衰减法来计算资源量或可开采资源量，丰富了评价过程。

第一节　评价方法和参数选取

一、评价方法

(一)地下水资源补给量

湖南省位于中国中南部地区，是中国地势第二级和第三级阶梯的交替地带之一。东、南、西三面环山，中部山丘隆起，丘岗、盆地呈串珠状斜列，北部冲积平原、湖泊环带展布，呈朝北开口的不对称马蹄形地貌。巨大的地形地貌差异也造就了不同的地下水资源评价方法。洞庭湖地形平坦，水文地质条件较为简单，地下水类型均为松散岩类孔隙水，含水层连续分布，易于储存地下水，同时边界条件较为明确，一般将补给量视作洞庭湖地区的地下水资源量。而山丘区受地质构造、地貌形态、植被、水文、气象条件的影响，地下水的补排条件和动态变化也有较大差别。山丘区地势一般较高，河谷切割深，地下水主要靠降水补给，渗入地下的径流和出露地表的泉水多回归于河道中，以河川径流的方式排泄。根据水均衡原理，总排泄量等于总补给量。补给源为天然降水，则用山丘区总排泄量近似代表入渗补给量。

1. 补给量法

传统地下水资源评价，洞庭湖区补给量均是采用入渗系数法进行计算。

(1)入渗系数法

湖区的地下水补给来源主要包括降水入渗补给量、灌溉入渗补给量、水面计算河湖渗漏补给量。各项计算的数学模型如下。

1)降水入渗补给量。大气降水入渗补给是工作区出露地表的各含水岩组的主要补给来源,因此采用普遍渗入法计算降水入渗补给量,计算公式为

$$Q_{降水} = 0.1 \times \alpha \times F \times X$$

式中:$Q_{降水}$ 为降水入渗补给量(万 $m^3 \cdot a^{-1}$);α 为降水入渗系数;F 为计算单元内陆面面积(km^2);X 为计算时段有效降水量(mm/a),按全年降水的 90%计算。

2)稻田灌溉补给量。根据洞庭湖平原种植模式的特点,将该量分为水稻生长期和非生长期两个时段计算。

水稻生长期:计算稻田灌溉回归补给量 $Q_{稻灌-1}$。其计算公式为

$$Q_{稻灌-1} = 0.1 \times \beta \times F \times T$$

式中:$Q_{稻灌-1}$为稻田灌溉回归补给量(万 $m^3 \cdot a^{-1}$);β 为稻田灌溉回归深度(mm/d);F 为计算单元内稻田分布面积(km^2);T 为水稻平均生长天数(d),取 194d。

水稻非生长期:计算稻田降水入渗补给量 $Q_{稻灌-2}$。其计算公式为

$$Q_{稻灌-2} = 0.1 \times \alpha \times F \times X$$

式中:$Q_{稻灌-2}$为稻田降水入渗补给量(万 $m^3 \cdot a^{-1}$);α 为降水入渗系数;F 为计算单元稻田分布面积(km^2);X 为水稻非生长期(11 月至翌年 4 月上旬)有效降水量(mm/a),按非生长期降水的 90%计算。

将水稻生长期的稻田入渗补给量与水稻非生长期的稻田降水入渗补给量相加,即稻田灌溉补给量。

$$Q_{稻灌} = Q_{稻灌-1} + Q_{稻灌-2}$$

3)湖泊渗漏补给量。

计算公式为

$$Q_{湖补} = F \times \Delta H \times 10^2$$

式中:$Q_{湖补}$ 为湖泊渗漏补给量(万 $m^3 \cdot a^{-1}$);F 为湖泊面积(km^2);ΔH 为经验渗透水层厚度(m),参照以往资料取值 0.5m/a。

(2)数值模拟法

随着计算机技术和数学的发展,对于现在平原区的地下水资源评价,有越来越多的单位和个人采用数值模拟法来计算平原地区地下水资源量和可开采资源量。其原理是对研究区域的水文地质特征(如含水层结构和参数等)或地下水系统的行为和状态进行仿真,以了解地下水的时空变化特征和演化规律。一般情况下,最好以相对独立的地下水系统(水文地质单元)作为模拟区范围,这样便于较为准确地刻画自然边界,以避免人为边界在资料提供上的困难和误差,提高模拟的精度。数值模拟法的计算步骤包括以下几个。

1)建立模型雏形。需要查明含水介质条件、水的流动条件及边界条件 3 个方面。含水介质条件包括含水层的空间分布情况,含水层的厚度变化,含水层透水性、储水性的变化情况。流动条件包括水的承压性、流动维度。边界条件包括边界空间位置和分布情况、边界性质等,基于以上条件,建立模型雏形。

2)验证修改模型。根据上述要求建立数学模型雏形,再根据抽水试验或者开采地下水所提供的水位动态信息来验证模型是否正确,如果不符合实际,则进行适当的修改,以求得符合实际的模型,这个过程又称模型识别。

3)运用模型进行资源评价。根据相关参数和条件对模型进行修改后,用来正演计算,求取

补给资源量和可开采资源量。

基于以上原则，通过对洞庭平原的地质条件和水文地质条件进行详尽系统的分析，依据渗流的连续性方程和达西定律，结合地下水系统实际水文地质条件，建立了洞庭平原三维非稳定流数学模型。

$$\begin{cases}\frac{\partial}{\partial x}\left(K_{xx}\frac{\partial H}{\partial x}\right)+\frac{\partial}{\partial y}\left(K_{yy}\frac{\partial H}{\partial y}\right)+\frac{\partial}{\partial z}\left(K_{zz}\frac{\partial H}{\partial z}\right)+w=\mu_s\frac{\partial H}{\partial t}\\ H(x,y,z,t)\mid_{t=0}=H_0(x,y,z)\\ H(x,y,z,t)\mid_{B_1}=H_1(x,y,z,t)\\ K\frac{\partial H}{\partial n}\mid_{B_2}=-Q(x,y,z,t)\end{cases}$$

式中：μ_s为储水率(1/L)；K_{xx}、K_{yy}、K_{zz}为各向异性主方向渗透系数(L/T)；H为点(x,y,z)在t时刻的水头值(L)；w为源汇项(1/T)；H_0为计算域初始水头值(L)；H_1为第一类边界的水头值(L)；t为时间(T)；Q为第二类边界上单位面积的侧向补给量(L/T)；B_1、B_2为第一、第二类边界条件。

对于上述三维非稳定流数学模型，其定解条件包括边界条件和初始条件。在研究的渗流区里，边界条件概化为第一类或第二类边界条件；初始条件选定模拟时段初始时刻的流场作为各含水层的初始水位值。

在此基础上采用有限差分法进行求解。有限差分法是一种应用得较为成熟的数值计算方法，其基本原理是以差商代替微商，即将解析法中连续的函数进行离散化经过有限的差分以后变成断续的函数在每一个差分研究区内，把函数取极限求导的计算变换成有限值的比率计算。经变换后，原地下水非稳定流偏微分方程变成差分方程，成为可以直接求解的代数方程组。

2. 排泄量法

(1)径流模数法

计算公式为

$$Q_0=3.1536\times F\times M_0\qquad M_0=M\times\beta_0=M\times\frac{P}{p_i}$$

式中：Q_0为计算时段年径流量(万 m^3/a)；F为计算面积(km^2)；M为实测地下径流模数($L/s\cdot km^2$)；M_0为计算时段径流模数($L/s\cdot km^2$)；β_0为年平均修正系数；p_i为与实测径流模数相应年降水量(mm)；P为计算时段年降水量(mm)。

径流模数法多用于以基岩裂隙水或者红层碎屑岩孔隙-裂隙水为主的地区，在本次湖南很多地区的地下水资源量计算都有采用。这是由于这两种地下水类型总体富水性总体较为平均，单一的径流模数具有较好的代表性，而在富水性差异较大的岩溶水地区采用此法则需要分别考虑地形地貌、地质构造等差异，从而在不同的地段采用不同的径流模数。

(2)泉流量汇总法

$$Q=86.4\times(Q_1+Q_2+\cdots+Q_n)$$

式中：Q为实测天然排泄量(L/s)；Q_n为实测平水期单个泉或者地下河流量(L/s)。

泉流量汇总法一般用于全排型流域，需要将调查区内所有泉点调查和统计，对地下水调查评价工作有较高的精度要求，一般用于小流域大比例尺的地下水资源评价工作。在本次湘西、湘南岩溶流域的地下水资源评价中就采取了这种方法。

(二)地下水可开采资源量

常用的地下水可开采资源量的计算方法有平均布井法、开采系数法、枯季径流模数法、系统理论法、泉流量衰减法、试验外推法等。

1. 平均布井法

平均布井法的计算公式为

$$Q = 365Q_{cp} \times n \times 10^{-4}$$

$$n = \frac{F \times 10^{-6}}{4R^2}$$

式中：Q_{cp} 为 8 吋口径降深 5m 的单井涌水量在计算区的平均值(万 $m^3 \cdot a^{-1}$)；n 为计算区内平均布井个数；F 为计算区面积(km^2)；R 为钻孔抽水降深 5m 时的引用影响半径(m)。

平均布井法一般用于地形平坦、均质的含水层，湖南地区一般就用于洞庭湖平原和“四水”的河流阶地，在地形起伏较大、富水性差异较大的山丘地区无法使用。

2. 开采系数法

根据各计算单元内钻孔单井单位降深出水量资料及后续进行的抽水试验分析补充资料，确定开采系数(ρ)。

开采系数的取值方法主要依据《全国水资源综合规划技术细则(试行)〈地下水资源量及可开采量补充细则〉》，并参考云南省水文水资源局在昆明盆地，广东省水文水资源局在雷州半岛的地下水资源可开采量计算中所采用的数值进行综合确定，确定方法如下。

(1)单井单位涌水量 $q<2.5m^3/h \cdot m$ 的地区，ρ 值为 <0.5。

(2)单井单位涌水量 $2.5m^3/h \cdot m<q<5.0m^3/h \cdot m$ 的地区，ρ 值为 0.5～0.6。

(3)单井单位涌水量 $5.0m^3/h \cdot m<q<10.0m^3/h \cdot m$ 的地区，ρ 值为 0.6～0.7。

(4)单井单位涌水量 $10.0m^3/h \cdot m<q<20.0m^3/h \cdot m$ 的地区，ρ 值为 0.7～0.8。

(5)单井单位涌水量 $20.0m^3/h \cdot m<q<250.0m^3/h \cdot m$ 的地区，ρ 值为 0.8～0.85。

(6)单井单位涌水量 $q>250.0m^3/h \cdot m$ 的地区，ρ 值为 >0.85。

开采系数法一般用于研究程度较高，资料较为丰富的地区，在湖南一般用于洞庭湖平原的地下水可开采资源量计算。

3. 枯季径流模数法

$$Q_{允} = 3.1536 \times M_{枯} \times F$$

式中：$Q_{允}$ 为计算块段地下水允许开采量(万 m^3/a)；$M_{枯}$ 为计算块段地下水枯季径流模数($L/s \cdot km^2$)；F 为计算块段面积(km^2)。

其中枯季径流模数的计算公式为

$$M_{枯} = Q_{枯}/F$$

式中：$Q_{枯}$ 为地下河、岩溶泉系统枯季流量(L/s)；F 为地下河、岩溶泉系统汇水面积(km^2)。

该方法一般用于工作程度较高的全排型流域地下水资源计算，工作程度较低的地方可通过比拟法或者丰水季和枯水季的降水量来进行换算。

4. 系统理论法

系统理论法是从统计通信技术和自动控制论中建立起来的。其原理是将大气降水视作随时间变化的不连续的脉冲函数，通过泉域含水体这个"转换装置"的调节作用，由泉群流量流出的水量却是一个随时间变化的连续函数，一般用在以岩溶水为主的全排型流域。详细说来就是将泉水的流量视作多次降水形成的径流量逐一叠加而成，转换装置的计算公式为

$$Q_t = \sum_{\tau=k}^{n} U_{t-\tau} W_\tau$$

式中：Q_t 为输出泉流量(m^3/d)；$U_{t-\tau}$ 为降水量(mm)；W_τ 为权函数。

该公式可以用来预测泉的流量，也可用来评价地下水的可开采资源量。

5. 泉流量衰减法

计算公式为

$$Q_t = Q_0 e^{-at}$$

式中：Q_t 为衰减开始后第 t 天的流量(L/s)；Q_0 为衰减开始时刻($t=0$)的初始流量(L/s)；a 为衰减系数(L/d)。

对有长观资料的岩溶大泉、地下河或蓄水构造采用布西涅斯克方程即衰减方程来计算评价，其特点是对资料的精度要求最高，计算的资源量也最准确。目前衰减法用于计算湘西、湘南岩溶地区的地下水可开采资源量。

6. 试验外推法

试验外推法是根据抽水钻孔或地下水长期开采资料建立涌水量与降深之间的经验公式，然后外推开采降深时的地下水可开采量。该方法一般用于水文地质条件简单、补给条件良好、含水层导水性强、单井涌水量大且需水量较少(需水量远小于地下水补给资源)的中小型水源地可开采量的评价，试验外推法建立在稳定流抽水试验的基础上，非稳定流抽水试验不适用。

抽水试验结束后，依据 $Q=f(s)$ 曲线类型找出相应的涌水量方程式，可以求出平均曲度值，从而确定涌水量与降深的关系式(曲线类型)，一般随着水位降深的增大而变化，变化的规律一般依次为直线方程、抛物线方程、幂函数方程、对数方程。

曲度值的计算公式为

$$n = \frac{1}{2}(n_1 + n_2) = \frac{1}{2}\left[\frac{\lg(S_2/S_1)}{\lg Q_2/Q_1} + \frac{\lg(S_3/S_2)}{\lg(Q_3/Q_2)}\right]$$

式中 n_1、n_2 为上段、下段曲线的曲度值，n 为平均曲度值。

$n=1$ 时为直线型，$1<n<2$ 时为幂指数型，$n=2$ 时为抛物线型，$n>2$ 时为对数型。

各类曲线允许外推的范围：一般推断的设计降深值为抽水试验最大降深的 1.75～2 倍，再根据外推的降深计算地下水可开采资源量。

本方法在一般情况下具有较高的准确性，但是部分地区抽水试验随降深的增大，上段曲线与下段的曲度值相差较大，平均曲度值与下段曲线曲度值所反应的涌水量曲线方程类型有所差别，常规方法采用平均曲度值判断和下推计算可开采资源量。1993 年盛玉环认为当平均曲度值与下段曲线曲度值相差较大，二者所反映的曲线类型不一样时，应以下段曲线的曲度值来下推计算可开采资源量，拟合时，曲线通过最大落程，并与另外二个落程拟合差最小。通过汝城县热水圩钻孔 ZK8 第 4 个落程(超过抽水试验的最大降深)的抽水试验数据，验证了下段曲线类型和最大落程点对下推精度的控制作用更高的结论，改进后的方法相对误差比常规方法降低了 13.1%。

（三）地下水储存量计算

地下水储存量是指储存在单元含水层中重力水的体积。仅针对洞庭湖平原进行计算。洞庭湖平原松散岩类孔隙水储存的资源量主要由两部分组成：一是容积储存量；二是弹性储存量。本次计算考虑第Ⅰ含水层的潜水分布范围广，水位波动幅度大，因此以计算容积储存量为主。对第Ⅱ、Ⅲ含水层，除考虑容积储存量外，还进行弹性储存量的计算。其计算公式如下。

单元含水层容积储存量的计算公式为

$$Q_{容积} = 10^{-2} \times \mu d \times H \times F_1$$

单元含水层弹性储存量的计算公式为

$$Q_{弹性} = 10^{-2} \times \mu e \times \Delta H \times F_2$$

式中：$Q_{储变}$ 为地下水调节量的变化量（亿 $m^3 \cdot a^{-1}$）；μd 为重力给水度；μe 为弹性释水系数；ΔH 为承压水测压水位至承压含水层顶板的距离（m）；F_1 为含水层分布面积（km^2）；F_2 为承压含水层分布面积（km^2）。

二、评价参数的确定

（一）地下水资源补给量

1. 降水量（P）

本次工作收集了湖南省2000—2020年各县市的降水量资料，以此为基础，计算湖南省的年降水总量，将年降水总量进行排序，计算湖南省降水保证率。分别以降水保证率25%、50%、75%的降水量计算基准，代表丰水年、平水年、枯水年。根据计算结果，丰、平、枯的代表年份分别为2010年、2006年、2001年。

2. 计算面积（F）

为了处理洞庭湖平原区不同区段水文地质参数上的差异，提高地下水资源量的计算精度，按照地下水系统分区界线，将工作区划分为2个二级地下水均衡亚区、10个三级地下水均衡计算分区。在地下水系统分区的基础上，根据各区内的地质地貌条件、水文地质条件的差异，结合不同含水层的导水系数、给水度、降水入渗系数等定量指标，将全区分为40个资源计算段。

山丘区计算面积是以地下水系统划分为依据，与计算系统分区相对应。

3. 降水入渗系数（α）

降水入渗系数是利用地下水动态观测资料采用次降雨水位升幅法计算 α 值。

计算公式：无前期降水影响　$\alpha = \mu \times \Delta h_i / P_i$

有前期降水影响　$\alpha = \mu \times \Delta h / (P_i + P_{ai})$

式中：Δh 为有前期降水影响的水位升幅值；P_i 为本次降水量；$P_{ai} = P_i \times K$ 为本次降水的前期降水影响量，其中 K 为影响系数，一般取平均值0.9。

4. 水稻平均生长天数（T）

洞庭湖区大部分种植双季稻，因此统计生长期时按全部为双季稻计算。根据农业部门资料，本区双季稻平均生长为187d，同时了解到冬种绿肥、春收作物及早稻对春耕泡田时间的长短各有要求，现按一般情况定为7d，故水稻平均生长天数为194d。

5. 灌溉回归深度（β）

利用2010—2014年全省稻田渗入试验资料求得灌溉回归深度，并参照农业、水利部门的计算结果表确定。

6. 径流模数

径流模数以前人资料为基础，本次工作对明显不合理的径流模数根据相关资料予以更正。同时以降水量的大小比值作为修正系数，按照不同降水保证率分别取值。

7. 数值模拟法模型概化

（1）边界条件的确定

由于洞庭湖区东、南、西侧均为垄岗和丘陵地貌，以隔水的基岩区为主，因此这3处边界均概化为二类隔水边界。北边以湖南省与湖北省行政区界线为边界，边界上的水头以江汉-洞庭平原全区数值模型计算的结果确定。

模拟区上边界为潜水面，接受大气降水、河湖以及灌溉入渗。模型底部为第三系黏土岩、砂岩与下更新统孔隙承压水含水层之间无水量交换，概化为隔水边界。

（2）地下水流场及其流动特征

根据前人资料和本次研究调查，研究区水文地质概念模型包含1个潜水含水层和2个承压含水层，各含水层均为非均质各向异性，含水层之间的黏性土隔水层按弱透水层作为独立的层位参与计算，各含水层之间存在垂向有水力联系。由于人工开采，区内地下水水位多年来有持续下降的趋势，在局部地区已形成多个降落漏斗，水流呈非稳定三维流状态，因而研究区的地下水流动可概化为三维非稳定流。

8. 其他参数

地表水体、稻田面积利用湖南省遥感中心提交的《洞庭湖区环境遥感综合调查》中遥感解译资料。地下水水位利用亚米级GPS野外实测数据，数值模拟法所采用的渗透系数等参数均为实测。评价所利用的资料数据准确，结果可靠。

（二）地下水可开采资源量

1. 水文地质参数

水文地质参数是利用前人勘查获得的稳定流抽水试验和非稳定流抽水试验以及水位恢复资料计算得到的。稳定流抽水试验应用裘布依方程、吉哈尔特、库萨金经验公式计算K值和R值，非稳定流抽水试验用配线法、直线图解法，另外采取了以往水文地质报告的实验值。计算分区内本次与以往均无资料的采用工程类比法推导。

2. 泉水流量

泉水流量根据1∶5万水文地质调查报告、1∶20万调查报告及其他相关勘查报告收集而来。

3. 系统理论法

系统理论法对数据的要求较高，目前仅在湖南省内局部地区监测数据能达到要求。本次采用湖南省郴州市宜章县一处泉口监测站的数据进行计算和对比分析，监测时间：2018年1

月1日至2018年4月18日。

区内含水岩组分别为富水性中等的碳酸盐岩含水岩组(D_3x、D_2q)、富水性贫乏的碳酸盐岩夹碎屑岩含水岩组(D_3s)、富水性贫乏的碎屑岩夹碳酸盐岩含水岩组(D_3c)、富水性贫乏的基岩裂隙水(D_3m)(图4-1)。区内无地表水系发育,兜水监测站汇水面积为3.411km²,该泉水是在汇水范围内地下水唯一的排泄点,补、径、排关系较为简单,地下水总体自南东往北西径流。基于此,可应用系统理论法(黑箱法)对大气降水和泉流量之间建立相关关系。工作区的部分降水量资料与泉流量监测数据如表4-1所示。

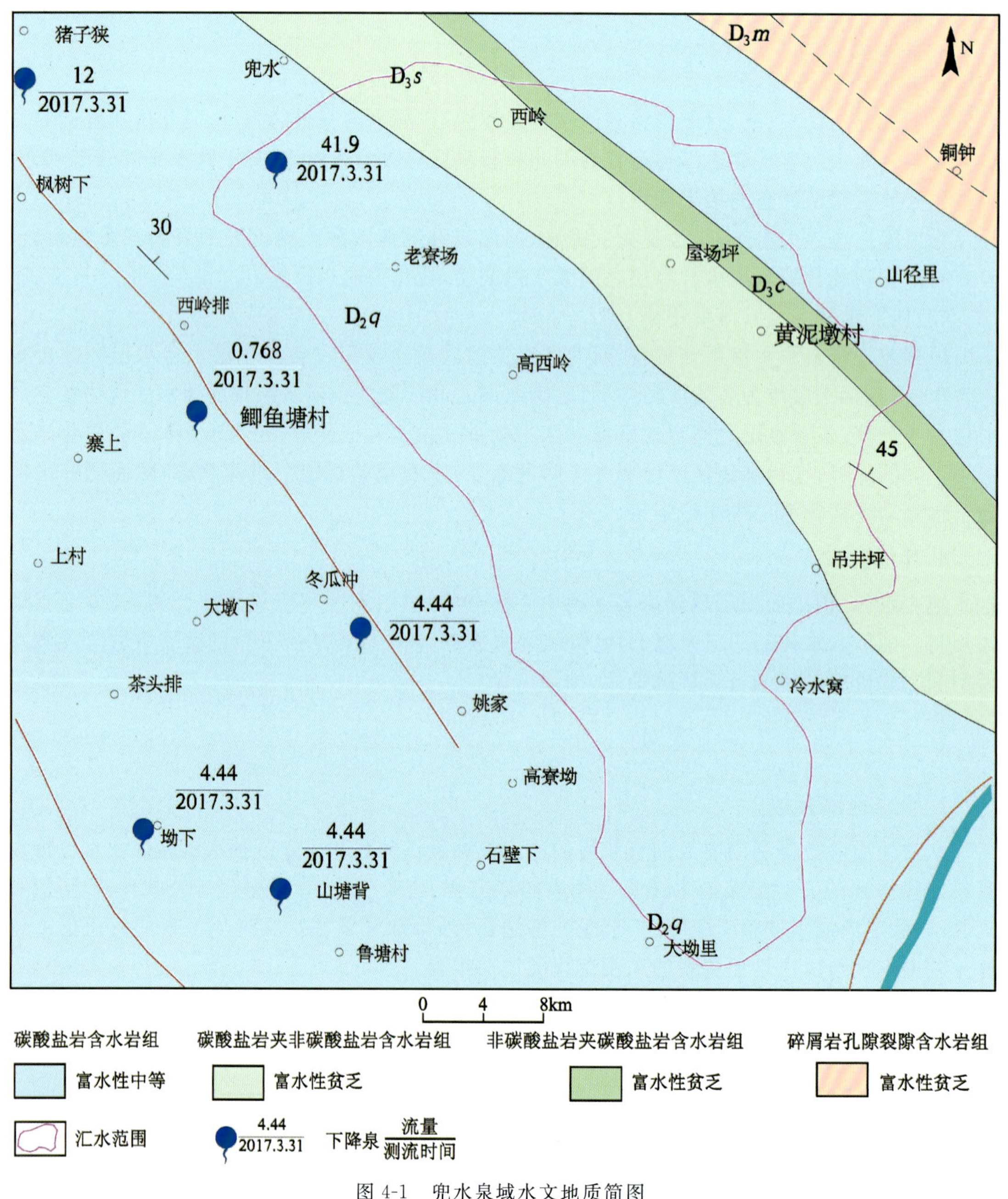

图4-1 兜水泉域水文地质简图

经过分析，确定泉水与流量时间上的对应关系，降水影响时长为20d，降水对泉开始影响的时间为36d。基于此，确定了降水量与泉流量的权函数，如表4-1所示。

表4-1 权函数列表

编号	权函数 W	编号	权函数 W	编号	权函数 W
1	0.366 76	8	1.069 00	15	1.012 47
2	0.571 65	9	1.080 18	16	0.802 09
3	0.617 17	10	1.127 22	17	0.779 45
4	0.822 22	11	1.078 45	18	0.721 58
5	0.862 73	12	1.006 74	19	0.585 29
6	0.958 25	13	0.995 19	20	0.441 58
7	0.929 39	14	1.041 82		

用权函数与降水量预测的泉流量与实测泉流量的对照如图4-2所示。自2018年1月1日至2018年10月29日共302d，计算泉流量值与实测流量值误差一般在10%左右，实测流量与权函数预测流量误差平方和为9 187.73，总体拟合效果较好，因此系统理论法在兜水地区可用于地下水资源的计算和预测。

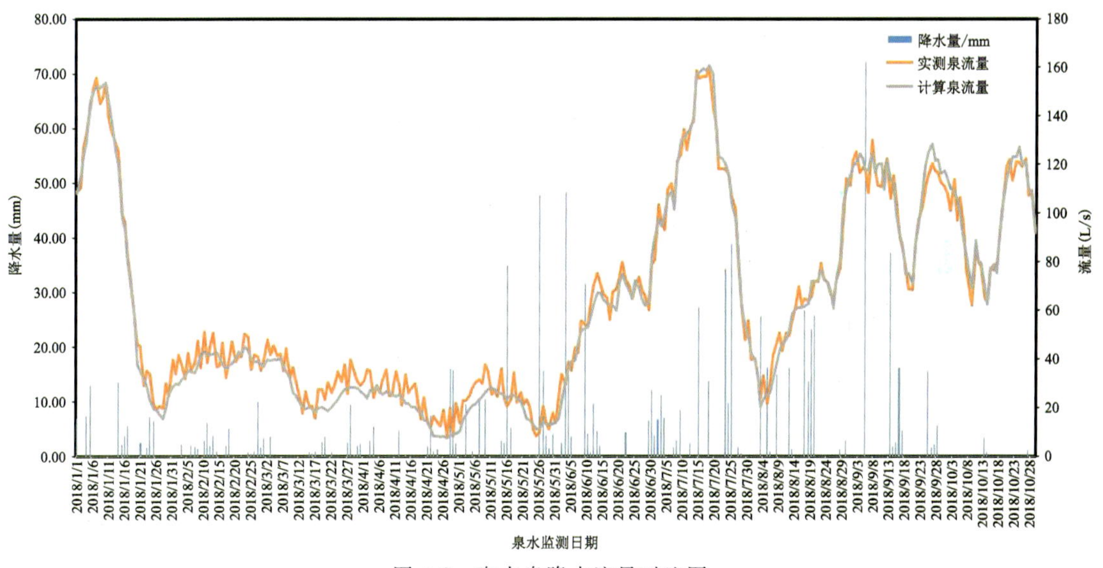

图4-2 兜水泉降水流量对比图

(三)地下水储存量

重力给水度(ud)和弹性释水系数(ue)参考《江汉-洞庭平原地下水资源及其环境问题调查评价》。

第二节　水量评价

一、地下水资源补给量

（一）方法有效性分析

洞庭湖区分别采用了补给量法和数值模拟法（仅计算了多年平均资源量）计算了资源量，其对比表格如表 4-2 所示。

表 4-2　补给量法与数值模拟法计算结果对比表

补给项	入渗系数法/（亿 $m^3\cdot a^{-1}$）				数值模拟法/（亿 m^3/a）	相对误差/%
	多年平均	丰（25%）	平（50%）	枯（75%）		
降水入渗补给量	17.47	18.65	16.99	15.22	18.09	3.54
稻田灌溉补给量	4.62	4.96	4.63	4.09	4.78	3.50
河流侧向补给量	1.54				1.60	3.80
湖泊渗漏补给量	9.72				9.22	−5.19
外围侧向补给量	1.20				1.25	4.00
合计	34.55				34.94	1.12

综上所述，数值模拟法与补给量法的计算结果各项误差在−5.19%～4.00%，综合误差为1.12%，在误差允许范围之内，因此两种方法均可以用来计算地下水资源量，由于补给量法资料利用程度更高，因此以补给量法的计算结果作为洞庭湖平原区的地下水资源量，即 34.55 亿 m^3/a。

（二）资源量分类汇总

汇总洞庭湖区与山丘区的地下水资源量，得出湖南省多年平均天然补给资源量为 426.20 亿 m^3/a，丰水年地下水天然补给资源量为 463.50 亿 m^3/a，平水年和枯水年的地下水天然补给资源量分别为 438.38 亿 m^3/a 和 385.89 亿 m^3/a。

水资源区域上的分布以湘西、湘南地区最多，主要是由于这两个地方可溶岩分布较广。永州和郴州的多年平均资源量分别达到 55.27 亿 m^3/a 和 48.39 亿 m^3/a，分别占总地下水资源量的 12.95%和 11.34%。资源量最小的为湘潭市，仅 6.47 亿 m^3/a，占比 1.52%。如表 4-3 所示。

地下水天然资源模数能反映区域上地下水的丰度，省内模数最大的分别为张家界和湘西自治州，其天然资源模数分别为 31.26 万 $m^3/km^2\cdot a$ 和 31.09 万 $m^3/km^2\cdot a$。省内模数最小的为长沙市和湘潭市，其天然资源模数分别为 10.64 万 $m^3/km^2\cdot a$ 和 12.92 万 $m^3/km^2\cdot a$。

表 4-3 湖南省地下水资源量按行政单元统计表

地级市	面积 F/km^2	天然补给资源量/(亿 $m^3 \cdot a^{-1}$)			
		多年平均	丰(25%)	平(50%)	枯(75%)
长沙市	11 820	12.58	13.38	12.30	11.44
株洲市	11 262	17.88	20.15	20.89	17.87
湘潭市	5007	6.47	8.00	7.73	5.39
衡阳市	15 303	26.76	28.10	29.81	25.26
邵阳市	20 830	50.46	52.03	57.29	49.26
岳阳市	14 898	22.15	25.36	20.06	20.80
常德市	18 190	32.77	35.75	30.21	26.39
张家界市	9516	29.75	35.15	25.22	20.55
益阳市	12 325	16.37	18.17	14.91	15.02
郴州市	19 317	48.39	47.01	61.96	50.60
永州市	22 255	55.27	58.55	57.84	53.36
怀化市	27 563	37.23	38.86	34.30	32.74
娄底市	8108	22.04	27.67	24.55	19.62
湘西自治州	15 462	48.07	55.32	41.31	37.59
总计	211 856	426.20	463.50	438.38	385.89

天然资源丰度的地域差异决定因素是与地下水类型的分布状况关系密切,湖南省地下水多年平均天然补给资源量中,碳酸盐岩类裂隙岩溶水资源量为 249.48 亿 m^3/a,占地下水资源总量的 58.53%;其次是基岩裂隙水为 115.32 亿 m^3/a,占总量的 27.06%;松散岩类孔隙水为 38.61亿 m^3/a,占总量的 9.06%;红层孔隙裂隙水最小为 22.79 亿 m^3/a,占总量的 5.35%,如表 4-4所示。

表 4-4 湖南省地下水天然补给资源量按地下水类型统计表

地下水类型	面积 F/km^2	天然补给资源量/(亿 $m^3 \cdot a^{-1}$)			
		多年平均	丰(25%)	平(50%)	枯(75%)
碳酸盐岩类裂隙岩溶水	59 892	249.48	272.73	258.93	221.75
基岩裂隙水	100 421	115.32	123.61	120.05	107.17
红层碎屑岩孔隙-裂隙水	26 863	22.79	25.08	23.46	20.63
松散岩类孔隙水	24 680	38.61	42.08	35.94	36.34
总计	211 856	426.20	463.50	438.38	385.89

地下水的天然补给量在不同流域也存在较大的差距,多年平均资源量最丰富的是湘江流域,其资源量为 168.93 亿 m^3/a,占总资源量的 39.64%;其次是资水流域,资源量为 55.62 亿 m^3/a,占总资源量的 13.05%。由于分布面积较小,省内资源量最小的是鄱阳湖水系,资源量

仅 1.23 亿 m^3/a,仅占总资源量的 0.29%,如表 4-5 所示。

表 4-5　湖南省地下水天然补给资源量按三级系统统计表

二级区名称	三级区编号	三级区名称	天然补给资源量/(亿 $m^3 \cdot a^{-1}$)			
			多年平均	丰(25%)	平(50%)	枯(75%)
长江中游区	GF-5-8	城陵矶至湖口右岸区	0.19	2.30	1.86	1.93
江汉洞庭平原汇流区	GF-6-3	洞庭环湖区	38.34	39.74	33.92	34.28
洞庭湖水系	GF-7-1	洞庭环湖区澧县以上区	1.64	1.77	1.46	1.19
	GF-7-2	沅江浦市镇以下区	59.48	69.69	50.80	46.31
	GF-7-3	澧水澧县以上区	40.47	47.11	34.92	27.78
	GF-7-4	洞庭环湖区	2.06	2.34	1.90	1.83
	GF-7-5	洞庭环湖汨罗江区	6.85	8.43	6.11	6.26
	GF-7-6	沅江浦市镇以上区	37.20	36.30	35.60	34.16
	GF-7-7	资水冷水以下区	14.80	17.23	15.35	13.00
	GF-7-8	资水冷水以上区	40.82	42.58	47.48	39.42
	GF-7-9	湘江衡阳以下区	70.96	80.65	79.54	66.75
	GF-7-10	湘江衡阳以上区	97.97	100.83	110.82	96.90
鄱阳湖水系	GF-8-6	赣江栋背以上区	1.23	1.21	1.48	1.27
珠江中上游区	GH-1-2	红柳江	2.11	1.95	1.99	2.09
	GH-1-4	西江	1.99	2.05	2.07	2.03
珠江下游区	GH-2-1	北江	10.10	9.33	13.07	10.70
总计			426.20	463.50	438.38	385.89

二、可开采资源量

(一)方法有效性分析

为了验证计算方法的有效性,此处选择系统理论法和径流模数法进行对比分析。根据系统理论法的计算结果,以某一小流域为例,其系统理论法计算的可开采资源量为 56.48 万 m^3/a,径流模数法计算的可开采资源量为 40.56 万 m^3/a,后者为前者的 71.82%。系统理论法的数据精度更高,计算结果更为准确。为了提高可开采资源量的保证程度,本次采用径流模数法的计算结果。

(二)地下水可开采资源量

湖南省的可开采资源量分别按照行政区划进行统计,多年平均可开采资源量最丰富的是常德市,为 14.44 亿 m^3/a,占总开采资源量的 11.74%,其次为张家界市和永州市,可开采资源量分别为 12.44 亿 m^3/a 和 12.70 亿 m^3/a,分别占可开采资源量的 10.11%和 10.32%。可开采资源量最少的是湘潭市，为 2.83 亿 m^3/a，占比仅 2.30%，如表 4-6 所示。

地下水可开采资源模数可表征单位面积内的地下水开采潜力，其计算方法为可开采资源量除以面积。湖南省多年平均地下水可开采资源模数的平均值为 6.28 万 $m^3/km^2 \cdot a$，具体到地级市，多年平均地下水可开采资源模数最大的张家界市为 13.07 万 $m^3/km^2 \cdot a$，其次是娄底市，为 10.18 万 $m^3/km^2 \cdot a$，可开采资源模数最小的是怀化市，为 2.86 万 $m^3/km^2 \cdot a$。

表 4-6　湖南省可开采资源量按行政单元统计表

地级市	面积 F/km^2	可开采资源量/(亿 $m^3 \cdot a^{-1}$)			
		多年平均	多年平均	丰(25%)	平(50%)
长沙市	11 820	5.14	5.47	5.03	4.68
株洲市	11 262	5.60	6.31	6.54	5.60
湘潭市	5007	2.83	3.50	3.38	2.36
衡阳市	15 303	6.91	7.26	7.70	6.52
邵阳市	19 317	11.91	12.28	13.52	11.63
岳阳市	8108	9.30	10.65	8.42	8.73
常德市	20 830	14.44	15.75	13.31	11.63
张家界市	27 563	12.44	14.70	10.55	8.59
益阳市	22 255	7.33	8.13	6.67	6.72
郴州市	15 462	8.48	8.24	10.86	8.87
永州市	9516	12.70	13.45	13.29	12.26
怀化市	18 190	7.87	8.22	7.25	6.92
娄底市	12 325	8.25	10.36	9.19	7.34
湘西自治州	14 898	9.79	11.27	8.41	7.66
总计	211 856	123.00	135.58	124.13	109.51

(三)可开采资源量保证程度

可开采资源量保证程度以补给量和可开采资源量之比(即补开比)衡量，补开比大于 1.0 的地段，可开采资源量可得到保证。

湖南省多年平均地下水天然资源量 426.20 亿 m^3/a，总可开采资源量 123 亿 m^3/a，补开比为 3.47，总体可采资源保证程度较高。受地形地貌及地质条件的影响，补开比存在区域差异性。补开比较大的地区多位于湘西—湘南地区，郴州、邵阳、怀化、永州和湘西自治州 5 个地级市补开比为 4.24～5.71。补开比较小的地区多位于洞庭湖及其周边地区，岳阳、湘潭、益阳、长沙、常德 5 个地级市补开比小于 2.40。

三、储存资源量

根据前述公式及参数，计算得出洞庭湖地区地下水储存量，总量为 4 662.05 亿 m^3。

第三节　水质评价

掌握地下水质量的变化情况，对于国家决策、生态文明建设及人民的身心健康有着重大的意义。湖南省位于中国中南部地区，跨长江、珠江两大流域，区内包括洞庭湖流域及湘、资、沅、澧四大水系，地形地貌及地层岩性复杂，不同地区的地下水水质在时间和空间上差异较大，采用统一建设的国家监测井水质资料可以较大程度上减小评价的误差。

一、地下水水质评价方法

地下水水质评价通常采用单项组分评价和综合评价两种，后者在单项组分评价的基础上采用内梅罗指数法进行综合评价分析。

（一）单项水质评价方法

地下水单项质量评价根据最新规范《地下水质量标准》(GB/T 14848—2017)，评价的指标包括感官指标、一般化学指标、毒理学指标、微生物指标和水质非常规指标五大类。本次评价基于2019年水质取样，共包括97项指标，如表4-7～表4-9所示。

表4-7　地下水质量常规指标及限值

序号	指标	Ⅰ类	Ⅱ类	Ⅲ类	Ⅳ类	Ⅴ类
	感官性状及一般化学指标					
1	色(铂钴色度单位)	≤5	≤5	≤15	≤25	>25
2	嗅和味	无	无	无	无	有
3	浑浊度(NTU-散射浊度单位)	≤3	≤3	≤3	≤10	>10
4	肉眼可见物	无	无	无	无	有
5	pH(pH单位)	6.5～8.5			5.5～6.5 8.5～9	<5.5或>9
6	总硬度(以$CaCO_3$计，mg/L)	≤150	≤300	≤450	≤650	>650
7	溶解性总固体(mg/L)	≤300	≤500	≤1000	≤2000	>2000
8	硫酸盐(mg/L)	≤50	≤150	≤250	≤350	>350
9	氯化物(mg/L)	≤50	≤150	≤250	≤350	>350
10	铁(mg/L)	≤0.1	≤0.2	≤0.3	≤2.0	>2.0
11	锰(mg/L)	≤0.05	≤0.05	≤0.1	≤1.5	>1.5
12	铜(mg/L)	≤0.01	≤0.05	≤1.0	≤1.5	>1.5
13	锌(mg/L)	≤0.05	≤0.5	≤1.0	≤5.0	>5.0
14	铝(mg/L)	≤0.01	≤0.05	≤0.2	≤0.5	>0.5
15	挥发性酚类(以苯酚计)(mg/L)	≤0.001	≤0.001	≤0.002	≤0.01	>0.01

续表 4-7

序号	指标	Ⅰ类	Ⅱ类	Ⅲ类	Ⅳ类	Ⅴ类
16	阴离子合成洗涤剂(mg/L)	不得检出	≤0.1	≤0.3	≤0.3	>0.3
17	耗氧量(COD_{Mn}法，以O_2计，mg/L)	≤1.0	≤2.0	≤3.0	≤10	>10
18	氨氮(以N计，mg/L)	≤0.02	≤0.1	≤0.5	≤1.5	>1.5
19	硫化物(mg/L)	≤0.005	≤0.01	≤0.02	≤0.1	>0.1
20	钠(mg/L)	≤100	≤150	≤200	≤400	>400
	毒理学指标					
21	亚硝酸盐(以N计，mg/L)	≤0.01	≤0.1	≤1.0	≤4.8	>4.8
22	硝酸盐(以N计，mg/L)	≤2.0	≤5.0	≤20	≤30	>30
23	氰化物(mg/L)	≤0.001	≤0.01	≤0.05	≤0.1	>0.1
24	氟化物(mg/L)	≤1.0	≤1.0	≤1.0	≤2.0	>2.0
25	碘化物(mg/L)	≤0.04	≤0.04	≤0.08	≤0.5	>0.5
26	汞(mg/L)	≤0.000 1	≤0.000 1	≤0.001	≤0.002	>0.002
27	砷(mg/L)	≤0.001	≤0.001	≤0.01	≤0.05	>0.05
28	硒(mg/L)	≤0.01	≤0.01	≤0.01	≤0.1	>0.1
29	镉(mg/L)	≤0.000 1	≤0.001	≤0.005	≤0.01	>0.01
30	铬(六价)(mg/L)	≤0.005	≤0.01	≤0.05	≤0.1	>0.1
31	铅(mg/L)	≤0.005	≤0.005	≤0.01	≤0.1	>0.1
32	三氯甲烷(mg/L)	≤0.000 5	≤0.006	≤0.06	≤0.3	>0.3
33	四氯化碳(mg/L)	≤0.000 5	≤0.000 5	≤0.002	≤0.05	>0.05
34	苯(mg/L)	≤0.000 5	≤0.001	≤0.01	≤0.12	>0.12
35	甲苯(mg/L)	≤0.000 5	≤0.14	≤0.7	≤1.4	>1.4

表 4-8　地下水质量非常规指标及限值

项目序号	指标	Ⅰ类	Ⅱ类	Ⅲ类	Ⅳ类	Ⅴ类
	毒理学指标					
1	铍(mg/L)	≤0.000 1	≤0.000 1	≤0.002	≤0.06	>0.06
2	硼(mg/L)	≤0.02	≤0.1	≤0.5	≤2	>2
3	锑(mg/L)	≤0.000 1	≤0.000 5	≤0.005	≤0.01	>0.01
4	钡(mg/L)	≤0.01	≤0.1	≤0.7	≤4.0	>4.0
5	镍(mg/L)	≤0.002	≤0.002	≤0.02	≤0.1	>0.1
6	钴(mg/L)	≤0.005	≤0.005	≤0.05	≤0.1	>0.1
7	钼(mg/L)	≤0.001	≤0.01	≤0.07	≤0.15	>0.15

续表 4-8

项目序号	指标	Ⅰ类	Ⅱ类	Ⅲ类	Ⅳ类	Ⅴ类
8	银(mg/L)	≤0.001	≤0.01	≤0.05	≤0.1	>0.1
9	铊(mg/L)	≤0.000 1	≤0.000 1	≤0.000 1	≤0.001	>0.001
10	二氯甲烷(μg/L)	≤1	≤2	≤20	≤500	>500
11	1,2-二氯乙烷(μg/L)	≤0.5	≤3	≤30	≤40	>40
12	1,1,1-三氯乙烷(μg/L)	≤0.5	≤400	≤2000	≤4000	>4000
13	1,1,2-三氯乙烷(μg/L)	≤0.5	≤0.5	≤5	≤60	>60
14	1,2-二氯丙烷(μg/L)	≤0.5	≤0.5	≤5	≤60	>60
15	三溴甲烷(μg/L)	≤0.5	≤10	≤100	≤800	>800
16	氯乙烯(μg/L)	≤0.5	≤0.5	≤5	≤90	>90
17	1,1-二氯乙烯(μg/L)	≤0.5	≤3	≤30	≤60	>60
18	1,2-二氯乙烯(μg/L)	≤0.5	≤5	≤50	≤60	>60
19	三氯乙烯(μg/L)	≤0.5	≤7	≤70	≤210	>210
20	四氯乙烯(μg/L)	≤0.5	≤4	≤40	≤300	>300
21	氯苯(μg/L)	≤0.5	≤60	≤300	≤600	>600
22	邻二氯苯(μg/L)	≤0.5	≤200	≤1000	≤2000	>2000
23	对二氯苯(μg/L)	≤0.5	≤30	≤300	≤600	>600
24	三氯苯(总量)(μg/L)	≤0.5	≤4	≤20	≤180	>180
25	乙苯(μg/L)	≤0.5	≤30	≤300	≤600	>600
26	二甲苯(μg/L)	≤0.5	≤100	≤500	≤1000	>1000
27	苯乙烯(μg/L)	≤0.5	≤2	≤20	≤40	>40
28	2,4-二硝基甲苯/(μg/L)	≤0.1	≤0.5	≤5	≤60	>60
29	2,6-二硝基甲苯/(μg/L)	≤0.1	≤0.5	≤5	≤30	>30
30	萘(μg/L)	≤1	≤10	≤100	≤600	>600
31	蒽(μg/L)	≤1	≤360	≤1800	≤3600	>3600
32	荧蒽(μg/L)	≤1	≤50	≤240	≤480	>480
33	苯并(b)荧蒽(μg/L)	≤0.1	≤0.4	≤4	≤8	>8
34	苯并(a)芘(μg/L)	≤0.002	≤0.002	≤0.01	≤0.5	>0.5
35	多氯联苯总量(μg/L)	≤0.05	≤0.05	≤0.5	≤10	>10
36	邻苯二甲酸二- (2-乙基己基)酯(μg/L)	≤3	≤3	≤8	≤300	>300
37	2,4,6-三氯酚(μg/L)	≤0.05	≤20	≤200	≤300	>300
38	五氯酚(μg/L)	≤0.05	≤0.9	≤9	≤18	>18

续表 4-8

项目序号	指标	Ⅰ类	Ⅱ类	Ⅲ类	Ⅳ类	Ⅴ类
	毒理学指标					
39	六六六(总量)(μg/L)	≤0.01	≤0.5	≤5	≤10	>10
40	γ-六六六(林丹)(μg/L)	≤0.01	≤0.2	≤2	≤150	>150
41	滴滴涕(总量)(μg/L)	≤0.01	≤0.1	≤1	≤2	>2
42	六氯苯(μg/L)	≤0.01	≤0.1	≤1	≤2	>2
43	七氯(μg/L)	≤0.01	≤0.04	≤0.4	≤0.8	>0.8
44	2,4-滴(μg/L)	≤0.1	≤6	≤30	≤150	>150
45	克百威(μg/L)	≤0.05	≤1.4	≤7	≤14	>14
46	涕灭威(μg/L)	≤0.05	≤0.6	≤3	≤30	>30
47	敌敌畏(μg/L)	≤0.05	≤0.1	≤1	≤2	>2
48	甲基对硫磷(μg/L)	≤0.05	≤4	≤20	≤40	>40
49	马拉硫磷(μg/L)	≤0.05	≤25	≤250	≤500	>500
50	乐果(μg/L)	≤0.05	≤16	≤80	≤160	>160
51	毒死蜱(μg/L)	≤0.05	≤6	≤30	≤60	>60
52	百菌清(μg/L)	≤0.05	≤1	≤10	≤150	>150
53	莠去津(μg/L)	≤0.05	≤0.4	≤2	≤600	>600
54	草甘膦(μg/L)	≤0.1	≤140	≤700	≤1400	>1400

注:多氯联苯的总量是以 aroclor1242、1248、1254、1260 四种工业品混合物为标准物质检测到的多氯联苯总量。

表 4-9　地下水质量其他指标及限值

序号	指标	Ⅰ类	Ⅱ类	Ⅲ类	Ⅳ类	Ⅴ类
1	钾离子	不评价				
2	钙离子	不评价				
3	镁离子	不评价				
4	碳酸根	不评价				
5	重碳酸根	不评价				
6	偏硅酸	不评价				
7	溴离子(mg/L)	≤0.01	≤0.01	≤0.01	≤0.01	≤0.01
8	甲基叔丁基醚	未检出	未检出	未检出	≤0	≤0

依据地下水水质状况和人体健康风险,参照生活饮用水和工业、农业等用水水质要求,依据各组分含量高低(pH 除外),地下水水质分为 5 类。

Ⅰ类:地下水化学组分含量低,适用于各种用途。

Ⅱ类:地下水化学组分含量较低,适用于各种用途。

Ⅲ类：地下水化学组分含量中等，以生活饮用水卫生标准为依据，主要适合集中式生活饮用水水源及工农业用水。

Ⅳ类：地下水化学组分含量较高，以农业和工业用水质量要求以及一定水平的人体健康风险为依据，适用于农业和部分工业用水，适当处理后可作为生活饮用水。

Ⅴ类：地下水化学组分含量高，不宜作生活饮用水，其他用水可根据使用目的选用。

参照表4-25～表4-27列举的各项指标评价调查区地下水水质的单项指标类别，其中满足Ⅰ～Ⅲ类指标的视为地下水水质达标，超过Ⅳ类或Ⅴ类标准的水视为地下水水质超标。

（二）水质综合评价方法

地下水水质综合评价是以单项指标评价为基础，采用内梅罗指数法进行的，具体评价方法如下。

（1）在单项组分评价的基础上进行单项组分赋分，根据表4-7～表4-9划分各项指标所属质量类别。各类别按下列规定确定单项组分评价得分值 F_i，见表4-10。

表4-10　地下水单项组分分值确定标准表

水质类别	Ⅰ	Ⅱ	Ⅲ	Ⅳ	Ⅴ
F_i	0	1	3	6	10

（2）然后计算综合评价分值（F），具体计算方法见下列公式。

$$F=\sqrt{\frac{F_{\max}^2+\overline{F}^2}{2}}$$

式中：i 为本次评价选区的评价指数的数目；F 为综合评价分值；$\overline{F}$ 为各单项组分评分值 F_i 的平均值；$F_{\max}$ 为单项组分评分值 F_i 中的最大值；n 为项数。

二、地下水综合质量评价

根据布设在湖南省的226个国家级监测井2019年至2021年水质数据（2021年缺少珠江流域5个监测井测试结果），地下水的水质总体来说116个监测井水质变好，占比52.49%，75个监测井水质无变化，占比33.18%，其余35个点水质变差，占比15.48%。

根据水质综合评价的结果，从行政区划及地下水类型按照时间尺度分别进行阐述。

（一）按行政区划评价

1.长沙市

长沙市共分布有31个国家级监测点，其水质分布情况统计如表4-11所示。

表4-11　长沙市地下水综合评价一览表

年份	地下水类型					超标率/%
	Ⅰ类	Ⅱ类	Ⅲ类	Ⅳ类	Ⅴ类	
2019年	0	1	22	8	0	25.81
2020年	6	9	4	12	0	38.71
2021年	3	7	4	17	0	54.84

2021年水质较2019年和2020年大幅变差，水质超标率由25.81%上升到54.84%。部分监测井水质改善明显，2020年和2021年Ⅰ类和Ⅱ类水占比较2019年明显增加。长沙市超标的组分中无机物主要为锰、铁、铝、碘化物、溶解性总固体及溴化物等。

2. 株洲市

株洲市共有22个国家级监测井，其水质统计情况如表4-12所示。

表4-12　株洲市地下水综合评价一览表

年份	地下水类型					超标率/%
	Ⅰ类	Ⅱ类	Ⅲ类	Ⅳ类	Ⅴ类	
2019年	0	0	12	10	0	45.45
2020年	7	7	1	7	0	31.38
2021年	10	4	3	5	0	22.73

与长沙市相反，株洲市地下水水质明显改善，水质超标率从2019年的45.45%大幅降低到22.73%，Ⅰ类和Ⅱ类地下水占比由2019年的0提升至2021年的63.64%。地下水的主要超标组分为铁、锰、氨氮、溴化物及有机物甲基叔丁基醚等。

3. 湘潭市

湘潭市共有30个国家级监测井，其水质统计情况如表4-13所示。

表4-13　湘潭市地下水综合评价一览表

年份	地下水类型					超标率/%
	Ⅰ类	Ⅱ类	Ⅲ类	Ⅳ类	Ⅴ类	
2019年	0	1	15	14	0	46.67
2020年	12	8	1	9	0	30
2021年	8	15	1	6	0	20

2019—2021年湘潭市的水质明显改善，水质超标率由2019年的46.67%降低到2020年的20%。Ⅰ类和Ⅱ类地下水占比由2019年的3.33%提升至2021年的76.67%。主要的超标组分为铁、锰、溴化物及有机物甲基叔丁基醚等。

4. 衡阳市

衡阳市共布设了12口国家级监测井，其水质情况统计如表4-14所示。

表4-14　衡阳市地下水综合评价一览表

年份	地下水类型					超标率/%
	Ⅰ类	Ⅱ类	Ⅲ类	Ⅳ类	Ⅴ类	
2019年	0	0	5	7	0	58.33
2020年	5	3	2	2	0	16.66
2021年	2	3	0	7	0	58.33

2019—2021 年衡阳市地下水的水质变动较大，水质最差的为 2019 年，地下水组分超标率为 58.33%，水质最好的为 2020 年，地下水超标率仅为 16.66%。主要的超标组分为硫酸盐、溶解性总固体及溴化物等。

5. 郴州市

郴州市共布设了 40 口国家级监测井，其水质情况统计表如表 4-15 所示。

表 4-15 郴州市地下水综合评价一览表

年份	地下水类型					超标率/%
	Ⅰ类	Ⅱ类	Ⅲ类	Ⅳ类	Ⅴ类	
2019 年	3	5	18	14	0	35.00
2020 年	11	7	6	16	0	40.00
2021 年	10	11	3	11	0	31.42

注：2021 年缺少珠江流域 5 个监测井水质数据。

2019—2021 年郴州市地下水的水质变动较小，水质最好的为 2021 年，水质最差的为 2020 年。优质水（Ⅰ类和Ⅱ类）占比提升明显（20%～60%），主要的超标组分为锰、铁铝及溴化物等。

6. 娄底市

娄底市共布置有 5 口国家级监测井，其水质情况统计如表 4-16 所示。

表 4-16 娄底市地下水综合评价一览表

年份	地下水类型					超标率/%
	Ⅰ类	Ⅱ类	Ⅲ类	Ⅳ类	Ⅴ类	
2019 年	0	1	0	4	0	80.00
2020 年	2	1	0	2	0	40.00
2021 年	2	3	0	0	0	0

2019—2021 年郴州市地下水水质改善明显，2021 年地下水水质全部达标，均为优良。2019 年和 2020 年地下水主要的超标组分为硝酸盐、氯化物、氟化物等。

7. 邵阳市

邵阳市共布置有 8 口国家级监测井，其水质情况统计如表 4-17 所示。

表 4-17 邵阳市地下水综合评价一览表

年份	地下水类型					超标率/%
	Ⅰ类	Ⅱ类	Ⅲ类	Ⅳ类	Ⅴ类	
2019 年	0	0	6	2	0	25.00
2020 年	0	7	1	0	0	00.00
2021 年	4	0	2	2	0	25.00

邵阳市地下水水质总体波动较大，2020年地下水水质最佳，所有地下水样组分全部达标，2021年相对2019年水质有所改善，地下水水质优良率达到50%。2019年和2021年水质超标的主要组分为铁、锰、碘化物和溴化物。

8. 怀化市

怀化市共布置有7口国家级监测井，其水质情况统计如表4-18所示。

表4-18　怀化市地下水综合评价一览表

年份	地下水类型					超标率/%
	Ⅰ类	Ⅱ类	Ⅲ类	Ⅳ类	Ⅴ类	
2019年	0	0	5	2	0	28.57
2020年	4	0	1	2	0	28.57
2021年	6	0	1	0	0	0

怀化市地下水水质总体转好，2021年水质全部达标，地下水水质优良率达85.71%，其中不少监测点水质由2019年的Ⅲ类变成2020年的Ⅰ类，水质持续改善，2019年和2020年地下水主要的超标组分为铁、铝、甲基叔丁基醚和溴化物。

9. 永州市

永州市共布置有10口国家级监测井，其水质情况统计如表4-19所示。

表4-19　永州市地下水综合评价一览表

年份	地下水类型					超标率/%
	Ⅰ类	Ⅱ类	Ⅲ类	Ⅳ类	Ⅴ类	
2019年	0	0	5	5	0	50
2020年	2	5	1	2	0	20
2021年	0	4	1	5	0	50

2019—2021年，永州市的地下水水质变差，地下水水质优良率由2020年的70%降至30%，超标率由2020年的0变成2021年的50%。地下水超标的主要组分为铁、锰、甲基叔丁基醚和溴化物。

10. 湘西自治州

湘西自治州共布置有6口国家级监测井，其水质情况统计如表4-20所示。

表4-20　湘西自治州地下水综合评价一览表

年份	地下水类型					超标率/%
	Ⅰ类	Ⅱ类	Ⅲ类	Ⅳ类	Ⅴ类	
2019年	0	1	3	2	0	33.33
2020年	4	1	0	1	0	20
2021年	3	1	0	2	0	33.33

湘西自治州地下水水质有一定程度改善，2019—2021 年，超标率保持不变，2020 年超标率降至 20%。Ⅰ类地下水占比逐渐提升，地下水的超标组分主要为溴化物。

11. 张家界市

张家界市共布置有 8 口国家级监测井，其水质情况统计如表 4-21 所示。

表 4-21　张家界市地下水综合评价一览表

年份	地下水类型					超标率/%
	Ⅰ类	Ⅱ类	Ⅲ类	Ⅳ类	Ⅴ类	
2019 年	1	0	4	3	0	37.50
2020 年	0	4	0	4	0	50
2021 年	7	0	0	1	0	12.50

张家界水质总体大幅改善，水质超标率 2019 年的 37.50%下降至 2021 年的 12.50%，水质优良率由 12.50%变成 87.50%。组分达标的地下水水质总体有所改善，从以Ⅲ类地下水为主变成以Ⅱ类地下水为主，地下水的超标组分主要为铁、锰、甲基叔丁基醚和溴化物。

12. 常德市

常德市共布置有 20 口国家级监测井，其水质情况统计如表 4-22 所示。

表 4-22　常德市地下水综合评价一览表

年份	地下水类型					超标率/%
	Ⅰ类	Ⅱ类	Ⅲ类	Ⅳ类	Ⅴ类	
2019 年	1	0	5	15	0	75
2020 年	2	5	4	9	0	45
2021 年	3	6	1	10	0	50

常德市地下水水质总体好转，地下水超标率由 2019 年的 75%降至 2021 年的 50%，优良地下水占比持续增加。未达标地下水主要的超标组分为铁、锰、铝和溴化物。

13. 益阳市

益阳市共布置有 7 口国家级监测井，其水质情况统计如表 4-23 所示。

表 4-23　益阳市地下水综合评价一览表

年份	地下水类型					超标率/%
	Ⅰ类	Ⅱ类	Ⅲ类	Ⅳ类	Ⅴ类	
2019 年	0	0	1	6	0	85.71
2020 年	0	1	1	5	0	71.43
2021 年	0	0	0	7	0	100

益阳市地下水水质总体水质变差，总体水质处于恶化中，地下水超标率由 2019 年的 85.71%

升至 2021 年的 100%，地下水主要的超标组分为铁、锰、砷和甲基叔丁基醚等。

14. 岳阳市

岳阳市共布置有 20 口国家级监测井，其水质情况统计如表 4-24 所示。

表 4-24　岳阳市地下水综合评价一览表

年份	地下水类型					超标率/%
	Ⅰ类	Ⅱ类	Ⅲ类	Ⅳ类	Ⅴ类	
2019 年	0	0	8	12	0	60
2020 年	8	6	0	6	0	30
2021 年	0	4	3	13	0	65

岳阳市地下水水质无好转迹象，2021 年地下水水质较 2020 年明显变差。地下水超标率由 2020 年的 30%升至 2021 年的 65%，地下水主要的超标组分为铁、锰、铝、氨氮和溴化物等。

综上所述，目前怀化、娄底、湘潭、株洲、张家界 5 个市地下水水质较好，长沙、益阳、岳阳地下水水质较差。湖南省地下水水质明显好转的有株洲、湘潭、郴州、娄底、怀化、张家界、常德 7 个地级市；地下水质缓慢好转的有衡阳市、邵阳市、永州市、湘西自治州；水质变差的有长沙、益阳、岳阳 3 个市。

（二）按地下水类型评价

根据地下水含水层类型，湖南省有 226 处分为 4 类地下水，这包括松散岩类孔隙水、红层碎屑岩类孔隙-裂隙水、碳酸盐岩类岩溶水和基岩裂隙水，分别有 60 个、16 个、64 个、86 个监测井，以下按照以上顺序分别阐述地下水水质情况。

1. 松散岩类孔隙水

松散岩类孔隙水共有 60 个监测井，主要分布在长沙、岳阳、益阳和常德等地，其地下水水质变化情况如表 4-25 所示。

表 4-25　松散岩类孔隙水水质综合评价一览表

年份	地下水类型					超标率/%
	Ⅰ类	Ⅱ类	Ⅲ类	Ⅳ类	Ⅴ类	
2019 年	0	1	22	37	0	61.67
2020 年	13	14	6	27	0	45
2021 年	4	13	4	39	0	65

孔隙水水质总体变差，超标率由 61.67%升至 65%，Ⅰ类和Ⅱ类地下水占比先增后减，有 10 处监测井水质恶化，均位于岳阳市和长沙市。地下水主要的超标组分为铁、锰、碘化物及溴化物等。

2. 红层裂隙孔隙-裂隙水

红层裂隙孔隙-裂隙水共有 16 个监测井，主要分布在长沙、株洲和衡阳等地，其地下水水质变化情况如表 4-26 所示。

表 4-26　红层碎屑岩孔隙-裂隙水质综合评价一览表

年份	地下水类型					超标率/%
	Ⅰ类	Ⅱ类	Ⅲ类	Ⅳ类	Ⅴ类	
2019 年	0	0	8	8	0	50
2020 年	6	2	1	7	0	43.75
2021 年	3	5	2	6	0	37.50

红层裂隙孔隙-裂隙水水质总体变好，超标率由 50%降至 37.50%，Ⅰ类和Ⅱ类地下水占比由 0 升至 50%，水质大幅好转。地下水主要的超标组分为铁、锰、甲基叔丁基醚及溴化物等。

3. 碳酸盐岩类岩溶水

碳酸盐岩类岩溶水共有 64 处国家级监测井，主要分布在湘潭、株洲、张家界、永州及怀化等地。其地下水水质变化情况如表 4-27 所示。

表 4-27　岩溶水水质综合评价一览表

年份	地下水类型					超标率/%
	Ⅰ类	Ⅱ类	Ⅲ类	Ⅳ类	Ⅴ类	
2019 年	1	2	36	26	0	40.63
2020 年	20	23	5	16	0	25
2021 年	29	17	6	12	0	18.75

碳酸盐岩类岩溶水水质总体明显好转，超标率由 40.63%降至 18.75%，Ⅰ类和Ⅱ类地下水占比大幅增加(6.25%～71.88%)，有 5 处监测井水质恶化，主要位于永州。地下水主要的超标组分为铁、锰、铝、甲基叔丁基醚及溴化物等。

4. 基岩裂隙水

基岩裂隙水共有 86 个监测井，分布在长沙、株洲、湘潭、衡阳及郴州等地，其地下水水质变化情况如表 4-28 所示。

表 4-28　裂隙水水质综合评价一览表

年份	地下水类型					超标率/%
	Ⅰ类	Ⅱ类	Ⅲ类	Ⅳ类	Ⅴ类	
2019 年	3	7	43	33	0	38.37
2020 年	24	25	10	27	0	31.40
2021 年	22	23	7	29	0	35.80

基岩裂隙水水质总体处于好转中，超标率由 38.37%降至 35.80%，Ⅰ类和Ⅱ类地下水占比大幅增加(11.63%～55.55%)，有 11 处监测井水质恶化(主要位于郴州)。地下水主要的超

标组分为铁、锰、铝及溴化物等。

综上所述，由于地下水的补、径、排关系，碳酸盐类岩溶水和基岩裂隙水一般处于上中游补给区或者径流区，而松散岩类孔隙水一般位于下游排泄区，所以呈现出来的特征：碳酸盐岩类岩溶水水质总体最好，松散岩类孔隙水水质最差。

三、地下水单项质量评价分析

根据226个国家级监测井2019年97项单项指标评价分析，参与评价的水样中有209个存在超标现象。水质超标项主要为总硬度、溶解性总固体、硫酸盐、氯化物、铁、锰、锌、铝、耗氧量、氨氮、钠、亚硝酸盐氮、硝酸盐氮、氟化物、碘化物、汞、砷、硒、镉、铬（六价）、铅、铍、硼、锑、钡、镍、钴、钼、铊、1，2-二氯丙烷、苯并(a)芘、邻苯二甲酸二(2-乙基己基)酯、甲基叔丁基醚、溴化物。其中，溴化物、锰、铁、甲基叔丁基醚超标率分别为77.48%、44.14%、35.14%、29.73%；其次铝、砷、氨氮超标率分别为11.71%、11.71%、9.91%，如表4-29所示。水质超标点的监测井位置如图4-3所示。

表4-29　超标指标统计表

超标指标	浓度范围/($mg \cdot L^{-1}$)	平均浓度/($mg \cdot L^{-1}$)	超标率/%	最大超标倍数
溴化物	0～0.98	0.035	77.48	97
锰	0～53.99	1.096	44.14	168
铁	0～34.81	0.227	35.14	347
甲基叔丁基醚/($\mu g \cdot L^{-1}$)	0～4.369	0.097	29.73	检出即超标
铝	0～9.31	0.068	11.71	45.55
砷	0～0.586	0.011	11.71	57.6
氨氮	0～29.8	0.725	9.91	58.6

铁：铁超标区域主要分布于洞庭湖平原区，属原生背景值超标。铁进入地下水的途径，包括含碳酸的地下水对岩土层中二价铁的氧化物起溶解作用；三价铁的氧化物在还原条件下被还原而溶解于水；有机物质对铁的溶解；铁的硫化物被氧化而溶于水中。pH、*Eh*和含水层的垂向水文地球化学分带对铁在水溶液中的溶解与沉淀的影响。

锰：锰超标区域主要分布于洞庭湖平原区、长株潭第四系含水层以及郴州矿区，属原生背景值超标。地下水中锰的迁移与含水介质成分、径流条件、上覆土层性质、酸碱条件、地下水中氯离子含量有关系，主要受还原环境控制，此外也受含水层的垂向水文地球化学分带影响。

需要说明的是，铁、锰的超标的现象在长江流域较为普遍，属于原生背景值超标，不属于人为造成的污染。目前以地下水为水源的自来水厂均通过修建曝气池集中曝气的方式来处理地下水中的铁、锰超标。曝气处理后地下水中铁、锰含量大幅减小，能满足供水需求。因此在很多地下水水质评价中并不将铁、锰的超标视作地下水水质较差的证明，也不将其加入地下水水质的综合评价中。

溴化物：溴元素广泛分布在地壳中，易与金属或碱土金属结合，以化合物或稳定的络合物形式存在。自然界中的溴多以溴化物的形式存在。有研究表明，雨水和雪中的溴化物含量波动较大，一般为5～150μg/L；世界河水中的Br浓度平均值为20μg/L；地下水水中溴离子浓度

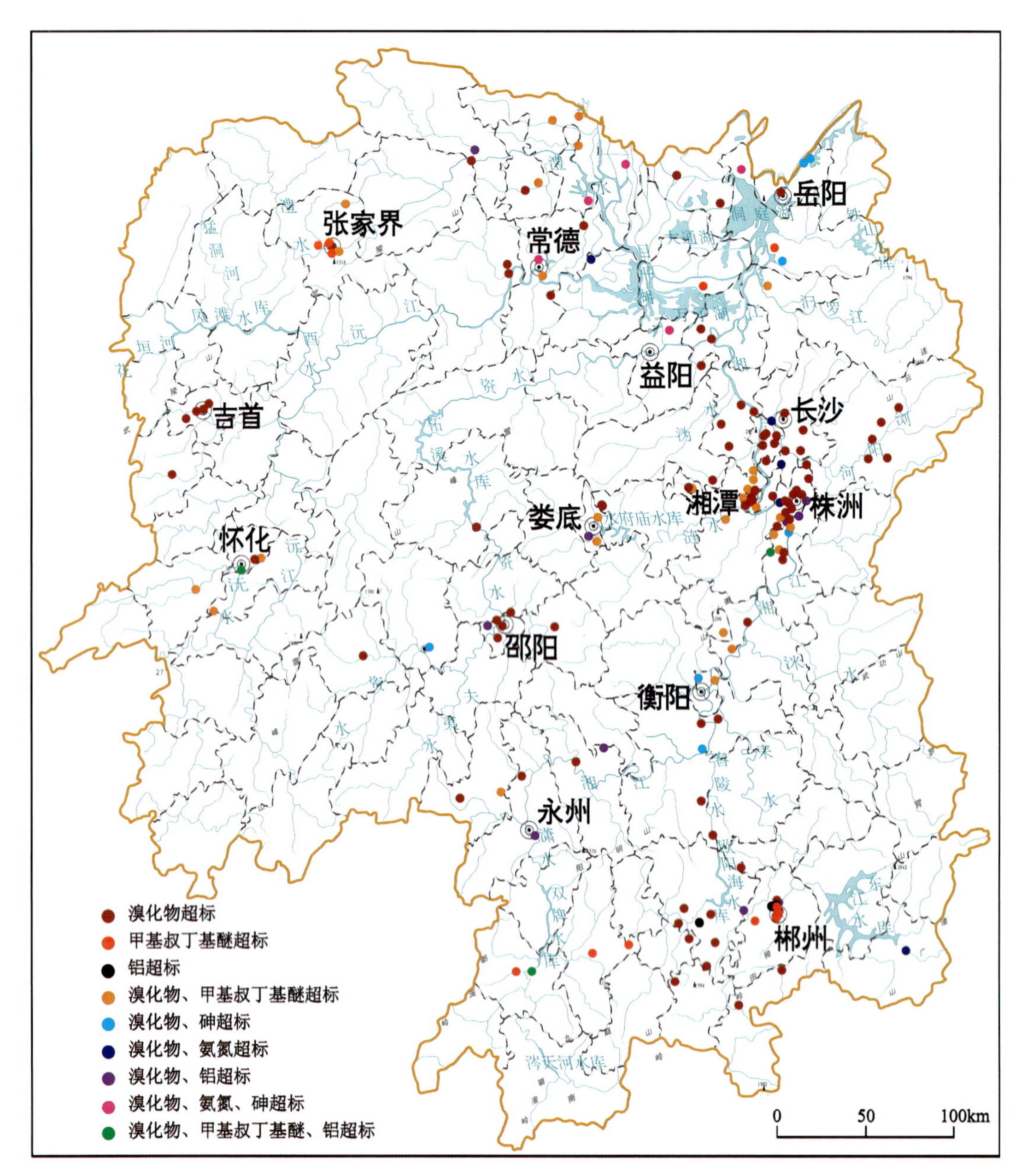

图 4-3　地下水水质超标点分布图(无铁、锰)

与总溴仅有细微差别;地下水中高溴化物浓度一般是由于卤水、海水入侵或基岩介质中含有高溴矿物或海相沉积物。国际癌症研究中心认为 $KBrO_3$ 对实验动物有致癌作用,但溴酸盐对人的致癌作用还不能确定,为此将溴酸盐列为 B2 级的潜在致癌物。目前我国还没有对地下水和地表水中溴含量规定的标准。我国对水中溴酸盐的规定只有《生活饮用水卫生标准》和《饮用天然矿泉水》两个国家标准,它们对溴酸盐限值都是 0.01mg/L。地下水中溴化物的来源主要分为自然来源和人为来源:自然来源包括土壤溶出、地面沉降、海水侵蚀等;人为来源包括含溴杀虫剂、医用品、除草剂、灭火剂、染料、工业排放以及含铅汽油添加剂分解等。湖南省地下水监测点溴化物超标率为 77.48%,分析原因主要为可能与这些地区地下水矿化度高有关,另一个原因是这些地区地下水径流条件较差，不利于水中污染物的去除和降解。

甲基叔丁基醚：为无色但有刺鼻性气味的易燃挥发性有机物，是一种无铅汽油添加剂，主要用于改善汽油的性能和促进汽油的完全燃烧。随着经济和社会的发展，人们对汽车的需求量逐渐增加，越来越多的甲基叔丁基醚进入环境，对大气、土壤、地表水和地下水等环境要素构成污染。本次检测出超标点主要分布在人类活动较密集区域。

铝：地壳中 Al 元素的含量仅次于氧和硅，地下水中微量的铝主要来自铝矿物的风化溶解。长期以来铝被认为安全无害的物质，随着科学技术的进步及人们对人体微量元素研究的深入，铝被列为饮用水水质控制指标之一。

砷：人体长期摄入过量砷，会引起地方性砷中毒，严重危害人体健康，无机砷是国际癌症研究中心确认的人类致癌物。在全省地下水监测点水质检测中，砷超标率为 11.71%。分布于南县、汉寿、汨罗、君山等洞庭湖区，湘潭、株洲、娄底、衡阳等城区及冷水江矿区。天然来源：以硫化物或金属的砷酸盐、砷化物等形式存在于雄黄、雌黄、砷黄铁矿、金属硫化物矿物中。此外，在页岩和富铁的沉积物中含量较高，而在灰岩、砂岩、花岗岩中砷含量一般较低。人为来源：冶炼矿渣、染料、制革、制药、农药等。

氨氮：氨氮是水体受污染的标志。天然来源于动植物遗体等有机氮微生物降解，淋滤入水，一般不会超标；人为来源于生活污水、工业废水、垃圾、人畜粪便等含氮有机物微生物降解、淋滤入水。对生态环境存在危害，但饮用水中氨氮与健康没有直接联系。在全省地下水监测点水质检测中，氨氮超标率为 9.91%，属三氮中超标率最高。其分布与二价铁和化学需氧量相似，主要集中于洞庭湖区、长株潭城市群及部分矿区，高值区出现在南县厂窖—大通湖—君山一带，一般为 15.0～30.0mg/L，最高达 164mg/L，岗地和山区一般低于 0.2mg/L。地下水类型是松散岩类孔隙水中氨氮含量最高，基岩裂隙水含量最低。

需要说明的是，国家级监测井的布设主要位于人口密度较大的长株潭及洞庭湖平原等地，这些地区均为径流区或排泄区，而在水质普遍较好的补给区监测井分布较少，空间上存在较大的不均一性，因此本次的水质评价仅代表单点的水质情况，无法代表湖南省的整体水质情况。

第四节　地下水开发利用潜力评价

湖南省地下水开采方式和主要用途因地而异。平原地区以机民井形式开采，集中供水区以管井方式开采，一般开采深度较大；农村居民生活用水以大口径民井或手压泵水井为主，开采深度多在 20m 以内。广大山地丘陵地区则以引泉（地下河）水更为普遍，其中岩溶大泉（地下河）已成为岩溶区农村安全饮水工程主要水源地。城镇地区地下水主要作为工业用水，农村地区则主要作为生活用水和农业灌溉用水。

20 世纪 80—90 年代，长沙市、湘潭市、邵阳市、岳阳市、益阳市、郴州市和怀化市等城市部分地区由于地下水超采，造成了局部地下水水位大幅下降、水质恶化、岩溶塌陷等地质环境问题，但随着一系列关闭、限采和控采政策措施的执行，湖南省目前不存在地下水超采城市或地区，仅湘潭市城区因早年过度开采形成的矿院漏斗仍处于缓慢恢复期。

一、地下水开发利用现状

(一)地下水开采量

2018年湖南省地下水资源开发利用量14.31亿m^3,仅占水资源开发利用总量的4.24%。按市级行政分区划分,地下水开采主要集中在衡阳市、邵阳市、永州市、益阳市、岳阳市和常德市6个城市,其地下水开采量分别为2.24亿m^3、2.02亿m^3、1.61亿m^3、1.56亿m^3、1.49亿m^3和1.18亿m^3,共计10.10亿m^3,占地下水开发利用总量的70.58%。

按流域划分,地下水开采集中在湘江衡阳段(以上、以下)、洞庭湖环湖区及资水冷水江段(以上、以下),其中湘江衡阳段的地下水开采量为6.77亿m^3,占全省地下水总开采量的47.31%;洞庭湖环湖区的地下水开采量为3.11亿m^3,占全省地下水总开采量的21.73%;资水冷水江段的地下水开采量为2.33亿m^3,占全省地下水总开采量的16.28%。

地下水开采量中,碳酸盐岩类裂隙岩溶水开采量占总开采量的60%以上,其次为松散岩类孔隙水,约占30%,红层碎屑岩类孔隙-裂隙水的开采,近年来有所增长,但占总量的比例不高,基岩裂隙水则因其开采难度较大,开采量所占比例甚微。

(二)地下水开采程度

2018年全省地下水开采程度平均为11.37%,总体开发利用程度较低。按市级行政分区,2018年全省地下水开采程度最高的为衡阳市,达到32.05%,居全省之首;其次为邵阳市,开发利用程度为25.43%;张家界市已开采地下水资源量全省最低,开发利用程度仅为2.42%,居全省末位。

按县(区)级行政分区来看,2018年开采程度最高的是邵阳市邵东市,其开采量为4882万m^3,开采程度达到80.53%。此外,地下水开采程度大于50%的有衡阳市衡阳县、衡阳市耒阳市、邵阳市新邵县、岳阳市湘阴县和衡阳市祁东县,开采程度分别为68.61%、62.87%、49.61%、49.39%、47.23%。

(三)地下水开采利用情况及开采方式

地下水的开采利用遍及生产、生活的诸多领域和部门,其中农业、工业用水、居民生活、农村人畜等利用较为普遍。根据《湖南省水资源公报》(2018年),2018年全省共开采利用地下水14.31亿m^3,其中农业用水(包括农田灌溉及林、牧、渔、畜业)3.14亿m^3,工业用水(包括城镇和农村工业用水)2.43亿m^3,生活用水(包括城镇和农村居民用水)8.63亿m^3,人工生态与环境补水用水量0.11亿m^3。

根据调查统计,地下水开发模式主要有地下水库式开发式、河流近岸开发式、井灌与渠灌结合模式、井灌井排模式、排供结合模式、引泉模式、井泉结合模式、大口井或截潜坝加大口井开发模式、水源地开发模式和渗渠开发模式10类。

二、地下水开采潜力分析

在基本查明省境内水文地质条件和开采现状,以及评价地下水资源和地质环境质量的基础上,对各地区地下水剩余量和开采潜力进行评价。

地下水剩余量为：

$$Q_{余} = Q_{可} - Q_{采}$$

式中：$Q_{余}$为开采剩余量（亿 m^3/a）；$Q_{可}$为可开采资源量（亿 m^3/a）；$Q_{采}$为已开采量（亿 m^3/a）。

地下水开采潜力指数：

$$P = Q_{可}/Q_{采}$$

式中：P 为地下水开采潜力指数；其余同上。

潜力指数 P 的判别指标：

$P>1.2$　　有开采潜力，可扩大开采；

$1.2\geqslant P\geqslant 0.8$　　采补平衡；

$P<0.8$　　潜力不足，已超采。

开采潜力模数：

$$m = Q_{余}/F$$

式中：m 为开采潜力模数单位面积剩余开余量（万 $m^3/a \cdot km^2$）；$Q_{余}$为剩余量（亿 m^3/a）；F 为面积（km^2）。

开采潜力模数的判别指标：

$m<5$　　开采潜力小；

$5\leqslant m<10$　　开采潜力中等；

$m\geqslant 10$　　开采潜力大。

本次以 2019 年湖南省各市（州）地下水供水量作为已开采量，对各市（州）地下水开采潜力进行分析（$P>1.2$，有开采潜力；$1.2\geqslant P\geqslant 0.8$，采补平衡；$P<0.8$，潜力不足）。

全省各市（州）地下水多年平均可采资源量 123.00 亿 m^3/a，已开采资源量 13.34 亿 m^3/a，剩余量109.66 亿 m^3/a；开采潜力指数 8.22，有潜力可以扩大开采，潜力模数为 5.18 万 $m^3/km^2 \cdot a$，属潜力中等级别，各地区均有较大的剩余量，可扩大开采。

各地区由于资源数量或开采程度的差别，潜力有大小之分。潜力最大的地区为永州市，可采资源量为 12.70 亿 m^3/a，现状年开采量 1.62 亿 m^3/a，剩余量为 11.08 亿 m^3/a，潜力模数 11.64 万 $m^3/km^2 \cdot a$，为省内唯一开采潜力大的地级市。岳阳、湘西州、常德、娄底、邵阳和郴州 6 个地级市（州）潜力模数位于（5.02～9.69）万 $m^3/km^2 \cdot a$ 之间，为开采潜力中等区。

湘潭、张家界、株洲、怀化、长沙、衡阳、益阳 7 个地级市为开采潜力小区，潜力模数（2.64～4.75）万 $m^3/km^2 \cdot a$（表 4-30）。

表 4-30　湖南省各市（州）地下水潜力分析一览表

市（州）	面积/km^2	可采资源量/（亿 m^3/a）	已开采资源量/（亿 m^3/a）	剩余可采资源量/（亿 m^3/a）	开采程度/%	潜力模数/（万 $m^3/km^2 \cdot a$）
长沙市	11 820	5.14	0.60	4.54	0.12	3.84
株洲市	11 262	5.60	0.69	4.91	0.12	4.36
湘潭市	5007	2.83	0.45	2.38	0.16	4.75
衡阳市	15 303	6.91	2.08	4.83	0.30	3.16
邵阳市	20 830	11.91	1.87	10.04	0.16	5.20

续表 4-30

市(州)	面积/km^2	可采资源量/(亿 m^3/a)	已开采资源量/(亿 m^3/a)	剩余可采资源量/(亿 m^3/a)	开采程度/%	潜力模数/(万 m^3/km^2 · a)
岳阳市	14 898	9.30	1.44	7.86	0.15	9.69
常德市	18 190	14.44	1.00	13.44	0.07	6.45
张家界市	9516	12.44	0.23	12.21	0.02	4.43
益阳市	12 325	7.33	1.45	5.88	0.20	2.64
郴州市	19 317	8.48	0.72	7.76	0.08	5.02
永州市	22 255	12.70	1.62	11.08	0.13	11.64
怀化市	27 563	7.87	0.63	7.24	0.08	3.98
娄底市	8108	8.25	0.47	7.78	0.06	6.31
湘西自治州	15 462	9.79	0.09	9.7	0.01	6.51
合计	211 856	123.00	13.34	109.66	0.11	5.18(平均)

第五章　主要水文地质问题

第一节　干旱缺水与洪涝

一、旱涝灾害的分布与危害特征

（一）干旱缺水

湖南省多年平均降水量为1427mm。但时空分布差别较大，春夏两季的降水量占全年的70%以上，特别是4－6月梅雨季节的降水量占全年的50～60%，因此，秋冬两季常出现季节性干旱缺水。降水在地域上的分配差异也相当大，全省范围内稳定地形成四个多雨区和三个少雨区：多雨区主要分布在湘西和湘东的山前斜坡地带的桑植、安化、浏阳和桂东一带，年均降水量均在1800～2000mm左右；少雨区主要在湘中的衡邵盆地（俗称“衡邵干旱走廊”）、湘北的洞庭湖区和湘西的新晃、芷江一带，年均降水量在1000～1200mm左右（图5-1）。

受自然地理条件影响，我省旱情频发，每年7—9月常发生阶段性或连续性旱情，形成了有名的“衡邵干旱走廊”和湘西干旱易发区（图5-2）。全省虽全区性特大旱灾少有发生，但全市（县）的大旱灾出现频率为5～6年，一般性的大旱灾2～3年一遇，局部性的旱灾年年有遇，存在明显的加密趋势。如“衡邵干旱走廊”、湘西干旱易发区在1825—1959年百余年间，全市（县）性大旱灾10～20年一遇，20世纪90年代以来大旱年频率上升到每1.2～2年一遇。

长期以来，湖南省一直坚持兴修水利、完善灌区和农田水利建设，开展农村安全饮水工程、加强饮用水安全，不断提升抗旱能力，保障农村、农业生产，但随着极端气候多发，以往抗旱能力较好的地区也出现旱情，近年来抗旱形式十分严峻。

根据《湖南省抗旱规划报告（2010—2020年）》，1990—2007年统计湖南各市州多年平均受灾数据，全省14个市州合计受灾面积11 069km^2，成灾面积4807km^2，影响人口706万人。各地州市多年旱灾情况详见表5-1。

2013年7—8月，百年不遇的大旱侵袭湖南大部分地区，持续两个月的高温无雨天气导致全省107个县市区受灾，189万人出现临时饮水困难，1370万亩农田受旱。

湘西北干旱区范围为湘西北-湘西地带，根据旱情程度划分为两个亚区，湘西北严重干旱区及湘西北-湘西主要干旱区。湘西北严重干旱区范围为石门、桑植、永定区、永顺四县（区），面积1 3847.7km^2，2013年缺水人口达10.96万人。湘西北-湘西主要干旱区范围为慈利、龙山、保靖、花垣、凤凰、辰溪、麻阳、芷江、新晃九县区域，面积17 745km^2，2013年缺水人口达38.3万人（表5-2）。

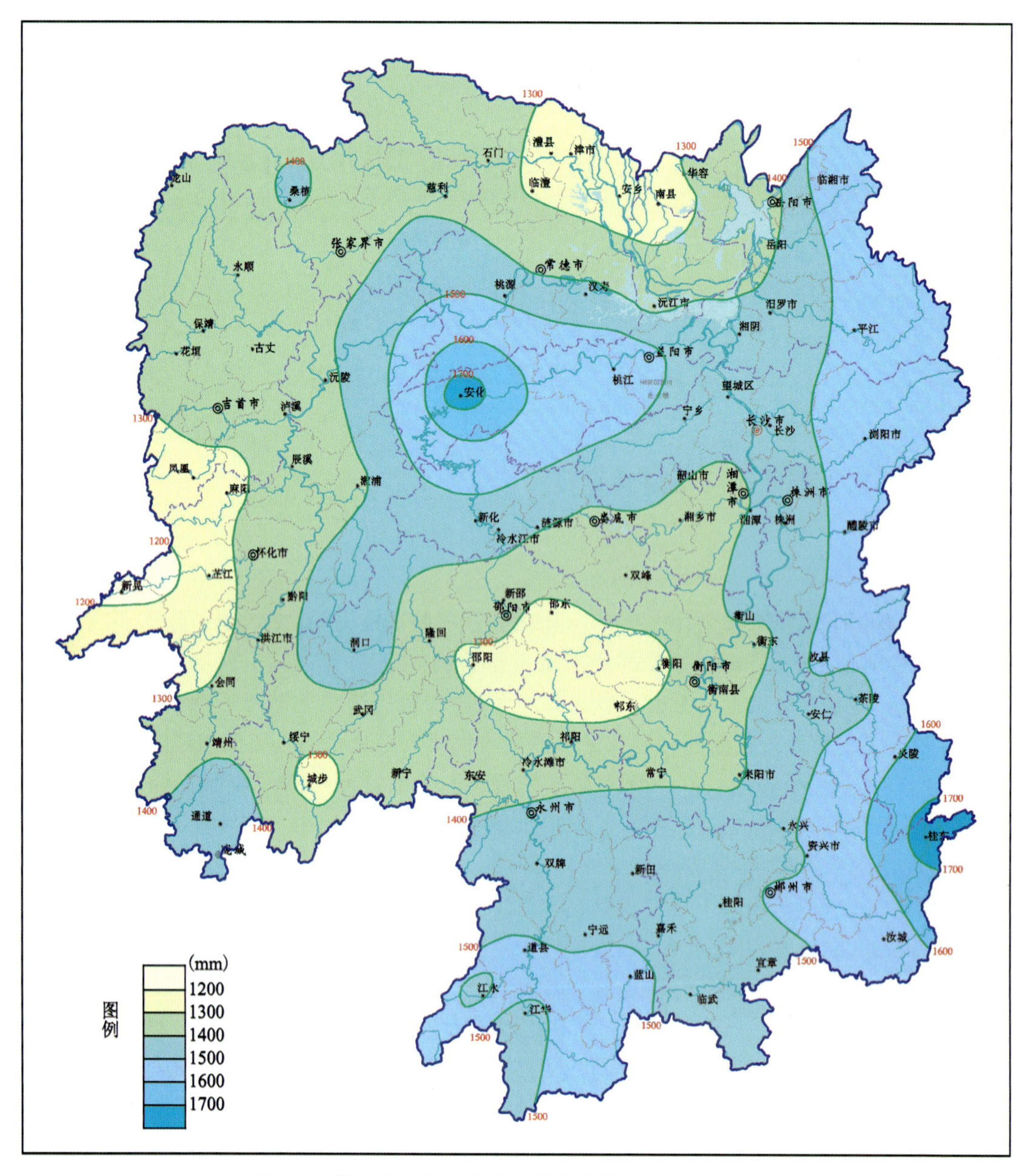

图 5-1　湖南省多年平均降雨量等值线图(1981—2010)

湘中干旱走廊范围为湘中-湘南地带,根据旱情程度划分为两个亚区:湘中-湘南严重干旱区及湘中-湘南主要干旱区。湘中-湘南严重干旱区范围为新化、冷水江、邵阳县、新宁、零陵区、宁远、道县、桂阳、苏仙区九县(区),面积 19 987km²,2013 年缺水人口达 28.07 万人。湘中-湘南主要干旱区范围为洞口、隆回、新邵、涟源、邵东、娄星区、湘潭县、衡阳县、祁东、衡南、祁阳、东安、常宁、耒阳、永兴、安仁、茶陵、攸县、新田、嘉禾、蓝山、江华县区域,面积 42 930km²,2013 年缺水人口达 75.28 万人。

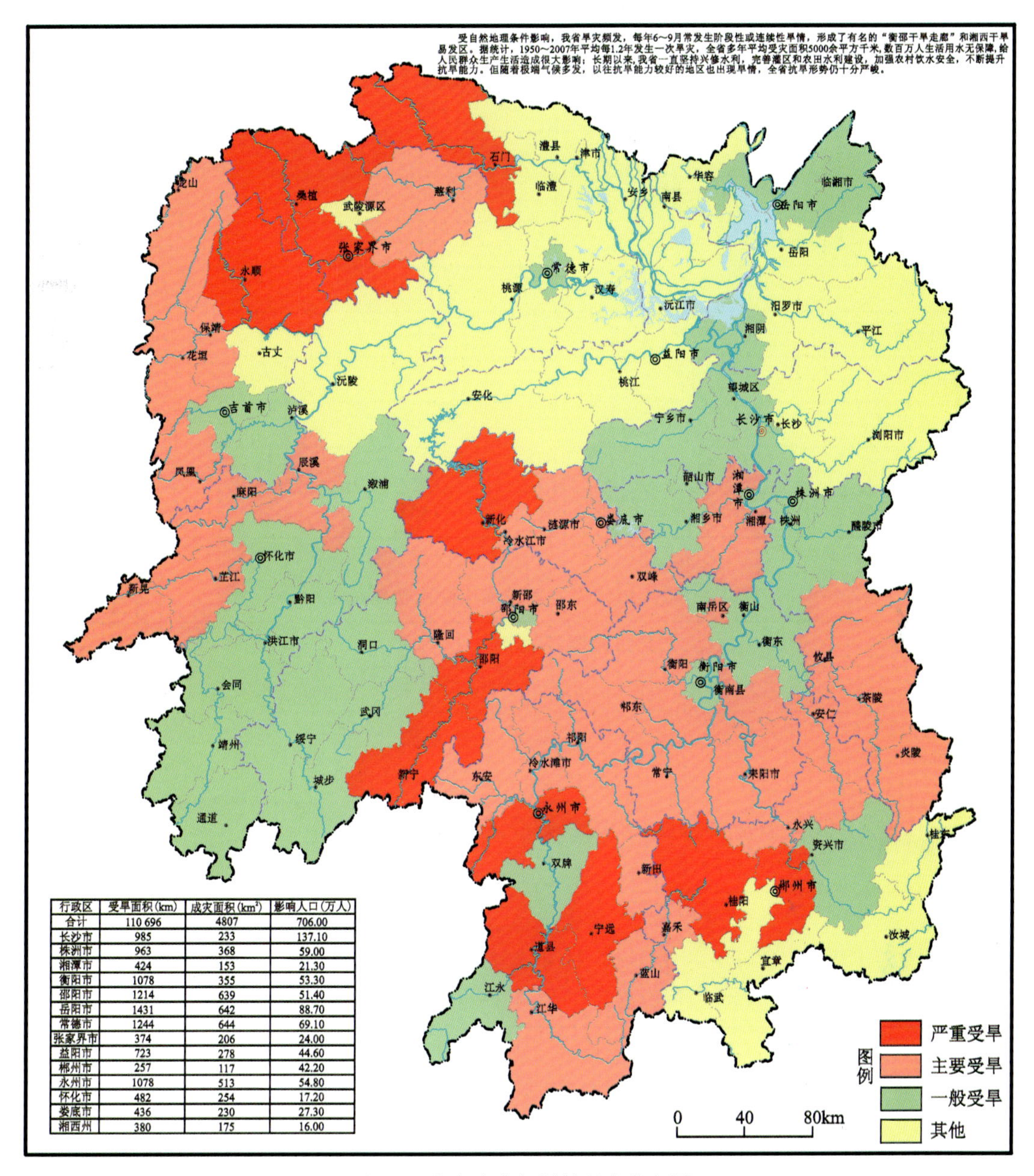

行政区	受旱面积(km)	成灾面积(km²)	影响人口(万人)
合计	110 696	4807	706.00
长沙市	985	233	137.10
株洲市	963	368	59.00
湘潭市	424	153	21.30
衡阳市	1078	355	53.30
邵阳市	1214	639	51.40
岳阳市	1431	642	88.70
常德市	1244	644	69.10
张家界市	374	206	24.00
益阳市	723	278	44.60
郴州市	257	117	42.20
永州市	1078	513	54.80
怀化市	482	254	17.20
娄底市	436	230	27.30
湘西州	380	175	16.00

图 5-2　湖南省多年旱情程度分布图

表 5-1　湖南省多年旱灾情况统计表

行政区	受旱面积(km²)	成灾面积(km²)	影响人口(万人)
长沙市	985	233	137.1
株洲市	963	368	59
湘潭市	424	153	21.3
衡阳市	1078	355	53.3
邵阳市	1214	639	51.4

续表 5-1

行政区	受旱面积(km^2)	成灾面积(km^2)	影响人口(万人)
岳阳市	1431	642	88.7
常德市	1244	644	69.1
张家界市	374	206	24
益阳市	723	278	44.6
郴州市	257	117	42.2
永州市	1078	513	54.8
怀化市	482	254	17.2
娄底市	436	230	27.3
湘西州	380	175	16
合计	11 069	4807	706

表 5-2 2013 年主要干旱区缺水情况统计

名称	涉及县(区)	面积(km^2)	缺水人口(万人)
湘西北严重干旱区	石门、桑植、永定区、永顺	13 847.7	10.96
湘西北-湘西主要干旱区	慈利、龙山、保靖、花垣、凤凰、辰溪、麻阳、芷江、新晃	17 745	38.3
湘中-湘南严重干旱区	新化、冷水江、邵阳县、新宁、零陵区、宁远、道县、桂阳、苏仙区	19 987	28.07
湘中-湘南主要干旱区	洞口、隆回、新邵、涟源、邵东、娄星区、湘潭县、衡阳县、祁东、衡南、祁阳、东安、常宁、耒阳、永兴、安仁、茶陵、攸县、新田、嘉禾、蓝山、江华	42 930	75.28

(二)洪涝灾害

湖南省历来洪涝灾害频繁。1958—2000 年,湖南省出现全省性的洪涝灾害有 16 年,频率为 37.2%,约 3 年一遇;湖南省洞庭湖区平均 3 年发生一次较大洪水。而进入 21 世纪以来,湖南省洪涝灾害的发生频率又有了新的变化。据《湖南省 2000 年—2008 年防洪抗旱工作总结》中的数据统计,全省在这 9 年间共发生水灾 46 次,其中大水灾 8 次、中水灾 12 次、小水灾 26 次,主要发生在邵阳、怀化、郴州、自治州、永州等山区和常德、益阳、岳阳等湖区。9 年间,湖南省大水灾的发生频率为 1.125 年/次,中小型水灾发生的频率更大。洪涝灾害发生频率为 5.1 次/年,与 2000 年以前相比,其发生的频率高,且呈上升的趋势。

据《湖南省 2000 年—2008 年防洪抗旱工作总结》中的资料统计显示,湖南省 2000 年以来的洪涝灾害主要发生在 4—7 月。但在 2002 年 10 月 27 日至 29 日三天,全省大部分地区出现一次明显的降水过程,特别是郴州、永州大部分、衡阳和株洲部分地方连降暴雨,永州市 3d 平均降雨 103.8mm,形成了当年的秋汛;2008 年 10 月 30 日至 11 月 7 日,全省发生了 1954 年以来同期连续时间最长的一次降雨，降雨覆盖全省大部分地区，累计平均降雨量129mm，出现秋冬汛。

湖南省在春夏季节易突降强降雨量。资料统计显示，在21世纪初，湖南省的14个市州每年都有洪涝灾害发生，但由于降雨强度的不同，澧水上游区、雪峰山区、五岭山区和湘东北山地丘陵区等地每年大多会有重大水灾发生。如2004年6月下旬在沅陵、安化和2005年在湘中、湘南部分地分别发生了特大山洪灾害；2006年7月中旬的湘东南分别发生了百年一遇的特大洪水。

近年来，受异象气候的影响，超强台风、入秋后形成的台风降雨时有发生，水灾发生的规律发生了改变，不仅有的地方出现了秋汛，而且有的地方还出现了重复受灾的现象。如2006年，受第四号热带风暴"碧利斯"的影响，湘中南地区在6月中旬和7月中旬重复受灾；2007年的几次受灾过程主要发生在湘西、湘南地区，其主要受西南暖湿气流以及台风"圣帕"的影响；2008年的10次洪涝灾害过程中，受灾市州超过8个的有3次，受灾人口超过100万的有4次。

湖南省主要为丘陵山地地形，山谷冲沟条件较为发育，加之地质环境条件脆弱，地表植被破坏严重，使得在短时暴雨、长时间降雨条件发生后，极易引发山洪灾害。2002年，受"北冕"强热带风暴的影响，在湘南山丘区发生了多次山洪，湘江中上游暴发了重大山洪灾害；2004年，全省共发生大规模山洪灾害64起；2005年，在湘中、湘南局部地区暴发了300年一遇的"5·31"特大山洪灾害；2006年，隆回县发生了"6·25"特大暴雨山洪和"7·15"特大暴雨山洪；2007年，全省暴雨引发局部严重山洪地质灾害840多起，突发性山洪地质灾害造成基础设施严重受损。

进入21世纪，洪涝灾害频繁发生，给湖南省的农业生产、乡村交通带来了巨大的冲击，各种基础设施也受到了不同程度的破坏，而且引发的次生灾害严重危害了人们的生命财产安全。据相关资料统计显示，在2000—2009年期间，水灾共造成了127多万间房屋倒塌；公路中断2万多条次；铁路中断21条次；造成的死亡人数达到1100多人；近2000座水库损坏；作物受灾面积近7000hm^2；因灾减产粮食达1 233.691万t；造成经济作物损失高达300亿元，直接经济损失达700多亿元，如此巨大的损失，严重制约湖南省可持续发展以及新农村建设。

二、旱涝灾害的成因分析

（一）干旱缺水成因分析

1.气候因素

降雨时空极不均匀，湖南雨季一般在6月末或7月初结束，进入夏秋高温少雨的旱季。据有关研究，1500年以来，平均5年3旱。此外，湖南的干旱一年四季都可能存在，其中夏旱、秋旱、夏秋连旱多，冬干春旱少。各地所处的地理位置、地形、地势、植被等差异，我省降水在空间分布上形成了"安化"、"平江—浏阳"、"澧水上游"3个多雨区，衡邵盆地、滨湖平原、沅麻盆地3个步雨区，湖南省的干旱具有块块性、插花性。大旱之年有雨水正常区，正常年也有干旱区。在干旱区，即使在一个县内，总有雨水正常和不旱的乡村。如1963年岳阳、长沙、衡阳、郴州等市特大于旱，但沅陵、芷江等地雨水正常；1958年全省大部分地方降水正常，但长沙、郴州等地有旱。

2. 地形、地质因素

湘西北丘陵山区沟谷发育，地层多为第四系土层—岩溶基岩双层结构，地下管道和地表垂直通道发育，天一下雨，地表径流很快渗漏到岩溶裂隙和溶洞内，向深沟下游排泄，使地表径流少而地下径流多；在紫色、红色砂岩丘陵区，基岩渗透性差，雨水难以下渗形成地下水资源，以衡南县古山、茶陵县马江等地为例，区内也是天一下雨，地表径流很快沿山坡和小沟流走。连旱 20～30 天，不仅作物严重缺水，人畜饮水也开始困难。

3. 森林植被破坏、水土流失因素

局部地区人口增长过快，过度的垦荒所造成的水土流失日趋严重，石漠化范围扩大，因森林植被破坏导致水土流失，同时造成地表森林土壤对水分的涵养性差和森林对气候的调节能力降低。

4. 工程性缺水

一是水利设施老化，工程配套不完善，大部分农田水利工程建于 50～70 年代，是典型的“三边”工程，设计标准低、施工质量差，经过几十年运行，大部分工程已老化，病险水库居多，渠道渗漏严重，渠系水利用系数低，河坝山塘淤塞严重。二是部分地方缺乏有效的水利工程措施或水利工程措施规模偏小，水资源利用率低，供需水矛盾大。三是现行管理体制落后，不适应经济和社会的发展需求。四是工程维修资金严重不足，目前水利工程需要维修的资金巨大，分散在各个地区的资金寥寥无几，解决不了根本问题，必须拓宽投资渠道。

5. 水源性缺水

水源性缺水主要为地下水补给区地带，降雨后形成的地下水多向地下水径流区迅速排泄径流，地表水、地下水露头较少或地下水埋深较深难以开采，导致周边居民无水可用。

6. 水质性缺水

水质性缺水主要为地下水及地表水受到不同程度的污染或者地下水部分指标参数背景值高，需进行专业处理后方能使用。

（二）洪涝灾害成因分析

1. 气象、水文因素

湖南省为亚热带季风气候，常年受西太平洋副热带高压和北方冷空气的影响，易造成全省大范围降水天气。湖南省年内降水量有近 60%集中在春夏季节，且以暴雨径流形式出现。受季风气候的影响，湖南省降水在年内和年际、地域分布之间变化很大，最大年降水量为最小年降水量的 2～2.8 倍，年内降水量多集中在 4—7 月，这 4 个月的降水量占年降水量的 50%以上，降雨最大月份的雨量占年雨量的 16%～20%；降雨最小月份的雨量仅占年雨量的 1.6%～4.4%；年最大降雨量 1500～2000mm，最小降雨量 800～1300mm，年降雨极限最大值 3098mm，最小值仅 723mm。按地域分布，湖南有 4 个多雨区和 3 个少雨区，澧水上游区、雪峰山区、五岭山区和湘东北山地丘陵区属降雨高值区，洞庭湖平原、衡阳丘陵、沅水上中游山间盆地属降雨低值区。降雨时空分布的不均衡性，使洪涝灾害成为全省最活跃、最敏感的自然致灾因子。

湖南省境内水系发育，穿流 5km 以上的河流 5300 多条，受地貌格局的制约，湘、资两大水系由南向北、沅水自西向东北、澧水自西向东、长江三口自北向南，以四水为主干向洞庭湖汇集，呈辐射状水系分别汇入洞庭湖，然后由湖口七里山注入长江。湖南省多山溪性河流，坡度陡，流程短，冲击力强，破坏性大。

2. 地质

岩溶洪涝灾害的形成主要受岩溶发育程度影响。岩溶管道消排地表洪水能力的大小，取决于其规模的大小、通畅程度及水力梯度等因素。一般地，岩溶管道粗大、通畅、水力梯度大者，其消排洪水的能力就大；反之，岩溶管道狭小、不通畅、水力梯度小者，其消排地表洪水的能力则小。岩溶强烈发育，洞穴规模较大，但由于岩溶发育极不均一，在局部地段岩溶管道狭窄，且多在地下河进口处不远的岩溶管道段形成“卡口”或“窄缝”。同时，在地下河管道与落水洞交汇处的管道顶板，受注入的地下水流冲蚀和机械潜蚀作用，常引发洞顶岩石的垮塌，粗大的块石堆积于管道中。这样，暴雨、大暴雨一旦出现，携带泥沙、草木、卵石的洪水在上述条件下的岩溶管道中很难流过，并堵塞管道，导致岩溶盲谷、洼地中的地表水不能及时排泄而形成洪涝灾害。

3. 生态环境因素

人类对自然环境的不合理开发利用，使自然环境受到了不同程度的破坏，这种环境破坏加剧了洪涝灾害的发生。①砍伐森林，林地被毁被垦，植被退化，森林覆盖率低；水土流失严重，生态环境遭到严重破坏，造成植被土壤对雨量的拦截大为减少，流域天然涵蓄洪水的能力降低，暴雨的产汇流系数增大，加大洪峰流量，加剧了洪水灾害。②由于人类活动频繁，任意侵占河道行洪断面，与水争地，侵占河道，人为挖砂采砂，使得河床下切，乱弃渣乱堆，既严重影响了河道行洪安全，又极大削弱了河道泄洪能力。③泥沙淤积，导致水库、湖泊调蓄功能下降。洞庭湖由1950年的4350km^2，缩小至目前的2625km^2，严重影响了洞庭湖的蓄洪削峰能力，增大了洪涝灾害发生的概率。

三、旱涝灾害的治理对策及建议

1. 工程措施

工程措施主要包括修建水库、机电灌溉工程、打井提水等。即利用水利工程来解决降雨时空分布不匀的问题。2013年大旱之年，湖南省自然（国土）资源厅做出了“全省抗旱找水打井工作”的重要决定。在“衡邵娄干旱走廊”开展了实施全省应急抗旱找水工作，共计成井24眼，提交开采水量3 331.80m^3/d，探明允许开采量9 449.29m^3/d，已解决地方近40 000人的安全用水困难。

2015—2020年，湖南省自然（国土）资源厅每年均安排专项资金在省内干旱缺水地区进行抗旱找水勘查，共计完成48个自然村抗旱找水工作，共计成井69口，为干旱缺水区提交地下水可开采资源量11 727.58m^3/d，可解决111 058人生活饮用水及3000余亩农田灌溉问题。

2. 生物措施

植树造林，防治水土流失，加强水土保持，势在必行。开展中小流域生态治理工作，绿化造林，增加植被覆盖；科学合理利用山地，禁伐水源涵养林，营造水土保持林，修建土石谷坊，减少地表冲刷；严禁陡坡垦植，认真贯彻执行《水土保持法》，严禁在25°以上陡坡垦植。陡坡耕地要逐步建成梯田梯土，控制水土流失。

3. 流域综合治理

全面开展流域综合治理，提高行洪蓄洪能力。建设长江沿岸及四水流域沿岸防护林带，封山育林，绿化三湘大地，建立和恢复良好的生态环境；河道清淤、岸坡加固、清理违规侵占河道等综合整治，是解决泥沙淤积的根本途径，也是根治洪涝水患的最好办法；水库维护翻修、农村小水利工程维护、地下水源地建设，地表水源保护工程，是保障旱季供水水源的主要办法。同时，在防洪斗争中还应重视土壤这个“地下水库”的巨大作用，通过平整土地，改良土壤，植草护坡，使汛期部分水分贮存于地下土壤和岩石缝隙中，以减少汛期径流，保障旱季供水。

第二节　铁质水

一、铁质水分布特征

铁在地壳中属丰度较高的元素，其重度百分数为 4.65％。地下水中铁离子浓度受 pH 值及氧化还原反应影响很大。根据以往资料，全省地下水中铁离子含量超标地域均分布在洞庭湖区的浅层松散岩类孔隙水中，在 1720 个水样中铁检出率达 82.56％。铁在地下水中以 Fe^{2+} 为主，平均含量 2.13mg/L，最高达 46.5mg/L。全省除洞庭湖以外的岗地、山区碳酸盐岩岩溶水、基岩裂隙水（碎屑岩裂隙水、浅变质岩裂隙水、岩浆岩裂隙水）和红层裂隙孔隙水，铁含量相对较低，多小于 0.3mg/L，局部在 0.3～1.5mg/L 之间（图 5-3）。

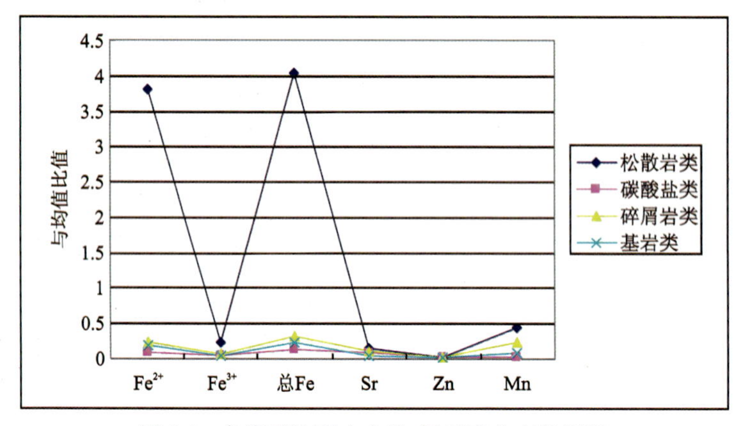

图 5-3　各类型地下水中铁、锰元素分布特征图

洞庭湖区地下水中铁含量普遍较高。依《浅层地下水质量及安全供水研究》中按铁离子含量值的分类标准，当含量小于 0.1mg/L 者为Ⅰ类水、含量在 0.1～0.2mg/L 者为Ⅱ类水、含量在 0.2～0.3mg/L 者为Ⅲ类水、含量在 0.3～1.5mg/L 者为Ⅳ类水、含量大于 1.5mg/L 者为Ⅴ类水，从编制的洞庭湖区铁单元素质图（图 5-4）可以看出，Ⅰ类水区面积 9 051.33km²，占湖区总面积的 24.73％，主要分布在低山、岗地的基岩裂隙水、碳酸盐岩岩溶裂隙水中；Ⅱ类水区面积 9 705.24km²，占 18.13％，主要分布在洞庭湖周边岗地区的基岩裂隙水、碎屑岩类孔隙水中；Ⅲ类水区面积 4 200.79km²，占 11.48％，主要分布在洞庭湖周边岗地的基岩裂隙水、部分高阶地的河流冲积层中；Ⅳ类水区面积为 9 218.71km²，占 25.19％，主要分布在“四水”河流冲积层中；Ⅴ类水分布面积 7 427.63km²，占 20.29％，主要分布在湖心平原区的冲湖积地层中。

可见自周边岗地至湖盆中央铁的含量逐渐增高的趋势，含量 0.3～20mg/L 不等。铁含量大于 0.3mg/L 的高值区分布在洞庭湖中南部、西南部大范围地区、北东部的局部地区；含量 1.5～5.0mg/L 的高值区在中南部、西南部呈片状分布；含量 5.0～10.0mg/L 的高值区分布在中南部、西南部，呈片状不连续分布；含量 10.0～20.0mg/L 的高值区主要分布在中南部、西南部，呈片状不连续分布；高铁质水（含量＞20mg/L）呈串珠状分布在鸭子港、茅草街以东及中部湖积平原，另外在汨罗市北、常德市、临澧盆地、岳阳建新农场七大队（即七分场）也有高铁质水分布，并以片状不连续分布（见图 5-4）。

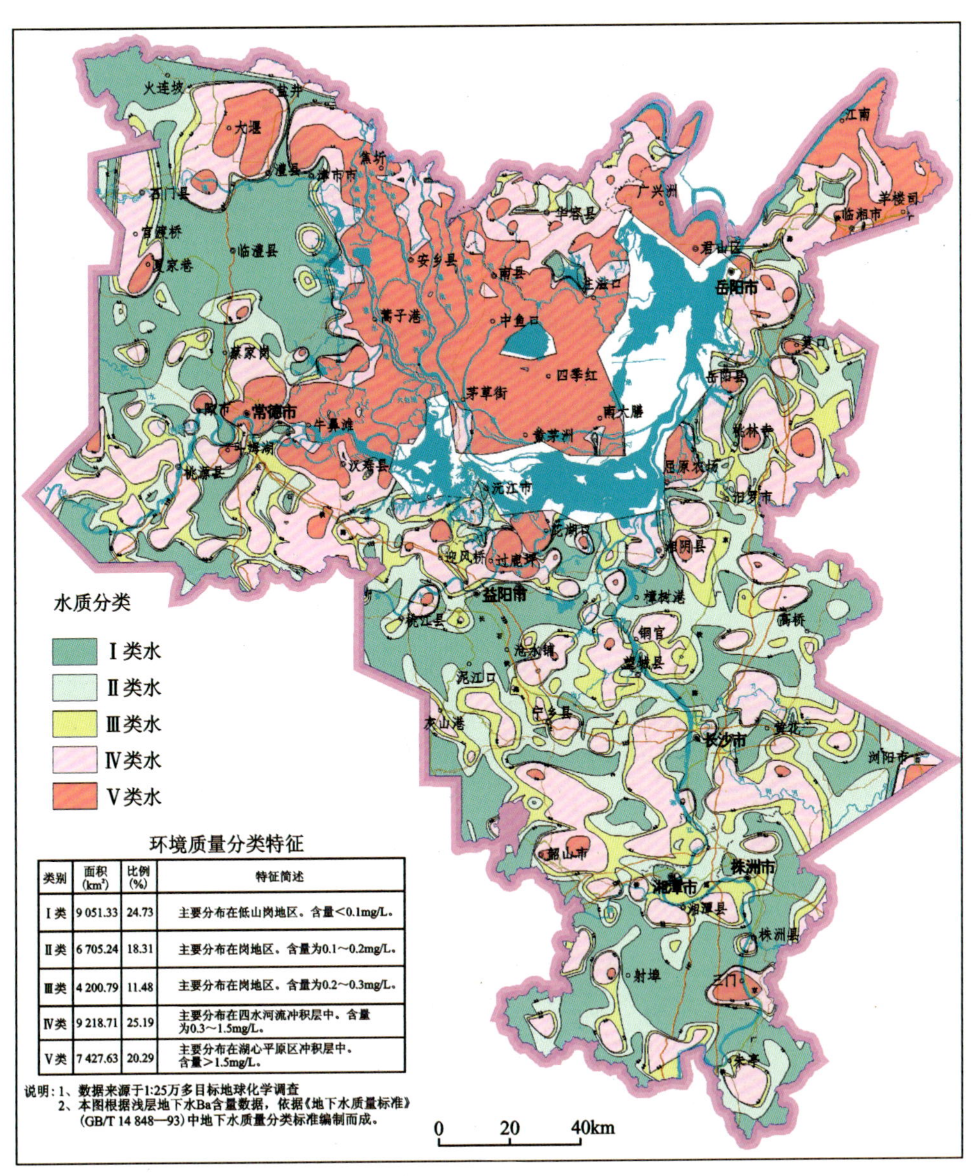

类别	面积(km^2)	比例(%)	特征简述
Ⅰ类	9 051.33	24.73	主要分布在低山岗地区。含量＜0.1mg/L。
Ⅱ类	6 705.24	18.31	主要分布在岗地区。含量为0.1～0.2mg/L。
Ⅲ类	4 200.79	11.48	主要分布在岗地区。含量为0.2～0.3mg/L。
Ⅳ类	9 218.71	25.19	主要分布在四水河流冲积层中。含量为0.3～1.5mg/L。
Ⅴ类	7 427.63	20.29	主要分布在湖心平原区冲积层中。含量＞1.5mg/L。

图 5-4　洞庭湖区浅层地下水铁环境质量分布及异常特征图

二、地下水中铁的来源

洞庭湖区耕植土广布，局部沼泽化，这些耕植土土层又以湖相成因为主，造成有机铁含量高。有机土的存在不仅生成有机铁溶于地下水中，而且产生相当数量的 H_2S、CO_2 和沼气，使地层中 Fe^{3+} 还原成硫化亚铁，有些有机酸还能溶解岩层中的 Fe^{2+}，因此，洞庭湖区浅层地下水铁质水的形成与有机物含量有很大关系。

地壳中的铁质分散在各种岩浆岩、沉积岩及第四系的地层中，都是难溶性的化合物，这些铁质大量进入地下水的途径都是经过化学反应的结果。

在洞庭湖平原以细粒物沉积为主，地下水中铁离子的移迁除与含水介质成分、径流条件、上覆土层性质、酸碱条件地下水中氯离子含量有关外，主要受还原环境控制。该区由于地下水水位高，埋藏浅，土层的大部分处于地下水长期浸渍状态，使其向下逐渐转为低电位的还原环境，而土层中有机质的分解也加剧了这一转化过程。

三、铁在地下水中的富集规律

从铁质水的成因来看，洞庭湖区地下水铁离子的富集主要与第四系堆积物中有机含量、地下水化学成分、地下水补径排等条件有关，而且这些因素在相互影响、相互抑制。

湖区边缘属丘岗、垄岗地形，地下水交替迅速，径流条件好。入渗的大气降水中溶解氧高，故水中溶解的 Fe^{2+} 很快变成 Fe^{3+} 而被地层过滤，因此地下水中铁离子不易富集。在湖区中心，地下水中含铁量逐渐增高是由于湖泊、沼泽等特殊环境沉积作用下的淤泥质土中含较多有机质，在厌氧细菌的作用下，使地下水形成还原环境，致使铁的溶解度大大增加，故水中铁离子含量高。

在垂直方向，铁离子含量也有一定规律。在全新统的地层中铁含量一般较其他地层中含量低，是因为该地层出露或接近地表，处于高度的氧化环境，易增加溶解氧的原因；在中更新统地层中分布较多铁盘，因为在氧化—还原环境面上必然存在着一个氧化还原电位差，而铁形成低价离子，在地下水中浓度很高，在电位差的作用下，是界面以下附近地下水浓度较大，逐渐向界面上不扩散，并被氧化成高价铁化合物沉淀，这种过程不断进行，最后在氧化还原界面以上形成铁、锰结核，该扩散作用向下是逐渐减弱的；在下更新统地层中地下水中铁离子富集程度最高，这是由于地层埋深大，地下水径流条件差，处于高度还原环境，因有机质含量高，CO_2 含量高等多种因素造成的。

总之：洞庭湖区铁离子富集规律，从平面上是由边缘向湖中心铁离子含量由少到多，从垂直上看由上到下铁离子含量由少至多。

第三节　地方病

一、地方病状况

因地区差异与原生地质环境条件等因素影响，湖南省与水有关的地方病主要为地氟病及地甲病。

（一）地氟病

在含氟较高的地下水分布区（如地热、矿泉水及茶叶中），长期大量饮用这种水会导致氟在体内大量蓄积，引发慢性氟中毒。另外，在部分山区分布的一套寒武系下统牛蹄塘组（$\in_1 n$）地层中有一层巨厚层状石煤，碳质含量高，当地村民燃烧石煤取暖、做饭、烘烤粮食、蔬菜等，由于石煤含氟高，导致空气中严重氟污染，若家中的粮食、蔬菜、饮用水长期接触导致人体摄入过高的氟量而引发慢性氟中毒。在洞庭湖区氟含量大于 1.0mg/L 的高值区主要分布在南西部，呈片状分布，含量在 0.5～1.0mg/L 的地下水主要分布在东南部、西南部及西北部地区。氟中毒者主要位于涟源、新化等地，据网上统计约 2.5 万人之多。燃煤污染型地方性氟中毒病区分布在 7 个市州的 28 个县市区，2109 个村，547 080 户，263 万人；饮水型地方性氟中毒病区分布在 6 个市州 9 个县市区的 25 个村，影响人口约为 2.5 万人。地方氟中毒严重县(区)为：双峰县、娄星区、临武县、衡南县、资兴市、临湘市。

(二)地甲病

湖南省地方性甲状腺肿(俗称地甲病)流行区主要分布在湘西北、湘西南山区。因部分地区饮用水中碘含量少或缺失，在全省 122 个县市区均出现过碘缺乏病病例。碘缺乏病病情较重、偏远地区的 26 个县(市、区)为：茶陵县、炎陵县、攸县、醴陵市、株洲县、湘潭县、湘乡市、韶山市、衡阳县、常宁市、耒阳市、衡南县、衡东县、祁东县、衡山县、南岳区、临湘市、平江县、汨罗市、湘阴县。

二、地方病防治措施

1. 坚持“因地制宜、分类指导、科学防治”原则，实施以监测预警、应急强化的综合防控策略。

如：针对缺碘引起的甲状腺病，在未达到消除碘缺乏病目标的地区，进一步加强碘盐普及力度，提高碘盐覆盖率和合格碘盐食用率，碘缺乏病严重流行地区可结合本地实际施行碘盐财政补贴政策，已达到消除碘缺乏病目标的地区，要加强对碘盐生产，销售的监管，确保合格碘盐持续供应，巩固和扩大防治成果，加强监测预警，及时发现高危人群并采取应急强化补碘措施，防止过碘缺乏病新发病例。在普及碘盐的同时，合理布设不加碘食盐的销售网点，方便因疾病等原因不宜食用碘盐的居民购买不加碘食盐，动态监测人群碘营养状况，适时调整食盐加碘浓度，根据不同地区各类人群的不同碘营养需求，提供不同含碘量的碘盐，供消费者知情选购。

2. 坚持“健康教育、扩大宣传、源头防控”原则，进行科学施策、巩固防治成果。

如：燃煤污染型地方性氟中毒，要继续实施以健康教育为基础，改炉改灶为主的综合防治措施，提高防治工作覆盖面。尚未完成改水的饮水型地方性氟中毒病区，要完成改水降氟，加强饮水安全工程卫生学评价和水质监测，防止因水源污染导致饮用水氟超标，确保生活饮用水符合国家卫生标准，通过财政补贴，在饮茶型地方性氟中毒病区推广普及低氟砖茶，要切实加强防治措施的后期管理，做好改水设施和改良炉灶的维护、维修，及时修复或重建已损毁的改水工程，确保病区改水工程达标运行，病区家庭正确使用合格防氟防砷炉灶，持续巩固防治成果。

三、地方病防治建议

1. 加强宣传教育。卫生计生、教育、新闻出版广电等部门要充分利用传统媒体和新媒体，结合地方病防治特点，开展内容丰富、形式多样的宣传教育活动，普及地方病防治知识和技能，增强群众防病意识和能力。

2.建立健全防治长效工作机制。卫生部门积极配合相关部门进行地方病防治工作。针对碘缺乏危害,卫生部门及时监测预警人群碘缺乏风险,协调有关部门做好科学补碘知识宣传,工业和信息化部门组织生产、供应碘含量适宜的碘盐。食盐质量监管部门依法开展碘盐生产、流通环节的监督,防止不合格碘盐流入当地市场;针对地方性氟中毒风险,卫生部门需配合水利部门,将病区的范围及人口资料及时向水利部门反映,及时指导病区改水降氟工作。水利部门优先在氟中毒地区安排农村饮水安全巩固提升工程建设项目,完成降氟、降砷改水工程建设,加强对农村饮水安全工程的运行管理和水质检测的指导。

3.强化对基层监测人员的培训。省级地方病防治机构应当强化现场应用技术、实验室检测技术和项目管理的培训,使基层地方病专业人员不断提高监测能力与监测质量。建议各省份每年召开监测会议,讨论影响本地监测的突出技术问题与管理方面的问题,及时予以解决,保证监测质量符合国家要求。

4.加强监测评估。卫生计生部门健全完善地方病防治监测评价体系,扩大监测覆盖范围,加大重点地区和重点人群监测力度,定期开展重点地方病流行状况调查,准确反映和预测地方病病情和流行趋势。加强信息化建设,依托现有网络平台,加强地方病信息管理,实现监测评估工作的数字化管理和信息共享,提高防治信息报告的及时性和准确性。强化监测与防治干预措施的有效结合,加强监测管理和质量控制,促进部门间及时沟通和反馈监测信息,为完善防治策略提供科学依据。

第四节　岩溶塌陷

岩溶塌陷是指隐伏岩溶洞隙上的岩、土体在自然或人为因素作用下发生变形破坏,并在地面形成塌陷坑(洞)的一种岩溶地质作用和现象。按可溶性岩石类型可划分为碳酸盐岩类(石灰岩、白云岩等)岩溶塌陷、硫酸盐岩类(石膏、芒硝等)和卤素盐岩类(盐岩等)岩溶塌陷三类。其中以碳酸盐岩类岩溶塌陷分布范围最广,下面仅论述碳酸盐岩类岩溶塌陷发育及特征。

一、岩溶塌陷概况

湖南省岩溶地区面积广,区域地质环境条件复杂,碳酸盐岩地层岩溶发育,局部地区地下水动态变化大,加之人类工程活动程度不断加剧,造成全省岩溶塌陷地质灾害多发。据不完全统计,自1970年至2015年期间,全省共发生岩溶塌陷灾害1204处、塌陷坑15 758个,共破坏农田3.2万亩、毁坏民房85 394间、造成33人死亡、直接经济损失3.36亿元,共威胁人口131 756人、威胁财产18.6亿元。

(一)岩溶塌陷分布

湖南省48个县(市、区)发生过岩溶塌陷事件(图5-5、图5-6),覆盖13个地级市州。按照分布区域,主要分布于湘中岩溶塌陷区、湘南岩溶塌陷区以及湘西北岩溶塌陷区。湘中岩溶塌陷区主要分布于宁乡、涟源、冷水江、新化、邵阳县等地;湘南岩溶塌陷区主要分布于东安、零陵区、祁阳、耒阳、资兴、汝城、桂阳等地;湘西北岩溶塌陷区主要分布于凤凰、花垣、吉首、石门等地。

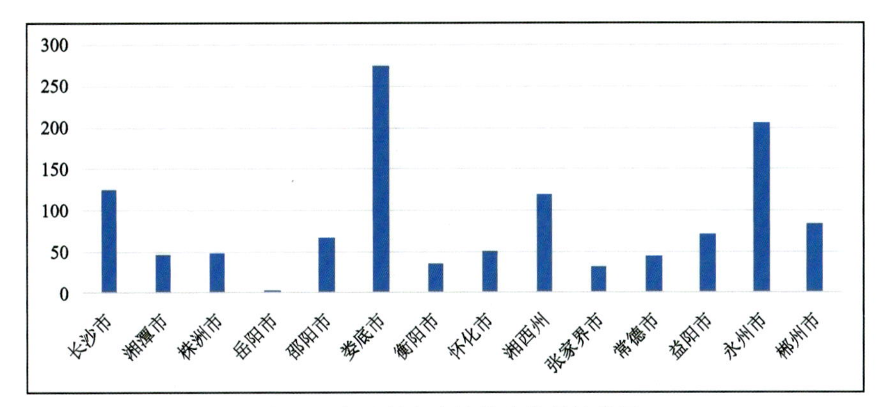

图 5-5　各地州市岩溶塌陷数量柱状图

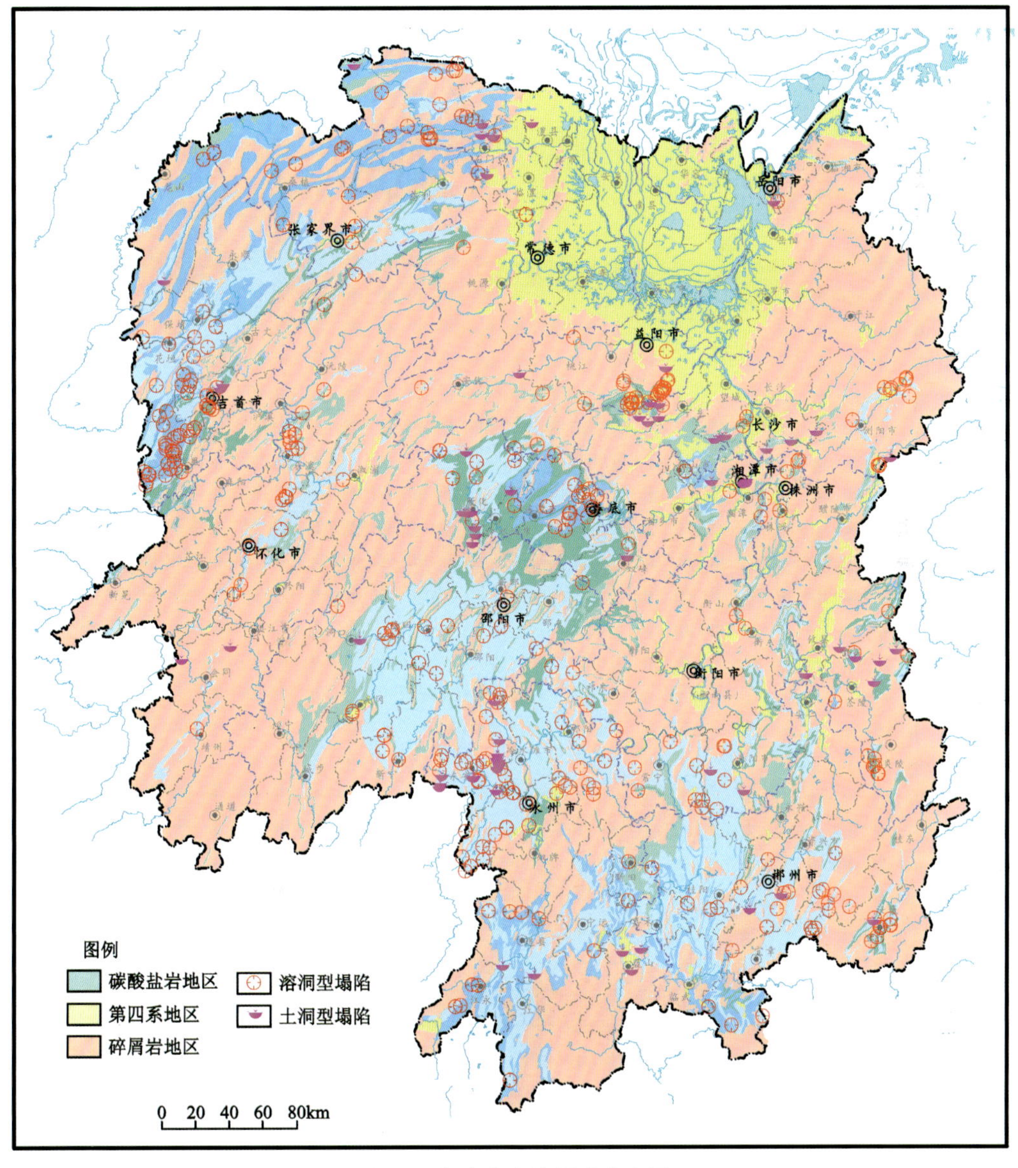

图 5-6　湖南省岩溶塌陷分布图

（二）岩溶塌陷的发育特征

1. 时间分布特征

湖南省岩溶塌陷灾害发育由来已久，自 1970 年以来，全省每年均有发生。1990 年之前，全省岩溶塌陷灾害呈零散形式发生，而从 1990 年以后，岩溶塌陷灾害发生数量急剧增加，最高爆发期为 2008—2012 年，共发育灾害 310 处（图 5-7）。此外，按照调查发生的月份统计：全省岩溶塌陷地质灾害集中爆发于 4—7 月份，占能调查具体月份数量的 70.8%；10—12 月份零星发生，仅占比 7.4%（图 5-8）。

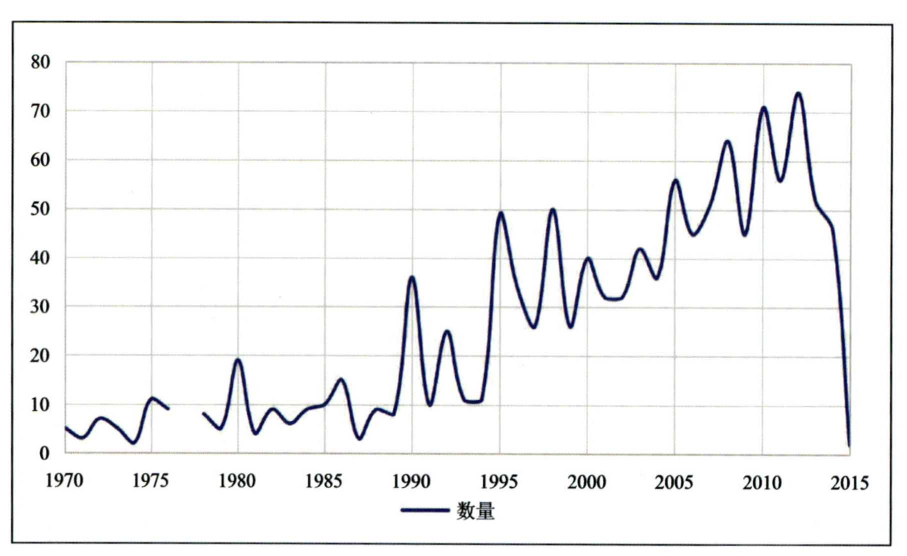

图 5-7　湖南省岩溶塌陷年度发生数量汇总图

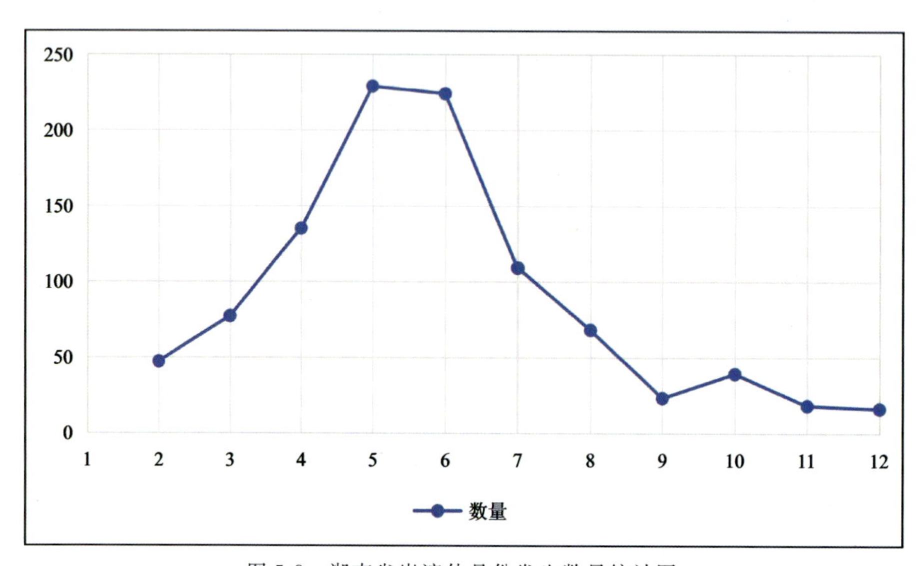

图 5-8　湖南省岩溶他月份发生数量统计图

2. 空间分布特征

湖南省岩溶塌陷地质灾害多分布覆盖型岩溶区，该类型地段主要集中在溪流冲沟、岩溶洼地、山前坡缓地带以及河流冲积阶地，而地势较高的低丘岗地山坡以及山体后缘上，很少有岩溶塌陷发生。

从塌陷的密度来看，冲沟和河流阶地密度最大，岩溶洼地、谷地中次之，这是由于冲沟地段以及一级阶地第四系地层以二元结构为主，地下水位埋深较浅，强排水导致下部岩溶水的负压增大，地表水体丰富，常易形成地下水补给区，造成该地段地下水位波动频繁，变化幅度大，有利于岩溶塌陷的产生。从塌陷的成因来看，河漫滩、一级阶地岩溶塌陷以人为塌陷为主，峰丛洼地及岩溶洼地、谷地的岩溶塌陷人类工程活动相对较弱。

二、岩溶塌陷成因

（一）岩土体内部条件的影响

岩溶塌陷发育的根本条件在于其发育有岩溶裂隙管道的可溶岩地层、一定厚度的松散覆盖层以及不断径流的地下水动力条件。

1.地下岩溶裂隙管道是导致地面塌陷地质灾害的基础条件，浅部岩溶洞隙由于地下水活动频繁、交替强烈，一般连通性较好，成为塌陷物质的储集空间和运移通道。

2.松散的覆盖层是岩溶塌陷在地表形成塌陷坑破坏的主体，松散覆盖层的厚度基本上决定了岩溶塌陷坑的深度，绝大多数塌陷产生于土层厚度小于10m的地段，以厚度小于5m的地方塌陷产生密度最大，土层厚度10～30m时要少得多，土层厚度＞30m时仅个别零星出现。

3.地下水的动力条件是指地下水的赋存条件和水力条件及其以水位流速、水力坡降等要素表征的条件。在岩溶地下水埋藏较浅、循环交替强烈的地段，岩溶地下水动力条件易于改变，地下水活动变化强烈，有利于岩溶塌陷的形成。

（二）自然条件的影响

强降雨、河流涨水、地震等是岩溶塌陷突发的外部自然诱发因素。长时间降雨或突发强降雨条件下，大量的降雨使得地表水不断下渗入土体内或由下部微承压性的岩溶水上升而渗入土体内，地下水直接改变土层的饱和条件，使土体孔隙水不断饱和，甚至出现超饱和状态，土体自重加大，粘聚力不断降低，导致岩溶裂隙顶部及岩土界面附近的土层逐步掉落岩溶裂隙中，并沿岩溶裂隙管道流失，随之岩溶裂隙顶部的土体不断被破坏而形成隐伏的土洞，当土洞顶板土体无法支撑上覆土体的自重而垮塌，最终形成地面塌陷。

在部分岩溶地区的河谷一带，地表水与岩溶地下水相互补给。当河水上涨迅速时，地表水会补给区域地下水，岩溶地下水位上升，对岩溶裂隙的土层产生正压力；当河水水位下落后，地下水补给地表水，岩溶地下水位下降，其对洞隙上覆盖层土体的浮托力消失，洞隙开口处的潜水会反作用于土体，带来渗透侵蚀作用，形成塌陷灾害。

（三）工程活动的影响

随着社会经济发展，人类工程活动的范围及强度不断提升。如基坑工程、矿业工程、交通工程、水利工程等等，当施工过程破坏原有岩溶地下水的天然条件，施工过程大量的抽取地下水，地下水径流强度增加，伴随强降雨形成的强径流把原本饱和状态下的岩溶地下水抽空或水位降低，岩土界面出的土体随之破坏而流失形成土洞，随着土体内空隙不断增多，浮托力消失，上覆土体坍塌最终形成地面塌陷。

三、岩溶塌陷治理方法

岩溶塌陷地质灾害应采取预防和治理相结合的综合方案进行。预防措施在查明塌陷成因、影响因素的基础上，为了消除或消减塌陷发生发展主导因素的作用而采取的措施；治理措施主要针对塌陷发育的三要素（岩溶裂隙、土体、水），进行堵截水流、强化土体和洞穴充填、填堵岩溶通道等。

（一）岩溶塌陷预防措施

在覆盖型岩溶区，过量抽采岩溶地下水引起岩溶塌陷导致环境地质问题屡见不鲜。因此需采取有效的预防措施，减少或消除其所造成的危害和损失。具体预防措施主要包括：

1. 调整抽排水方案

调整抽排水方案，减少对岩溶地下水补迳排条件的极端干扰。对抽采地下水的降深进行监测，控制地下水水位变幅，降低水动力变化条件，以降低岩溶塌陷的形成条件；控制矿坑排水的水位下降速度，采用缓排，使水力坡度缓慢发展，使得导致塌陷的水动力条件得到减弱，以此达到降低地面塌陷的机率。

2. 设置完善的排水系统

完善排水系统，减弱地下径流对岩土体的影响范围。修建排水渠道延伸到水文地质单元以外的区域，防止抽排的地下水再次对岩溶含水层的补给，降低岩溶塌陷的成因，减少地面塌陷产生；采用填堵或拦截上游地表水的补给通道，或进行河流、沟渠的改道，使区内地下水补给量减少。

3. 建立监测网

对地表水点、地面、建筑物以及塌陷前兆现象进行监测。岩溶塌陷地质灾害一般有缓变形期，结合其成因以及形成条件，对潜在的岩溶塌陷条件地区进行调查分析，采取高程监测、位移监测、水位监测、建筑物变形监测等多类监测手段及措施，有针对性地布置监测网。

4. 工程建设前开展专项评估工作

对于岩溶地区，其地质环境脆弱，易受工程建设的影响。因此，在开展工程建设前，必须开展建设用地地质灾害评估或岩溶塌陷专项评估工作，充分收集区内的水文地质、环境地质资料，针对工程建设特征，详细评价引发和遭受岩溶塌陷地质灾害的危险区域和范围，并有针对性的提出防治建议。

（二）岩溶塌陷治理措施

岩溶塌陷地质灾害具有延伸性，在岩溶塌陷区，许多情况下是因为岩溶塌陷所引起的二次灾害。因此，需要采取积极有效的措施，对其进行科学合规治理，避免带来二次灾害。岩溶塌陷的治理措施主要有：

1. 清除填堵法

通过对较浅的地面塌陷区域进行加固，避免后期受到水文气象或是人为正常活动的影响，导致突发性的塌陷地质灾害。采用清除填堵法是在塌陷区填入石块、碎石等材料，形成过滤层，在过滤层上覆盖粘土加固并压实，由此增加塌陷区土体的承载力。宁乡市煤炭坝矿区25处岩溶塌陷采取土方回填、块石回填等形式进行基础处理；对河道及灌溉渠道进行修复，对塌陷的农村堰塘及水库进行补漏修复，恢复其正常功能。

2. 地表封闭处理

对岩溶塌陷灾害发育于居民区、学校、医院等公共活动场所的，可直接回填石块、灌入混凝土等材料进行地表封闭处理，尽快消除安全隐患。

3. 跨越法

该技术手段主要是用以面积较大的塌陷区。如，在建筑施工中面对岩溶塌陷区，对塌陷区进行梁式基础、拱形结构的平板基础施工，跨越溶洞、岩溶裂隙、隐伏土洞等岩溶发育段，避免因为塌陷区地质灾害所带来的经济损失和社会不良影响。

4. 强夯法

利用夯锤的冲击力、震动力以及土石料的摩擦力，对塌陷区上覆土层进行快速夯实，增强地基的稳定性，同时可以有效地充填治理土层底部的土洞，降低岩溶塌陷发生的风险。该方法施工简单、速度快、成本低、效果显著，一般用于交通道路路基工程建设。

5. 深基础法

该方式主要是通过桩基础工程，将上部建筑物的荷载传递到基岩基础上，减少对潜在岩溶塌陷土体的压力，消除塌陷发生时土体下陷对构筑物的变形影响。

6. 灌注法

当岩溶塌陷区埋藏较深的时候，需要通过钻孔灌注水泥砂浆的方式，填充岩溶孔洞的缝隙，达到阻隔地下水流通道，降低土体自重的效果。在灌注填充防范技术中，采用的灌注材料主要有水泥、速凝剂等等。

7. 疏排围改治理法

针对在岩溶区进行的矿山工程、水利工程、桥梁工程等重大基础工程建设，其诱发岩溶塌陷的风险高、范围广，需对地表水补给区进行有效的疏导，减弱地下水强径流条件。采取的措施包括疏排上游地表水、对工程范围内进行注浆围堵地下水。

8. 平衡气压法

该方式是对于由于地下水位升降所带来的塌陷区的防治措施。通过的钻孔充气的方式，对于岩溶洞穴内的气压进行调节，破坏岩溶封闭条件，达到平衡水压的效果，降低塌陷区可能产生气爆的风险。

（三）岩溶塌陷防治建议

1. 提高认识、积极防备

岩溶塌陷区发生地质灾害事件属于大概率事件，当前需要能够提高对岩溶塌陷的正确认知，对其形成条件、可能产生的危害大小、潜在威胁范围以及变化发展趋势等应拥有全面的认识，做好相关的预防或是防治准备。如展开岩溶塌陷风险评价、对潜在塌陷区的有效监测预防等。

2. 建立健全岩溶区工程施工监督制度

只有建立健全岩溶区的工程施工监督制度，才能够避免引发大范围的岩溶塌陷灾害。如，在矿山开采项目中，需要建立起矿山生态环境修复保护政策，加强对其引发相关灾害或地质环境问题的监督，做好地质环境以及地下水的监测工作，提高矿山地质环境恢复保证金，对于大量抽排地下水的矿山，严格监督矿山的扩建以及开采，防范岩溶塌陷地质灾害的受灾风险，提高从业人员的安全防范意识。

3. 强化引发灾害责任主体的监督管理制度

强化对工程项目施工的质量监督管理，实施“谁建设，谁负责”、“谁批准，谁负责”的管理机制，加大对各个主管部门的责任，完善对工程项目施工方案、施工设计的监督和管理。要求若是出现地面塌陷区必须进行治理后才能够展开施工。加强开展与岩溶塌陷有关的监测工作，及时对塌陷提出警报。当前要求能够导入信息技术手段，展开对地表沉降和地面坍塌进行在线监测管理，对于岩溶塌陷区进行全时性的监测，全面调查土体、岩体的发育特征和形成条件等，对其结构特征进行动态的分析和预测管理。

第五节　石漠化

一、石漠化特征

我省岩溶地区分布广泛，土层覆盖薄、地下水位深，容易产生土地退化的极端现象，形成石漠化灾害。发生石漠化的地区生态环境稳定性差、敏感性强、抗灾能力弱、易遭受破坏而难于恢复。据湖南省第三次石漠化监测结果显示：全省 122 个县(市、区)中共有 83 个县(市区)有岩溶土地分布，其中 82 个县(市、区)的岩溶区发生了石漠化；全省岩溶区域占国土面积的 25.95%，石漠化发生面积占国土面积的 5.91%，表明土地石漠化是湖南的重点生态问题之一。

根据湖南省第三次石漠化监测显示：全省岩溶区总面积 549.64 万 hm^2，占全省国土总面积的 25.95%。其中石漠化土地面积 125.14 万 hm^2(表 5-3)，占岩溶地区面积的 22.77%，占全省国土面积的 5.91%；潜在石漠化地区面积 163.37 万 hm^2，占岩溶地区面积的 29.72%，占全省国土面积的 7.71%；非石漠化地区面积 261.13 万 hm^2，占岩溶地区面积的 47.51%，占全省国土面积的 12.33%。

表 5-3　石漠化监测面积成果表

序号	年度	面积(万 hm^2)	备注
1	2004 年	147.88	第二次石漠化监测
2	2007 年	143.56	
3	2016 年	125.14	第三次石漠化监测

湖南省石漠化地主要集中在武陵山脉山地岩溶区、衡邵干旱走廊岩溶区和南岭山脉山地—丘陵岩溶区 3 个区域。这 3 个区域共涉及 42 个监测单位，石漠化面积 104.55 万 hm^2；潜在石漠化面积 130.00 万 hm^2，占全省石漠化和潜在石漠化面积的 83.55%和 79.57%，其他县

(市区)零分布。

1.武陵山脉山地岩溶区。包括慈利、永定桑植永顺、龙山、保靖、花垣、古丈、凤凰、吉首、泸溪、石门桃源、麻阳、陵、溆浦县等17县(市区)岩溶地区石漠化面积46.49万hm^2,潜在石化面积80.93万hm^2,占全省石漠化和潜在石化面积的37.15%和49.54%。

2.衡邵干旱走廊岩溶区。包括涟源、新化、邵东、双峰、新邵、邵阳、隆回、洞口、武冈、新宁等10县(市区),岩溶地区石漠化面30.38万hm^2,潜在石化面积29.83万hm^2,占全省石漠化和潜在石漠化面积的24.28%和18.26%。

3.南岭山脉山地一丘陵岩溶区。包括东安、冷水滩、祁阳、耒阳、常宁、祁东、桂阳、临武、嘉禾、宜章、宁远、道县、江华、江永、新田等15县(市区)岩地区石漠化面积27.68万hm^2,潜在石漠化面积19.24万hm^2,占全省石漠化和潜在石化面积的22.12%和11.78%。

二、石漠化成因

岩溶地区石漠化的产生与发展是自然原因和人为原因相互影响的结果,自然原因是土地石漠化形成的基础,人为原因是土地石漠化形成和加剧的主要因素。

1.自然原因

一是古环境变迁形成的碳酸盐岩极易淋溶风化,为岩溶区形成石漠化提供了物质基础。二是地球构造运动为石漠化提供了动力潜能。构造运动形成的区域抬升及断裂下沉,形成了陡峻而破碎的喀斯特地貌,产生了较大地表切割和地形坡度,陡峻的喀斯特地貌条件极易产生水土流失,为石漠化提供了动力潜能。三是温暖湿润的季风气候为喀斯特地貌强烈发育和土壤淋溶提供了必要的侵蚀营力和溶蚀条件。石灰岩抗风化能力强,成土速率慢,风化方式以溶蚀为主,大量的碳酸钙、碳酸镁等易溶物质随水流走,不溶性的残留物甚少,在水热条件较好的情况下,其成土速率每年只有10.426t/km^2,一般需要4000～8500年才能溶蚀30cm厚的碳酸盐岩,从而积累1cm的成土母质。而目前土壤流失的速率是成土速度的4～20倍。我省岩溶区气候湿润,水热丰富,尤其在6—7月暴雨与高温同期存在,为喀斯特地区产生水土流失提供了外在营力。使得该区域在缺少植被覆盖时,成土速度远远低于流失速度,因而石漠化现象日趋严重。监测结果表明,我省因自然原因形成的岩溶区石漠化土地面积为28.61万公顷,占全省岩溶地区石漠化土地的19.3%。

2.人为原因

随之社会的发展,岩溶地区人口不断增多,耕地日趋不足,导致森林植被不断遭到破坏,土地失去植被保护,水土流失加剧,土壤退化,从而形成了石漠化。

据有关调查资料,桑植县、泸溪县人为因素导致的石漠化面积分别占石漠化总面积的88.2%和98.5%。长期以来,由于石漠化地区人口增长过快,使原本有限的耕地上人口的承载超出合理水平耕地日趋不足,人们采取毁林造地、开垦石山来增加耕地面积,导致森林植被不断遭到破坏,土地失去植被保护水土流失加剧、土壤退化,从而形成了石漠化。人为因素除毁林(草)开垦外,还有过度樵采、森林火灾、不适当经营方式等。与此同时,人们生态环保意识淡薄,对石漠化地区植被的恢复难度认识不够,忽视了自然规律,对土地进行掠夺性的开发利用,加速了本已脆弱的岩溶地区森林植被的破坏及水土流失,形成了生态破坏与生活贫困的恶性循环。

三、治理途径

1. 造林封山并重恢复植被

植被恢复、生态环境改善、群众生活富裕是衡量石漠化治理工作成效的主要标志，而恢复植被、提高植被覆盖率是石漠化治理工程的关键。要根据石漠化地区的土地利用现状、自然条件、社会经济状况，以及群众意愿等，因地制宜地确定植被恢复的建设内容。分类施策，对疏林地郁闭度0.2～0.5的质低效有林地或灌木林地等进行封山育林，对其中的林中空地用优质乡土树种进行补植补种。特别是对于强度和极强度石漠化地区主要采取封山育林育草等措施，依靠大自然自我修复；对于历史遗留问题的废弃矿山采取财政补助等方式进行生态修复。

2. 提升农填水利基本建设

石漠化地区有效耕地面积少、土壤质量相对较差、粮食自给能力低，农田基本建设严重滞后。现有渠道大多数因陋就简、标准低渠道沿线垮方、渗漏问题较严重渠系水利用系数低，水量损失大部分地方灌溉设施不配套难以保证粮食稳产高产要根据当地条件和生产需要因地制宜进行基本农田建设。对现有重要山塘、排灌沟渠、河堤、河坝、田间道路涵桥闸门等不能发挥应有作用的或已失去作用的，要进行改造或恢复性重建，对缺少水利设施的地方要配套新建。增加有效灌溉面积，提高基本口粮田的防旱抗旱能力，实现粮食高产稳产。

3. 加强水利建用件

石漠化地区由于地表水渗漏较严重，不少地方群众的生活用水要到几里路外去取水，如遇干旱年份甚至要到十几里路外的地方去取水给群众的生活造成严重的影响。要在深入调查的基础上，通过维修或新建水坝蓄水池，铺设供水管网，解决人畜饮水困难。

4. 发新能减对的依赖

目前，石漠化地区群众使用的能源主要是薪柴和煤，灶具以普通柴灶为主，占50%以上。据有关调查，大多数农户家是一个火坑加一个柴灶，做饭取暖烧水都烧柴，一个五口之家的农户，一年生活用柴3.65t左右。用能结构不合理消量多，对森林资源的依赖性大。

石漠化地区的能源建设要从实际出发，充分尊重农户的意愿，坚持“因地制宜，多能互补，综合利用，讲求效益”和“开发与节约并重”的方针以改善农村生态环境、提高农民生活质量、保护森林资源为主要目标根据不同区域条件，因地制宜地推广沼气池节柴灶节煤灶、生物质气化炉太阳能热水器等节能技术和产品，改善用能结构，解决农户的生活用能和能源持久发展难题，减少农村生活用能对森林资源的依赖巩固植被恢复成效。

5. 实施生态移民改善生存环境

对于自然条件恶劣、生活环境差、生产方式单一、自然灾害频繁的石漠化地区，实施生态移民，减少石漠化地区的人类活动，给植被以休养生息的机会，尽快恢复生态环境。同时因地制宜选择迁徙和安置方式。安置地的选择要考虑有利于移民户移于融人当地社会，要坚持生产与生活并重，高度重视移民户的增收和发展问题，加强技能培训、拓宽增收渠道，确保生态移民实现“搬得出稳得住能致富”的目标。

第六章　地下水勘查与开发利用对策建议

第一节　地下水勘查

地下水勘查可分为综合性勘查和供水水文地质勘查，旨在查明水文地质条件，合理评价、开发利用和保护地下水资源。应根据水文地质条件的复杂程度、以往地质工作程度、勘察阶段和需水量大小，合理选择勘查方法，拟订工作方案。

一、勘查方法

勘查技术手段包括遥感调查、水文地质测绘、地球物理勘探、水文地质钻探、抽水试验、示踪试验、动态观测和水质调查等。

1. 遥感调查

在全面收集已有工作成果的基础上，充分利用遥感图像或数据进行地质、水文地质、环境地质等方面解译，以指导勘查工作和提高工作效率。遥感调查先于水文地质测绘，并贯穿于工作全过程，解译范围一般应略大于地质调查范围。

遥感数据以航天遥感数据为主、航空遥感数据为辅，并尽可能选用不同时相的信息源。航天遥感数据以ETM、SPOT-5的2.5m全色＋10m多光谱数据为首选。

遥感解译的主要内容：地貌形态与水系分布特征；含水层与隔水层分布；地质构造（特别是活动构造）的位置及其富水性；泉水、地下河、地下水溢出带出露位置等水文地质现象；与地下水开发利用有关的环境地质问题，包括土地利用、污染源分布与地表水体污染状况、地面塌陷等。

信息提取技术方法：有目视解译和人机交换解译。目视解译的原则是先宏观后微观、先整体后局部、先已知后未知、先易后难等，循序渐进、反复解译，逐步深化区域水文地质认识。完成详细解译工作后，野外验证应与水文地质测绘紧密结合，补充完善解译标志，最终提交遥感解译说明书与各类成果图件。

2. 水文地质测绘

水文地质测绘是地下水勘查的基础性工作，对地下水的形成条件、赋存状态与运动规律进行研究，为社会经济发展规划和工程设计提供科学依据。一般分为区域性水文地质测绘和专门性水文地质测绘，测绘比例尺需根据地质工作研究程度和勘查阶段具体确定。当地质工作程度不能满足要求时，应进行地质及水文地质测绘。

测绘要求：采用穿越法和追溯法相结合进行。观测路线原则上沿地貌变化显著方向、垂直岩层和构造线走向、含水层(带)走向、河谷和地下水露头多的地带布置。调查内容包括地貌、地质构造、包气带与含水层空间结构、地下水系统边界、补给径流排泄条件与动态特征、水化学特征、地下水开发利用现状、环境地质问题和特殊类型地下水(地下热水、矿泉水、卤水)的分布特征和开发利用等。观测点应布置在地貌界线、地层分界线、构造破碎带、褶皱轴线、岩浆岩与围岩接触带、岩性和岩相变化带,以及地表水体、井、泉、暗河出入口、钻孔、矿井、地面塌陷等处。观测点不均匀布置,在地质条件复杂或具有典型意义的地区,观测路线和观测点应当加密。

综合研究:调查过程中,要全面分析水文地质单元内主要含水层、地下水补径排条件和边界类型,尤其是加强地貌、地层岩性、地质构造对地下水控制作用的研究。地形地貌控制着地下水的补给、径流、排泄条件,盆地、谷地、洼地、沟谷交会处、古河道等地带地下水相对富集,同时,控制着地下水系统边界和分水岭。岩性方面,质纯厚层可溶岩、可溶岩与非可溶岩接触带、灰质砾岩、钙质胶结砂岩、砂砾石等有利于地下水富集。地质构造对地下水形成具有明显的控制作用,褶皱轴部、背斜倾伏端、“山”字形构造前弧、断裂交会部位,以及张性—张扭性断裂破碎带和影响带、压性断裂的上盘等,为地下水相对富集部位。

3. 地球物理勘探

在水文地质测绘的基础上,选择有供水前景的地段,查明隐伏地质构造、岩溶发育带、地下水富集带,并确定含水层的厚度、顶底板埋深、地下水水位埋深和富水性情况,以及覆盖层厚度和基岩面起伏形态,为确定孔位和地下河的位置提供地球物理依据。

工作布置:测线应尽量垂直于主干断裂构造、地层及地下河走向布设,对次级构造宜有辅助测线控制,并尽可能避免或减少地形影响和其他干扰因素的影响。同一测线至少有两种方法对比解释、互相验证,注重新方法与常规方法相结合,提高工作效率和勘探工作质量。

方法选择:应根据不同地层的地质条件、物性条件及拟解决的地质问题,选择有效的物探方法,要尽可能采用效果好的新技术、新方法。对于物性前提不明的地区,在布置物探之前,应先开展方法有效性试验工作。物探解释成果一般应有钻探验证资料。物探方法选用参见表 6-1。

表 6-1　适宜于不同工作目的的物探方法

工作目的	物探方法
查明基岩埋深及基岩面起伏形态	电测深法、电剖面法、浅层地震、地质雷达、综合测井
判定隐伏断裂的位置、产状	音频大地电场法、电测深法、电剖面法、静电 α 卡法、磁法、浅层地震法、自然电场法
了解地下岩溶发育情况、埋藏条件及富水性特征	电剖面法、高密度电法、浅层地震、地质雷达、激发激化法、音频大地电场法、EH4 电导率成像系统、核磁共振、甚低频电磁法、自然电场法、无线电波透视、综合测井等
探测地下水的流速、流向、位置	充电法、自然电场法、综合测井
探测隐伏古河道的位置、形态特征	电阻率剖面法、电阻率测深法、浅层地震、高密度电法、瞬变电磁法、地质雷达、综合测井

一般来说，不同地质背景条件，均需采取地面物探和井下物探方法进行立体勘探，查明三维地质结构和地下水的分布。岩浆岩与变质岩地区，地下水主要赋存于风化裂隙带、构造破碎带及岩脉接触带，具极不均匀性，可选择电剖面法、电测深法、高密度电法、激发极化法、EH4电导率成像系统、综合测井等方法；可溶岩地区，可选择电剖面法、高密度电法、浅层地震、瞬变电磁法、激发激化法、EH4电导率成像系统、核磁共振、甚低频电磁法、充电法、无线电波透视、综合测井等方法；碎屑岩地区，主要寻找层间孔隙裂隙水、层间裂隙水、风化裂隙水，可选择电剖面法、电测深法、浅层地震、激发激化法、氡气测量、静电 α 卡法等方法；松散岩类地区，可选择电阻率剖面法、电阻率测深法、浅层地震、瞬变电磁法、地质雷达等方法。

成果提交：野外工作结束后，应及时提交物探报告和相应的图件（包括实际材料图、平面图、剖面图及地质推断解译成果图）。

4. 水文地质钻探

钻探应在地面测绘和物探的基础上进行，并充分利用已有钻孔（机井）资料，尽可能减少钻探工作量，以最少的投入获取更多的水文地质信息资料。钻探工作任务取决于勘探目的、勘探阶段和区域水文地质条件等，主要是查明含水层的岩性、厚度、埋深、富水性和各含水层之间的水力联系，获取各类水文地质参数和评价地下水资源所需的资料，并结合需要开展动态监测和样品采集工作。

工作布置：钻孔布置一般应点线结合，深浅结合，先疏后密，主要勘探线应沿着区域水文地质条件变化最大的方向布置，控制不同的地貌单元、含水层（组）和边界条件，每个钻孔目的要明确，具有代表性和控制意义，且尽量做到一孔多用，如采样、测井、抽水试验、动态监测或考虑探采结合等。同时，钻孔布置还要与采用的地下水资源评价方法相结合。如采用数值法评价地下水资源时，勘探孔的布置应满足查明水文地质边界条件和水文地质参数分区的要求，一般呈网状布置。

一是松散岩类孔隙水地区。山间河谷阶地区，宜垂直地下水流向或地貌单元布置；对傍河取水水源地，应结合取水构筑物类型布置平行与垂直河谷的勘探线；冲洪积平原区、冲洪积扇区，垂直地下水流向或扇轴布置。

二是基岩裂隙水地区（含红层裂隙孔隙-裂隙水）。地下水主要赋存于风化裂隙和构造裂隙之中，勘探孔原则上布置富水地段或地下水集中排泄带，如断裂破碎带、岩体接触带、背斜轴部及倾没端、岩层倾角由陡变缓的偏缓地段、裂隙密集发育带等，当水源地主要依靠地下水的侧向径流补给时，勘探线宜沿着流量计算断面布置。

三是岩溶水地区。鉴于岩溶发育的不均匀性，钻孔宜布置在地下水强径流带、构造有利部位、岩层倾角变化显著地段、可溶岩与非可溶岩的接触带。在汇水条件较好及岩溶发育相对均匀的地区，可垂直构造线及地下河流向布置勘探线。在裸露型地区，钻孔应主要布置于大型谷地构造破碎带或褶皱轴部。

勘探线、孔间距根据勘查阶段确定，钻孔深度一般应揭露具有供水意义的主要含水层或含水构造带，同时，应布置少量更深的控制性深孔，了解深部地下水富水性的垂向变化情况。

钻孔设计和施工时应注意以下几点：①水文地质钻孔的孔径在松散地层应大于400mm，并保证滤水管外有75～100mm的填砾厚度；基岩钻孔开孔口径172mm以上，下入试验工具段孔径不小于130mm，终孔口径不小于110mm；②原则上采用清水钻进，遇破碎带必须用泥浆钻进时，终孔后要用清水严格洗孔，直至返清水为止，再进行相关试验；③做好简易水文观测、孔深校正、孔斜测量以及岩芯缩减保留等工作。其他按相关规范规程执行。

5. 抽水试验

目的是评价含水层的富水性，获取含水层的水文地质参数，了解含水层之间、地下水与地表水之间的水力联系，确定抽水试验影响范围。

抽水试验孔布置原则，在含水层（带）富水性较好和拟建取水构筑物的地段宜布置抽水试验孔。观测孔根据试验目的和计算方法的要求确定，一般布置1～2条观测线，垂直、平行地下水流向，每条观测线上观测孔（点）宜为3个。观测点应尽可能利用机、民井或天然水点。对多层含水层时，应进行分层（段）抽水试验。试验可采取稳定流抽水试验和非稳定流抽水试验。试验过程中，要密切注意附近水点、地面及建筑物变化情况。一般采用单孔稳定流法试验，反向抽水，按3个落程进行，稳定时间分别为8h、8h、16h。当水量很小或水位降不下时，可作一次降深，但稳定时间不小于24h。当抽水孔水位不能稳定时，应进行一次最大降深的非稳定流试验。

抽水试验结束后，应及时整理，提交抽水试验综合成果图表，包括水位与流量历时曲线、水位与流量关系曲线、恢复水位与时间关系曲线、抽水成果、水质分析成果、水文地质计算成果、地质柱状图等。

6. 示踪试验

示踪试验的目的是查明岩溶水系统及地下水流速、流向，确定地下分水岭位置，了解地表水和地下水的转化关系以及岩溶水库的渗漏通道等，为岩溶水资源评价与合理开发提供依据。

常用的方法有化学示踪法、染色示踪法、漂浮物示踪法、同位素示踪法等。

为确保试验成功，可采用多元示踪试验，选择两种以上示踪剂或两种以上方法。投放点一般设在地下河进口，接收点在下游泉水、岩溶天窗及地下河出口、地表水体等。试验前要编写工作设计，并进行本底值取样调查，观测延续时间要求出现高峰后恢复本底值为止。

7. 动态观测

动态观测的目的是掌握地下水动态变化规律，分析动态变化的影响因素，为地下水资源评价与管理提供基础资料。

地下水动态监测站网的布局，应能控制区域地下水系统的动态变化，一般按剖面布置，兼顾地下水和地表水。对于面积较大的区域，应以顺地下水流向为主与垂直地下水流向为辅相结合来布设监测站网；对于面积较小的区域，可根据地下水的补给、径流、排泄条件布设控制性监测站。需了解边界地下水动态时，观测孔宜在边界有代表性的地段布置。当采取数值法评价地下水资源时，观测孔的布置应满足各分区参数的控制。涉及一个以上含水层组，应分层监测。监测点选择泉、孔（井）、地下河和地表水。

监测内容包括水位、水量、水质及水温等，监测持续时间一般不少于一个水文年，宜每5天监测一次，水质监测在丰水期、平水期、枯水期各取一次水样，并收集同期的气象和水文资料。可采取在线监测和人工监测两种方式。

8. 水质调查

水质调查的目的在于了解地下水化学成分的变化规律，划分地下水的水化学类型，以及地下水污染的来源、途径、范围、深度和危害程度。

应充分收集以往的工作成果，根据需要确定各类样品数量。水质简易分析，取样水点数不应少于水文地质观测点总数的40%。水质专门分析，取样水点数不应少于简易分析点数的20%。生活饮用水应符合国家现行的生活饮用水卫生标准；生产用水应按不同工业企业的具体要求确定；在有地方病或水质污染的地区，应根据病情和污染的类型确定。

二、勘查工作方向

1. 流域水文地质与水资源及调查

开展湘江、资水、沅江、醴水及洞庭湖水系水文地质与水资源调查，围绕水资源、水环境、水生态及水安全等需求和问题，全面掌握流域水文地质条件和水资源数量、质量、空间分布、开发利用现状、生态状况及动态变化、重大环境地质问题，完善地下水与水资源监测网络，揭示流域“三水”转化关系，评价水资源在经济社会发展和生态系统保护修复中的关键性支撑和制约作用，探讨地表水和地下水联合调度方案，提出生态保护和水安全保障地学建议，解决资源环境和基础地质问题，支撑服务流域水资源权益管理、国土空间规划与用途管制、生态保护修复、水资源优化配置与高效利用。

2. 主要城市地下水应急水源地勘查

开展省辖市、50万人口以上的县级市地下水应急水源地勘查，在全面收集利用已有地质成果资料的基础上，查明水文地质条件和地下水开采现状，圈定满足水质要求有一定开采潜力的区段或可以动用储存资源的范围，评价地下水资源量和恢复能力，开展典型城市应急水源地示范性建设，提出应急供水开采方案和地质环境保护措施，保障城市特殊时期供水安全和社会稳定。

3. 干旱缺水地区地下水勘查及建井

湖南省内水资源时空分布不均匀，旱灾频发，干旱缺水严重，给人民群众正常生产生活造成极大影响。开展衡邵干旱走廊、湘西北、湘中南岩溶石山干旱片区地下水勘查及建井，因地制宜地选择有效的找水方法，查明供水水文地质条件和地下水资源开发潜力，选择有利地段通过探采结合、蓄引提相结合等有效途径，切实解决缺水区居民生活饮用水和农田灌溉用水问题，改善生存生产条件，造福一方百姓。

4. 地下水开发利用管理系统平台建设

建立地下水资源空间数据库，构建典型地区基础地质、水文地质三维结构模型，掌握水文地质条件和地下水开采动态变化情况，按行政区开展地下水资源年度评价，预测重大环境地质问题发展趋势，为地下水资源合理开发利用与保护提供决策依据。

第二节　地下水开发利用对策建议

地下水资源作为水资源的重要组成部分，其在社会生产生活中发挥着重要的作用，为区域经济发展与城镇建设进程提供了重要支撑，但地下水开采与不断加剧的人类活动改变了地下水天然赋存环境和区域水循环条件，同时，不合理开采可能诱发诸如区域地下水位下降、地面沉降、地下水污染等一系列恶性循环的负环境效应。因此，科学合理有效开发利用地下水资源，是实现其可持续循环再利用的有效根本保证。

一、地下水资源开发利用特点

湖南省地下水资源开发利用非常普遍，在不同年代其地下水资源开采的比重也有所不同，开采方式也有所区别，总体来讲，从以往的粗放式无序开采逐渐科学有序化，且越来越注重地下水资源开采与生态环境关系相互作用来调整其开采程度和开采量。主要呈现如下几个特点。

1. 地下水开发利用程度总体较低

首先，地下水与地表水相比较而言，开发利用比重小。据湖南省2018年水资源公报，全省水资源开发利用总量337.01亿 m^3，其中地表水资源322.64亿 m^3，占水资源开发利用总量的95.73%；地下水资源开发利用量14.31亿 m^3，仅占水资源开发利用总量的4.24%。其次，地下水开采程度总体偏低。目前省内平均开采程度约为11.37%，其中开采程度较大的耒水流域、湘江左岸流域、涟水流域、资江中游右岸流域等，开采程度局部超20%，而一些边远的流域开采程度一般较小，如桃川河流域开采程度仅5.6%，且开采程度与缺水程度、经济发展现状等呈现正相关趋势。

以湘西自治州为例，该区以岩溶地下水开发利用为主。已开发利用岩溶水蓄引提总水量为2.297亿 m^3/a，全自治州地下水资源利用率仅5.5%。其中农业开发利用量为2.154亿 m^3/a，占总量的93.78%，工业及生活开发利用量0.143亿 m^3/a，占总量的6.22%。共灌田11.436万亩，发电装机容量1.321万kW。基岩裂隙水作为次要水源，开发利用价值不高，但从局部来看，在极度缺水的山区，可有选择地在富集地带进行小型水源地的开发，其利用量仅为255.66万 m^3/a。

湘北洞庭湖地区全区现状开采模数小于3.5万 $m^3/(a \cdot km^2)$，其中开采模数0.5～1.0万 $m^3/(a \cdot km^2)$ 主要分布于中东部沅江市、岳阳县及汨罗市；1.0～1.5万 $m^3/(a \cdot km^2)$ 主要分布于北西部津市市、澧县及临澧县；1.5～2.0万 $m^3/(a \cdot km^2)$ 主要分布于北西部的安乡县及南部汉寿县东部；2.0～2.5万 $m^3/(a \cdot km^2)$ 主要分布于东北部的华容县、君山区、南县以及南部的宁乡县、望城县、赫山区、资阳区及湘阴县；>2.5万 $m^3/(a \cdot km^2)$ 主要分布于西部的常德市鼎城区、武陵区及汉寿县西部区域(资料来源于《江汉-洞庭平原地下水资源及其环境问题调查评价(湖南)报告》)(表6-2)。

表6-2　洞庭湖区地下水现状开采模数计算结果一览表

地下水系统	面积/km^2	开采量/亿 m^3	开采模数/万 $m^3/(a \cdot km^2)$
E04A02 松滋河(湖南段)	1 215.78	0.211	1.74
E04A03 澧水地区	2 094.75	0.314	1.5
E04A04A 沅水	1 987.51	0.654	3.29
E04A04B 向阳河	683.81	0.169	2.47
E04A04C 目平湖	595.97	0.115	1.93
E04B01 藕池河(湖南段)	1 622.45	0.335	2.06
E04B02 调弦河湖南段(华容河)	278.80	0.062	2.22

续表 6-2

地下水系统	面积/km²	开采量/亿 m³	开采模数/万 m³/(a·km²)
E04B03 桃花山	435.56	0.096	2.2
E04B04 长江南岸	390.46	0.086	2.2
E04B05 东洞庭	3 924.12	0.379	0.97
E04B06 资江	1 267.95	0.264	2.08
E04B07 湘江	1 099.27	0.262	2.38
洞庭湖平原	15 596.43	2.947	1.89

根据湖南岩溶石山地区地下水系统岩溶水资源潜力计算成果，三级流域岩溶地下水已采量占比 5.51%～22.07%(表 6-3)，开采程度较低(资料来源于湖南水文地质环境地质调查成果集成)。

表 6-3 湖南岩溶石山地区地下水系统岩溶水资源潜力计算成果表

三级系统代号	面积/km²	允许开采量/(万 m³·a⁻¹)			已采量/(万 m³·a⁻¹)	百分比/%	潜力资源 $(Q_{允}-Q_{采})$/(万 m³·a⁻¹)	潜力指数 P	潜力模数 $\Delta Q_{潜}$/(万 m³/a·km²)
		C 级	D 级	合计					
松滋江 EFF14	156.96	0	315.49	315.49	69.64	22.07	245.85	4.53	1.57
澧水 EFF13	6 461.03	0	61 877.99	61 877.99	7 592.96	12.27	54 285.03	8.15	8.4
沅江 EFF12	9 225.28	1 466.88	79 349.96	80 816.84	15 465.02	19.14	65 351.82	5.23	7.08
湘江 IFF10	27 714.91	38 595.06	257 821.79	296 416.84	39 124.45	13.20	257 292.4	6.58	9.28
资江 IFF11	13 459.75	35 293.76	143 484.88	178 778.63	20 761.94	11.61	158 016.69	7.61	11.74
桂江 IHA52	630.82	0	6 461.34	6 461.34	356.16	5.51	6 105.18	17.1	9.68
武水 IHB15	1 949.14	0	12 402.27	12 402.27	1 607.8	12.96	10 794.47	6.71	5.54
合计	59 597.89	75 355.7	561 713.72	637 069.4	84 977.97	13.34	552 091.44	7.51	9.26

2. 地下水综合开发利用方式与用途多样

地下水的供水对象中生活用水约占 10%，工业用水约占 20%，农灌用水约占 60%，生活用水在农村更普遍，在城市或城镇大多以地表水为主、地下水为辅，仅在少数地下水利用条件优良的城镇可作为主要供水水源。

根据区域水文地质特征，开发利用条件和需水状况，地下水开发利用方式有修建地下水库、溶洼成库，堵、截、引暗河水，利用天窗或溶潭提水，扩泉围堰，钻井取水等方式。各地因条件不同，利用方式又千差万别。

3. 地下水资源综合调蓄能力有待提升

大部分出露水点已被利用，但利用率很低，以生活用水与自流式灌溉为主，开发方式与综合利用点少，蓄存并进行供水调控的程度差，且地下水与降水关系密切，所以从根本上讲，利用地下水抗旱以改变“天水田”与“雷公井”的作用还很小，有待进一步科学合理与上规模的开发与综合利用，增加其调蓄能力。

二、地下水开发利用模式

湘西、湘南岩溶水区，多以堵、截、引为主；湘北平原孔隙水区，多以钻孔取水为主；而其他裂隙水区，则多以扩泉成井结合钻井取水等综合进行。根据各类开发利用方式，大致可总结为蓄水模式、引水模式、提水模式、综合开发模式和其他模式5种。

（一）蓄水模式

1. 围泉蓄水模式

围泉蓄水模式主要针对小型泉水的简单围砌蓄水开发利用，在区内最为普遍，是解决农村人蓄饮水问题的主要方式。这种方式具有施工简单、造价小的优点。另外还可采取先扩后围的方式，通过扩泉增加水量，围砌成井储水进行调蓄，亦是常有的开发利用方式。

工程案例：新化县毛坪村345号高位表层岩溶泉开发利用工程方案

该泉发育于 C_2d 白云质灰岩，位于独峰山向斜核部，地形起伏较大，高程为500～600m，植被一般发育，地表溶蚀强烈，泉水量随季节性变化大，枯季有断流现象，据调查附近约8户村民约35人缺水，为解决这关乎村民的生活用水难问题，采取蓄-引开发方案，配套修建蓄水池（柜）1个，水池规格2.6m×4.0m×3.2m，容积为 $33.28m^3$，各户家中小型蓄水池8个，引水管约800m（图6-1），基本缓解了缺水困难。

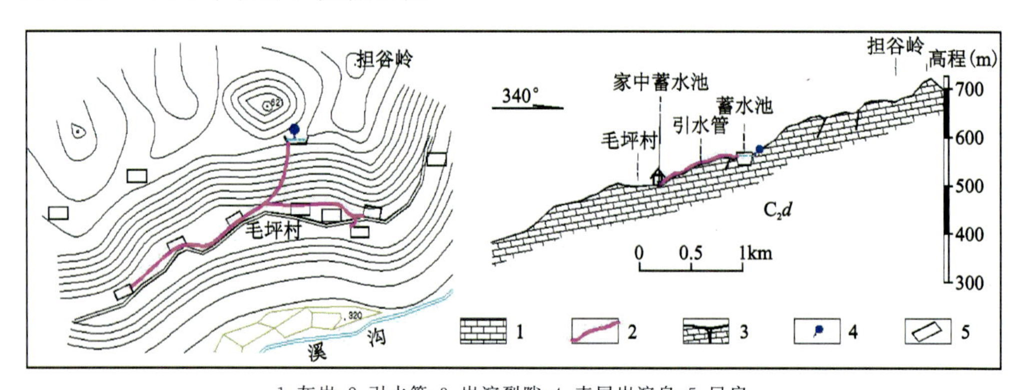

1. 灰岩；2. 引水管；3. 岩溶裂隙；4. 表层岩溶泉；5. 民房

图6-1 345号表层岩溶泉开发方案平剖示意图

2. 溶洼汇水成库模式

溶丘洼地地区，地势相对较高，岩溶洼地分布密集，洼地底部大部分发育有竖井或落水洞与下部岩溶管道和地下河相连通。洼地为天然的储水空间，具有良好的汇水和蓄水条件，对修建溶洼水库十分有利。因地制宜以溶洼成库的方式开发利用岩溶水，进行水资源的调蓄，既科学又高效。

工程案例：八仙洞溶洼水库群开发利用工程方案

八仙洞溶洼水库群位于洛塔盆地西缘分水岭地带，地面高程1032～1390m，西北高、东南低，地貌上属溶丘洼地，丘洼相间。洼地内，植被茂盛，水土保持较好，部分洼地内有岩溶泉水出露。八仙洞库群主要由燕子洞、枇杷洞、牛鼻子洞和八仙洞溶洼水库组成。储水空间以洼地为主，此外还有地下河岩溶管道，是一典型的地表、地下联合水库。

八仙洞水库为燕子洞下游的一个水库，洼地底面高程1055m，设计正常水位1085m。一般蓄水深度25m左右，最大蓄水深度30m，相应库容40万m^3。水库是利用上游洼地作为天然的蓄水池，在八仙洞地下河出口及洼地底部的溶洞内采用堵截地下河方法修建拦水坝。其中一坝位于洼地西南侧地下河天窗，坝高5.0m，宽9.2m，厚2.0m，二坝位于八仙洞地下河出口，坝高2.6m，宽12.0m，厚2.0m；三坝位于洼地东侧地下河天窗，坝高30.2m，宽12m，除顶部有2.0m高、0.3m厚外，其余厚度均为2.0m。由3个坝体拦截，使其形成了地表、地下的联合水库，该库是区内溶洼水库一个成功的典范（图6-2）。

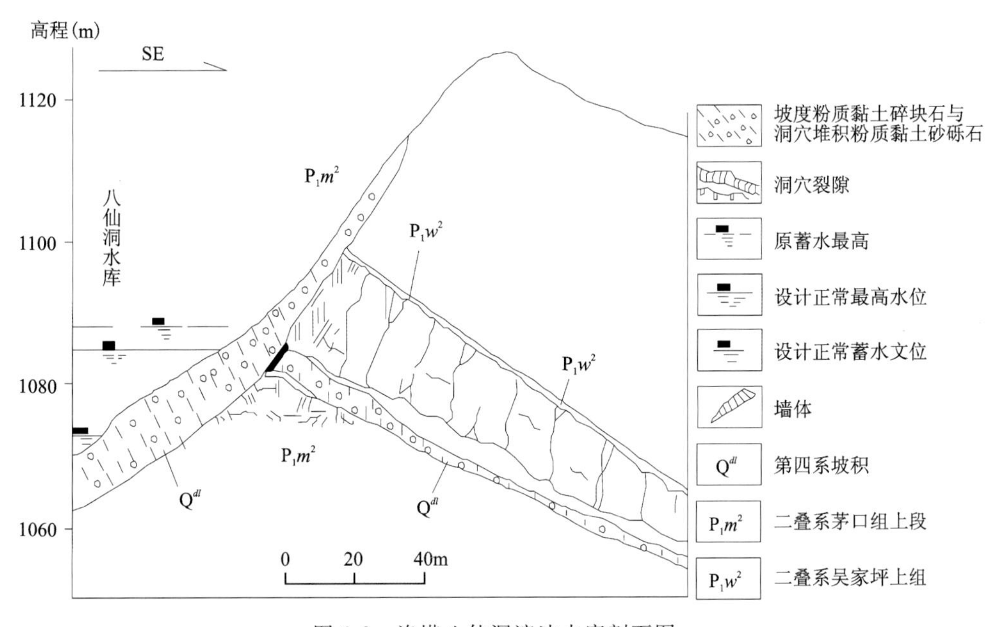

图6-2　洛塔八仙洞溶洼水库剖面图

3. 地下河堵洞成库模式

根据地下河的发育和地下空间分布特征，在地下可用蓄水空间较大的地下河中进行堵洞成库，抬高地下水水位，使其形成地下、地表联合的溶洼水库，这是岩溶山区水资源开采行之有效的方法。工程实施后，可获得有效地下调节库容，对当地资源的充分利用、调节和农业发展均具有重要的意义。

如洛塔大瓜拉洞地下河系统中，地下蓄水空间为地下河管道和裂隙，而地表则以连续分布的岩溶洼地为主，集雨面积3.0km^2，年产水量400万m^3，枯期最小径流量50L/s。在该地下河中进行堵洞成库，抬高地下水水位，使其形成地下、地表联合的溶洼水库，工程实施后，可获得有效地下调节库容 6 万～8 万 m^3，可以解决区段内 5000 人的饮水困难和近千亩农田干旱问题。

保靖县腊洞地下河流域沿野竹坪向斜核部发育，向斜核部由下二叠统栖霞组、茅口组(P_1q+P_1m)碳酸盐岩地层组成、翼部及库盆底部由下二叠统梁山组(P_1l)碳质页岩夹煤层及中上泥盆统(D_{2+3})中厚层石英砂岩、页岩、粉砂岩等组成，构成一个完整的汇水盆(洼)地。向斜盆地向南、北两端挠起，形状似船形，岩溶地下水向盆地中心汇集，具统一排泄的特点。由于盆地的两翼、北西边界及库盆底部均为中上泥盆统石英砂岩、粉砂岩及页岩等碎屑岩地层组成，为较好的隔水边界，构成一个完整的腊洞地下河岩溶水系统(图 6-3)，具备堵洞成库的基本条件，该项目实施后，可解决野竹坪镇 9889 人的饮水及 10 500 亩农田灌溉问题。

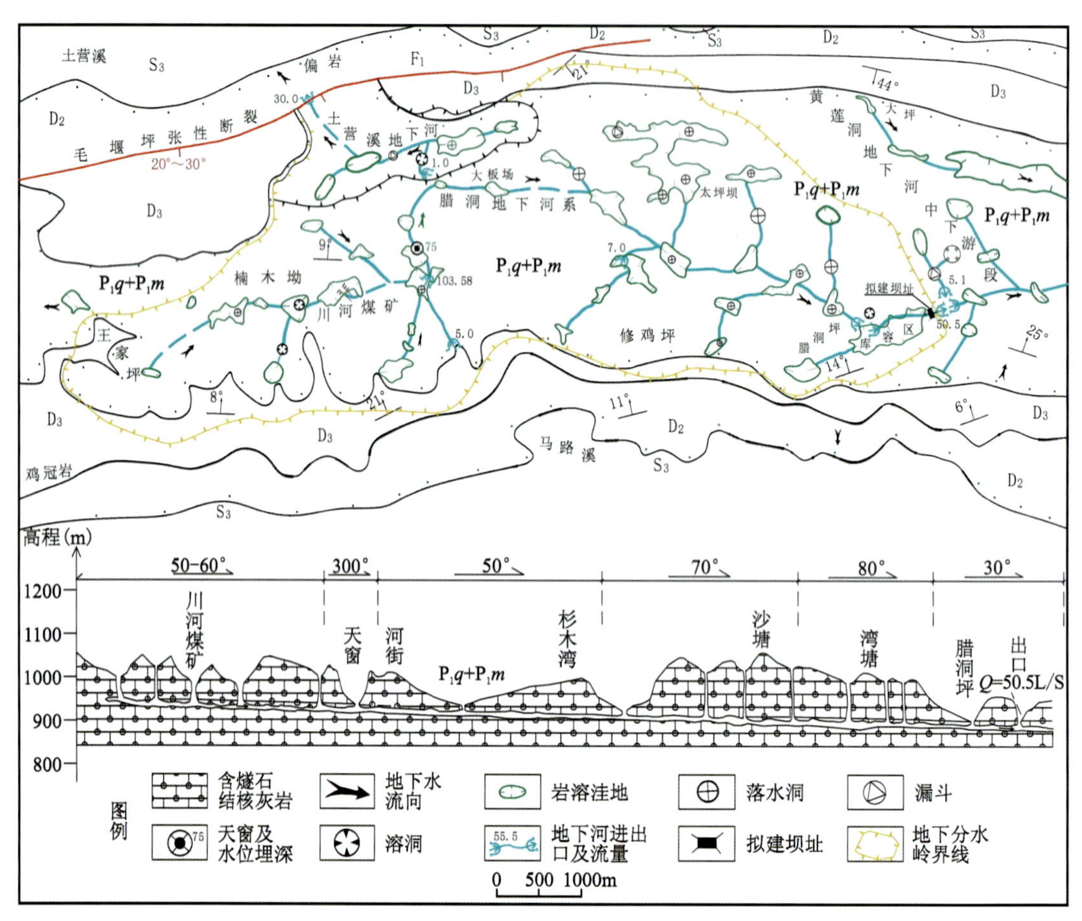

图 6-3　腊洞地下河系统平、纵剖面示意图

4. 围水成库模式

地下河出口(泉口)处大都位于低洼地带，可在出口修建蓄水设施围水成库，增强调节和供水能力。如位于新田县枧头镇杨家村的 34 号下降泉群，发育于 D_3x^1 厚层灰岩、白云质灰岩中(图 6-4)，附近岩石裸露，基岩面上可见许多溶孔、溶槽，上游还见有岩溶天窗，泉水沿北北西向断裂带出流，泉出口处见有直径约 20cm 小洞，流量 200L/s，常年有水，动态变化不大，在出口下游修建大坝围水成库，泉水作为大坝水库主要补给水源，有效解决周围 500 多亩农田灌溉用水问题。

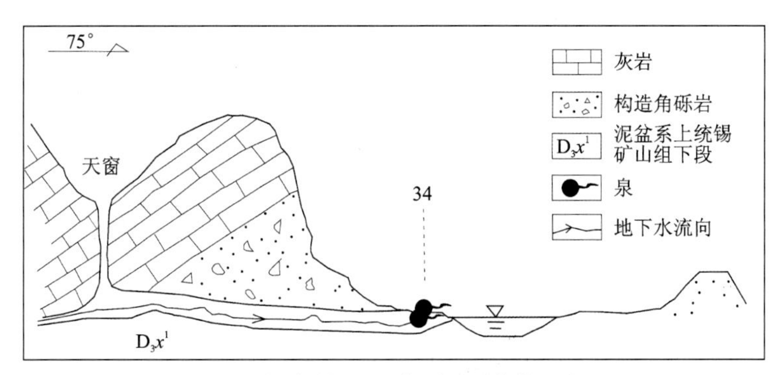

图 6-4　杨家村 34 号泉群出露条件示意图

(二)引水模式

1. 高位直引模式

“高出露”地下河(岩溶大泉)包括出露于悬崖(陡坡)上的悬挂式地下河(岩溶大泉)及出露于地势较高的地下河、岩溶大泉。在各出口的下游分布着较多可开发利用的土地资源和较多的居住人口,生态建设和恢复需要开发利用岩溶水,这类地下河和岩溶大泉由于有利于从出口稍加围堰而直引开发利用,其投资相对较小,易于开发利用。但不管是管引还是渠引,都必须采取一些防泥沙措施,以防管道和渠道被泥沙堵塞。岩溶石山地区(特别是石漠化地区)的地下河和溶洞泉,在暴雨时际,岩溶水中一般都携带着大量的泥沙,如果未采取类似于包网过滤等防沙工程措施,往往一次洪水所带的泥沙足可将管道堵塞,并且在径流坝的近下部,还应当设计排沙管阀。

如图 6-5 所示的上富溪地下河属白溪流域,出露于峰丛谷地中,发育于 C_2d 及 P_1m 灰岩中,受北东向断裂构造控制,地下河沿断裂构造带方向发育,有 3 个串珠状岩溶洼地、1 个天窗、2 个落水洞,地下河水沿接触面流出。流量四季变化较大,但现有水量较稳定,出水口高于大部农田及村庄,开发前景较好。目前已新建 2 个蓄水库、1 个蓄水池及配套引水管、4.3km 的引水渠,供 600 余人生活饮用、700 余亩农田灌溉,利用程度较好,丰水期除通过引水渠引向 2 号蓄水库,1 号水库也同时蓄水,枯水期则通过引水渠沿线灌溉及 1 号蓄水库左岸灌溉。

2. 筑坝抬引模式(抬高水位引水)

对于地下水资源丰富但地势较低的地下河、岩溶大泉,采用筑坝抬高水位,利用抬升后的水位差进行引水。如新田县水浸窝地下河出露在峰丛洼地内,源头为马场岭洼地,地下河发育于 D_3s 灰岩夹白云质灰岩、白云岩中。地表见落水洞 4 个、天窗 2 个,地下河明显受断裂构造控制,除一小叉洞沿 300°方向发育外,其主洞方向沿 240°～260°方向发育,呈廊道状,埋深30～60m。洞体狭窄,宽一般为 2.0～3.5m,最宽 12.5m,高度一般为 15.0～20.0m,最高达 35.0m,长度为 1.3km,地下河内由不规则的岩溶管道与溶潭组成。经探测,除局部见积水潭外,大部分水流畅通,最大的洞内溶潭位于距地下河出口 600m 处,潭宽 15.0m,深大于 1.5m,有较大的蓄水空间。现距地下河出口 600m 处堵坝,与上部溶洼相结合建成库容 196 万 m^3 的地下、地表联合小(一)型水浸窝水库(图 6-6),汇水面积 6.0km^2,流量季节变化大,最大达 2.5m^3/s,最枯 3.0L/s,可供 2000 人饮用及灌溉农田 3500 亩(图 6-7)。如雅西火焰洞地下河,在其洞口筑坝堵截地下河引流饮用与农灌(图 6-8)。

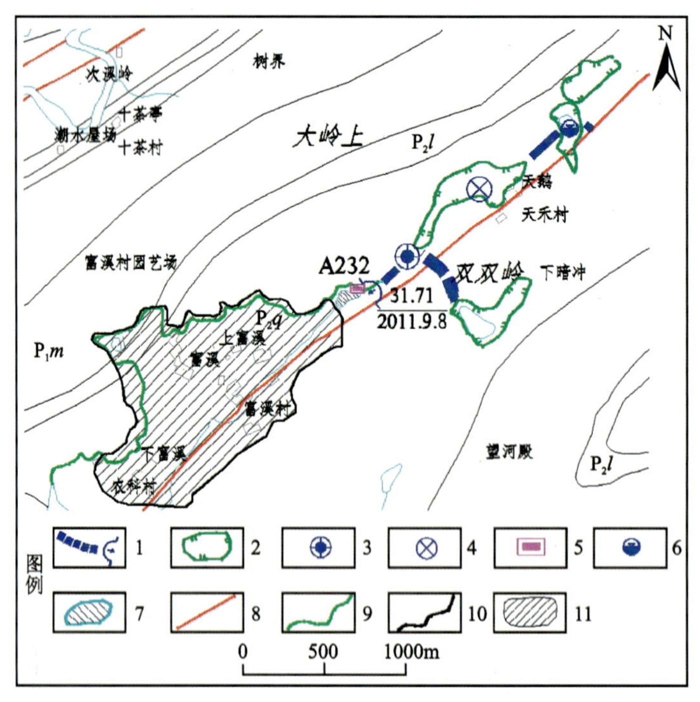

1.地下河；2.岩溶洼地；3.天窗；4.落水洞；5.蓄水池；6.溶潭；7.蓄水库；8.断层；9.引水渠；10.地层界线；11.农田灌溉区。

图 6-5　上富溪地下河开发利用现状图

图 6-6　水浸窝水库

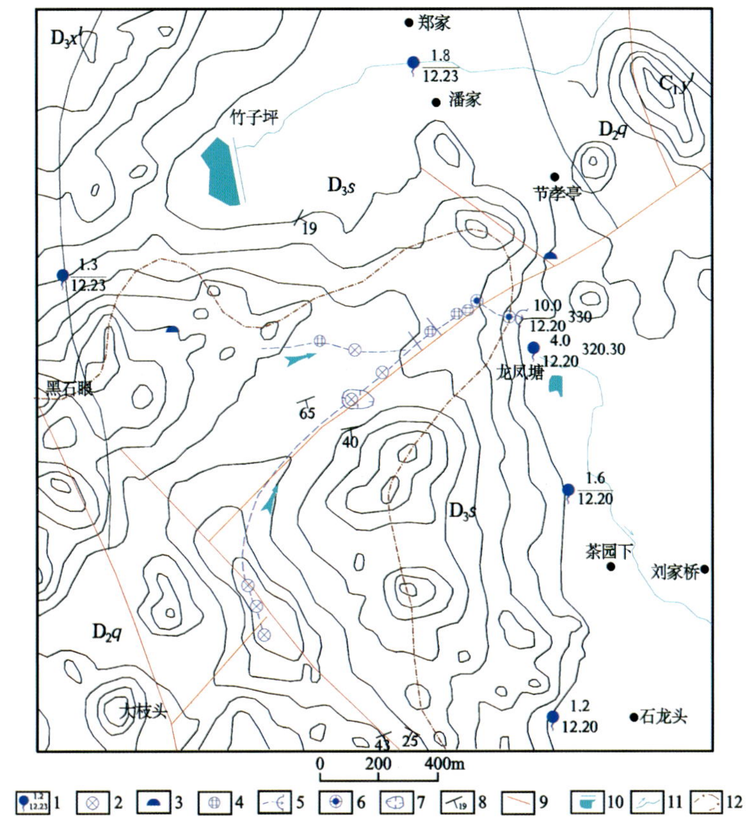

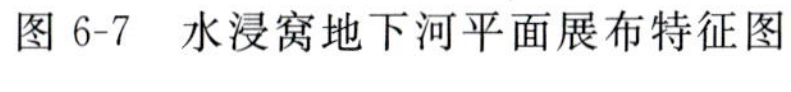

1. 泉水；2. 落水洞；3. 溶洞；4. 竖井；5. 地下河及出口；6. 天窗；7. 岩溶洼地；8. 产状；9. 断层；10. 山塘；11. 溪沟及流向；12. 分水岭。

图 6-7　水浸窝地下河平面展布特征图

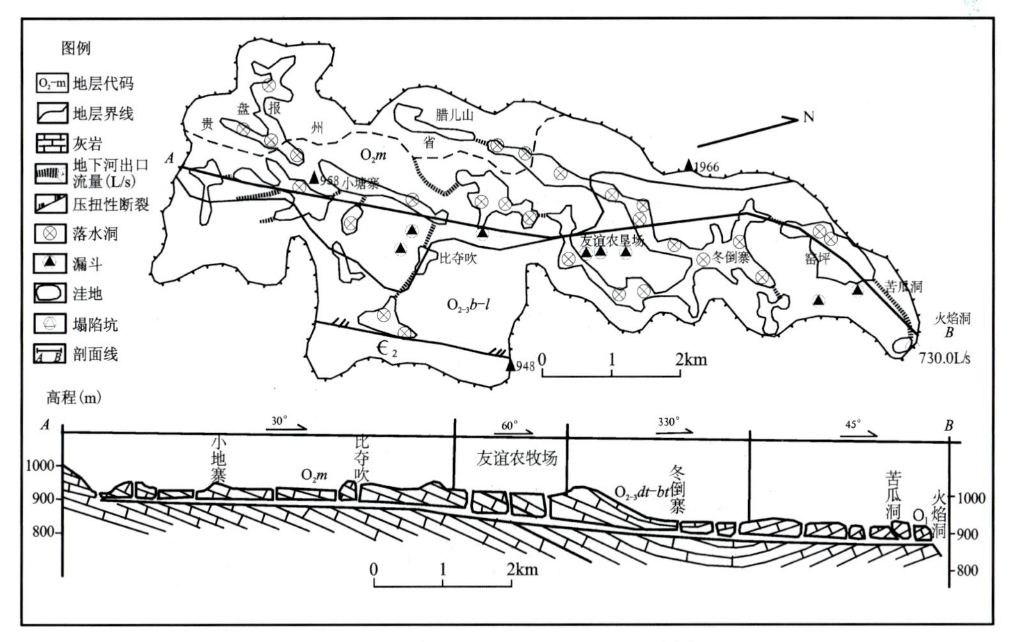

图 6-8　6055 点火焰洞地下河平面和纵剖面图

3. 堵洞截引模式

通过工程措施人工堵塞地下河河道，截流后使上游水位抬升，便于引水利用。如洛塔大瓜拉洞地下河系于20世纪80年代初在位于现在开凿的引水隧道与地下河接口下游365m处，进行堵洞施工。通过堵塞地下河，使大瓜拉洞岩溶洼地成库，使地下水水位抬高至车大湖、道坑一带沿天窗溢出地表，流入群英渠道引用（图6-9）。如洞口县肖家岩于洞内堵塞地下水向深部跌入的通道和其他支洞，然后开凿隧洞引出地表水利用（图6-10）。道县鱼田水库引水工程，在洞内跌水处先筑一道高4m的石坝，使水位抬高13m，然后开凿隧道引水灌溉（图6-11）。

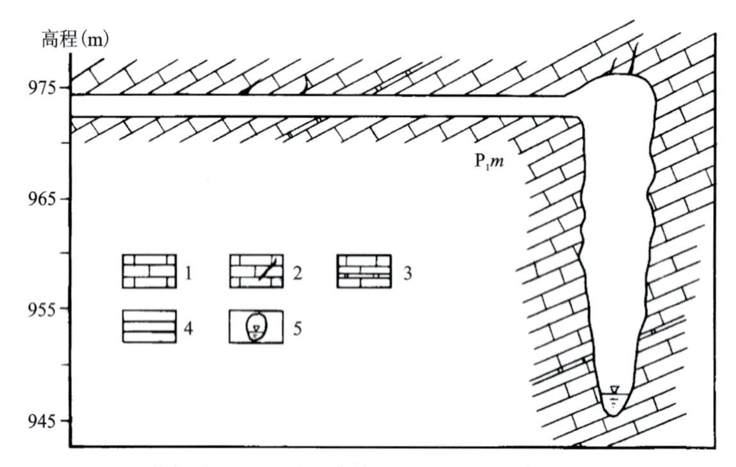

1. 下二叠统栖霞组厚层生物屑灰岩；2. 溶蚀裂隙；3. 灰岩夹方解石脉；4. 引水隧洞；5. 地下河

图6-9　大瓜拉洞引水隧洞剖面图

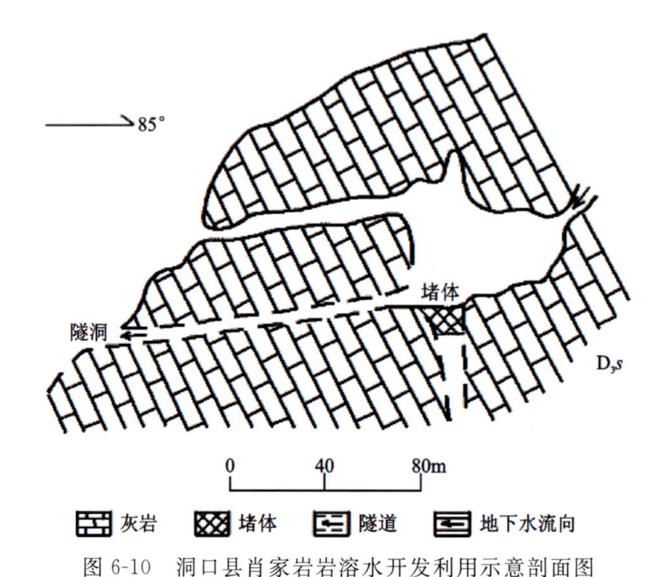

图6-10　洞口县肖家岩岩溶水开发利用示意剖面图

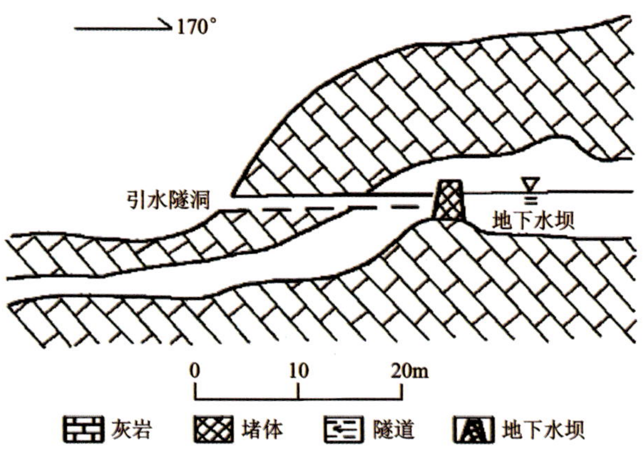

图 6-11　道县鱼田水库引水工程剖面图

4. 凿隧截引模式

在水源较远的情况下，采取管引或者隧道截流引水，比较典型的例子是凤凰县叭仁村隧洞截流引水工程。由于叭仁村排九昂和龙家寨小队附近没有充足的水源，导致村民到悬崖边挑水。取水的沿路地形十分险要，尤其在冬季结冰时更加危险。为了解决农民的吃水难问题，当地政府投资将悬崖边的泉水通过人工隧道引到村子中间的洼地中，从此村民有了取之不尽的水源(图 6-12)。

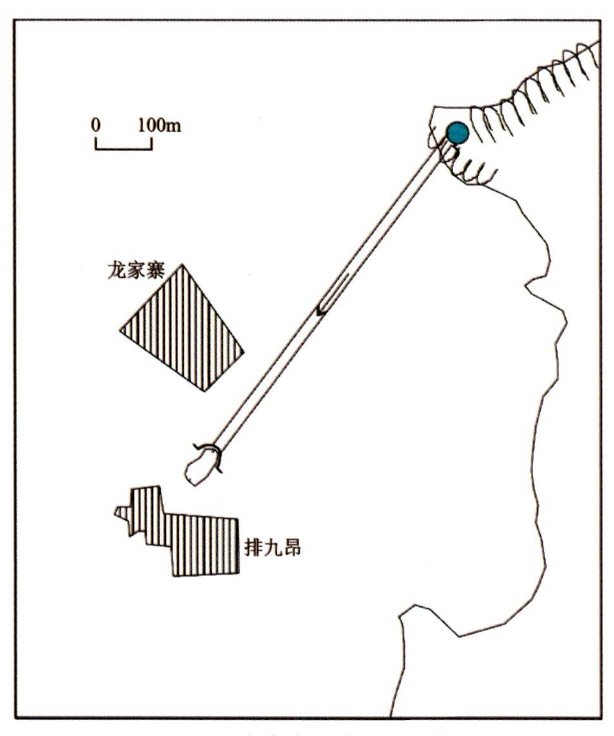

图 6-12　龙家寨引水工程示意图

(三)提水模式

1. 泉塘提水模式(含地下河出口)

对于地势较低的泉水或地下河出口,采取工程措施提取地下水资源进行开发利用。如冷水江市城区1266号岩溶大泉、新化县炉观镇苏源村1183号岩溶大泉等的开发利用均是采取泉塘提水模式(图6-13)。

a. 冷水江市城区1266号岩溶大泉利用为城区主要供水源(蓄水池70m×45m×4.5m)

b. 新化县炉观镇苏源村1183号岩溶大泉利用为炉观镇供水源

图6-13 泉塘提水

2. 钻井提水模式

对于无泉水出露且地下水相对富集区域,可采取钻探建井提水工程方式进行开采地下水。如第四系均质含水层松散岩类孔隙水区普遍采用,基岩裂隙水区和岩溶水区的地下水富集带钻井开采地下水也较常见。湖南省水文一队于1998年在保靖梅花打井,钻孔自流量为每天1600多立方米,经抽水试验单井涌水量5500m^3/d,现已成井利用,基本解决了县城及附近5万人的饮用。如新化县温塘镇利华村ZK9钻孔探采结合开发利用示范工程,在该地进行水文地质调查、地球物理勘探后,确定在该镇北东向岩溶槽谷处布设了ZK9钻孔,经钻孔成井、抽水试验、建井等工作,提交水量915.80m^3/d,缓解了该镇约10 000居民的饮水问题(图6-14)。

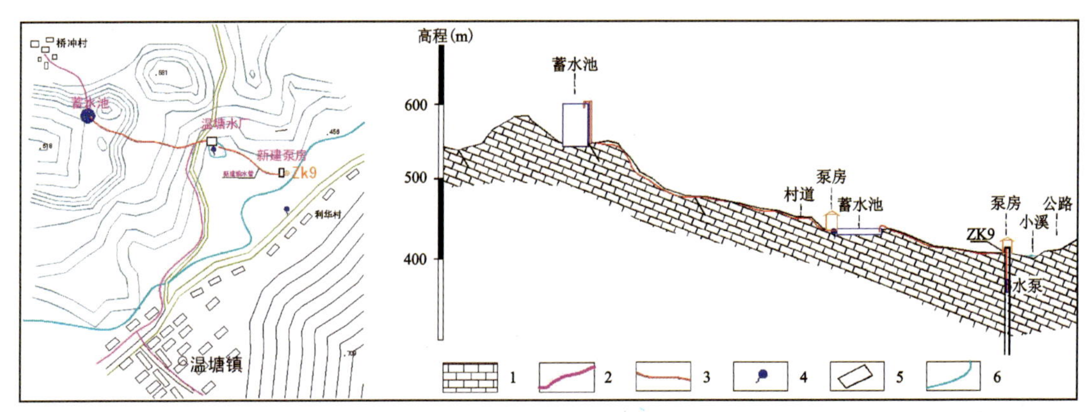

1. 灰岩;2. 引水管;3. 输水管;4. 下降泉;5. 居民区;6. 水系。

图6-14 邵东县温塘镇利华村ZK9钻孔开发利用示范工程平剖示意图

如益阳长新水厂,建有4口井,井深120~150m,含水层为第四系中更新统马王堆组—新开铺组(Qp^2m—Qp^2x)砂砾石层，含水层厚度约70m，富水性丰富，供应长春镇约5万人生活用水，开采量达4000～5000m^3/d。

如湘潭市河西水源地，在20世纪七八十年代大量开采地下水，水源地面积达136.19km^2。含水层由白垩系罗镜滩组灰质砾岩组成，灰质砾岩埋深一般15～80m，涌水量一般641.8～2 615.4m^3/d，最大达4 804.96m^3/d，可采量达78 486m^3/d，可供应雨湖区、九华新城、湘潭县城区100万人应急用水(图6-15、图6-16)。

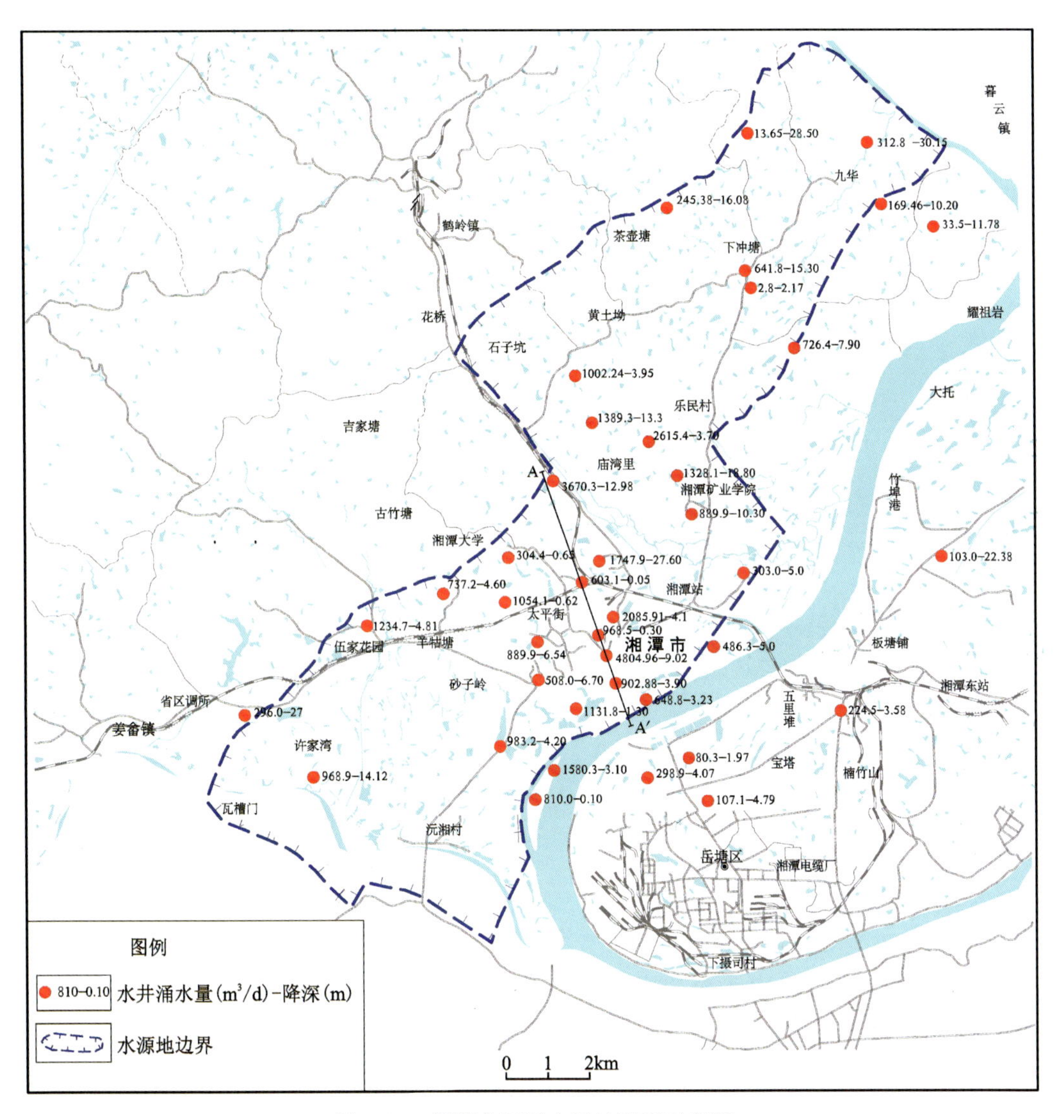

图6-15 湘潭市河西水源地平面示意图

3. 提取河(库)水模式

在岩溶峰林地貌地区，因地形切割强烈，地表水易就地漏失而相对匮乏，在低洼地段通过地下水形式集中排泄，因此，可利用水库将这些地下水蓄积起来进行开发利用。部分地下河可通过堵洞拦蓄，建成溶洼水库，再在上游水库利用工程措施提取地下水资源进行开发利用。

如岩底下地下河(1193)开发利用。岩底下地下河属西江河，出口位于丘陵谷地中，水量与

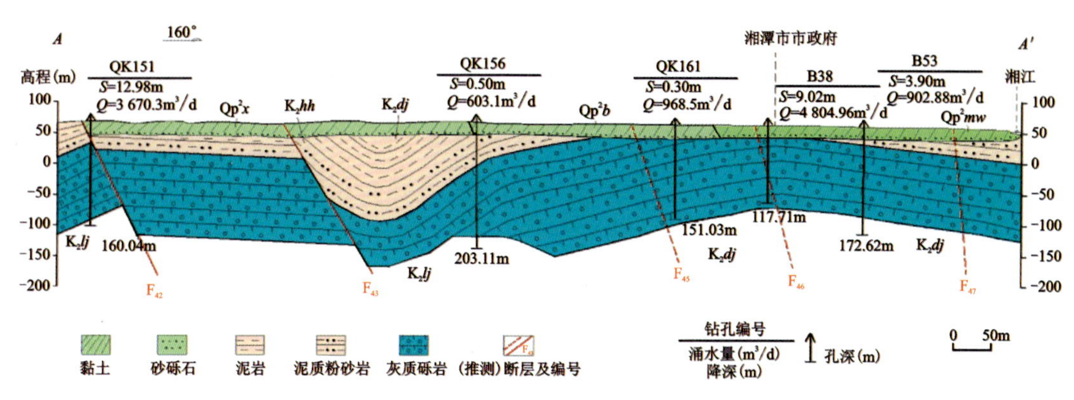

图 6-16 湘潭市河西水源地 A—A'线剖面示意图

北东侧 1180 号地下河入口相关,一般流量为 80～160L/s,地下河系统由 1 个岩溶洼地、1 个地下河入口组成,目前已修建水库及配套引水设施,用于农田灌溉(图 6-17)。

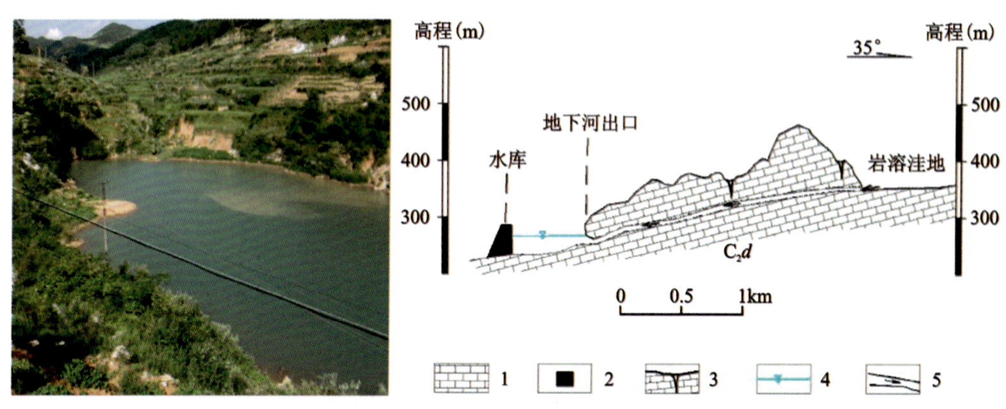

1.白云质灰岩;2.水库大坝;3.垂直溶蚀裂隙;4.地下河水位;5.地下河流向。

图 6-17 岩底下地下河(1193 号)出口建坝修渠作为农田灌溉利用

4. 地下河天窗、竖井、溶潭提水模式

利用地下河径流区段上发育的地下河天窗、充水落水洞、溶潭建立提水站,一般分为临时性和永久性,临时性主要表现为干旱期在充水落水洞、溶潭中设立小型灵活的潜水泵提取地下水,用于农田灌溉和生活饮用;永久性表现为在水资源丰富的地下水露头上建立固定的泵房及配套输水管道等,如新化县吉庆镇青凼村天窗提水(图 6-18),供附近约 2000 人生活饮用;新化县郊区的大湾天窗提水,作为大湾矿泉水厂水源;如涟源市七星街镇香炉村对溶潭提引开发,作为本村集中供水水源地(图 6-19)。

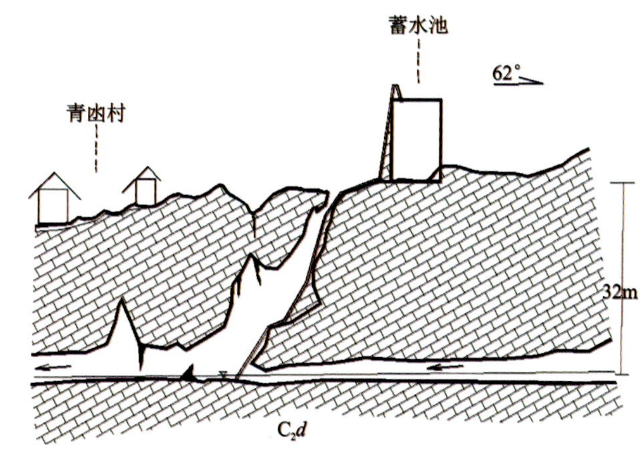

图 6-18 青凼村天窗提水开发利用

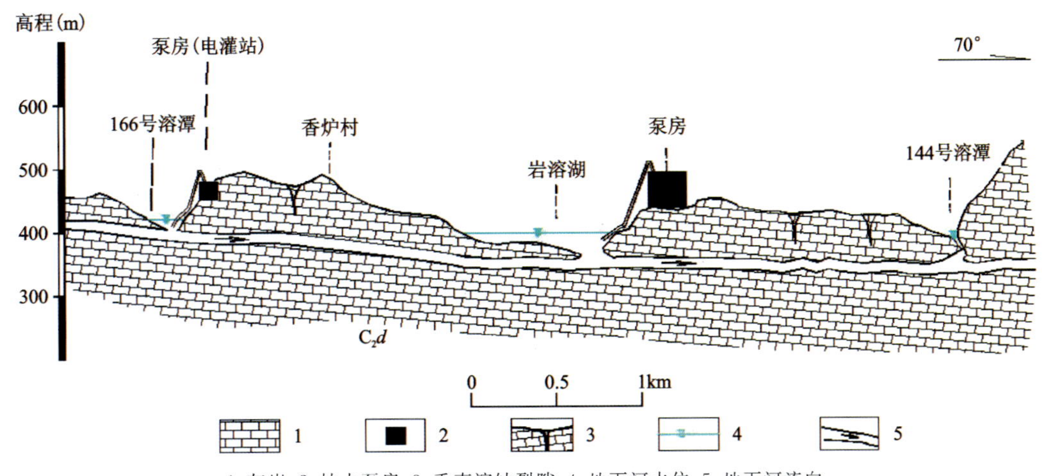

1. 灰岩；2. 抽水泵房；3. 垂直溶蚀裂隙；4. 地下河水位；5. 地下河流向

图 6-19　香炉村溶潭提水开发利用

(四)综合开发模式

1. 地下水系统综合开发模式

根据地下水系统补给区、径流区、排泄区的差异，因地制宜，科学施策，提高地下水开发程度与效益，采取综合开发利用模式在岩溶地下水系统中较为多见。

工程案例：安化县思游乡响水洞地下河(137)系统综合开发利用工程方案(图 6-20)。

响水洞地下河位于湖南省安化县思游乡，属伊溪河流域，地下河出口出露于峰丛洼地斜坡上，系统由串珠状 24 个岩溶洼地、10 个溶潭、4 个无水落水洞、1 个充水落水洞、1 个地下河天窗、3 个岩溶湖组成，地下河受思游向斜构造控制，主要发育地层为 C_2d 及 P_1m 白云质灰岩，地下河呈分枝状，发育方向为北东东向，坡降 1.5%，汇水面积达 23km²，向斜核部地势较平，地表溶潭发育，有较大的蓄水空间。该地下河开发利用分为径流区和排泄区，地下河出口于 20 世纪 60 年代被开发为响水洞水利发电站，由于后期岩溶生态环境被破坏，水量急降，导致水电站无法运转。现地下河已兴建引水管道及配套蓄水设施，通过引水渠灌溉农田约 600 亩，目前附近 4 个村庄正修建引水管道和蓄水池，约 2000 人受益。径流区也新建大量提引设施，主要在溶潭、岩溶湖中提取，约 3000 人受益和上千亩农田被灌溉，为区内开发较好的地下河。

2. 地表水与地下水联合开发模式

湖南湘西大龙洞地下河流域开发是该类型典型代表。根据 2004 年湖南省地质矿产勘查开发局水文地质工程地质一队提交的《湖南湘西大龙洞地下河流域雷公洞防洪水库综合地质调查报告》，大龙洞地下河流域水资源具有三大优势：一是居高临下，已具 223m 水头；二是拥有丰富的水源；三是具有良好的蓄水库容。开发利用可采用堵、引、提地下水，管、渠引地表水及工程拦堵地下水等开发方式。

大龙洞地下河流域单位面积产水量 116 万 m^3/km^2，通过调蓄可以全部控制 186km² 的洪枯流量，平均年水量可达 2.03 亿 m^3，除掉渗漏损失(平均 $1m^3/s$，全年损失 3150 万 m^3)，有效水量有 1.998 5 亿 m^3。

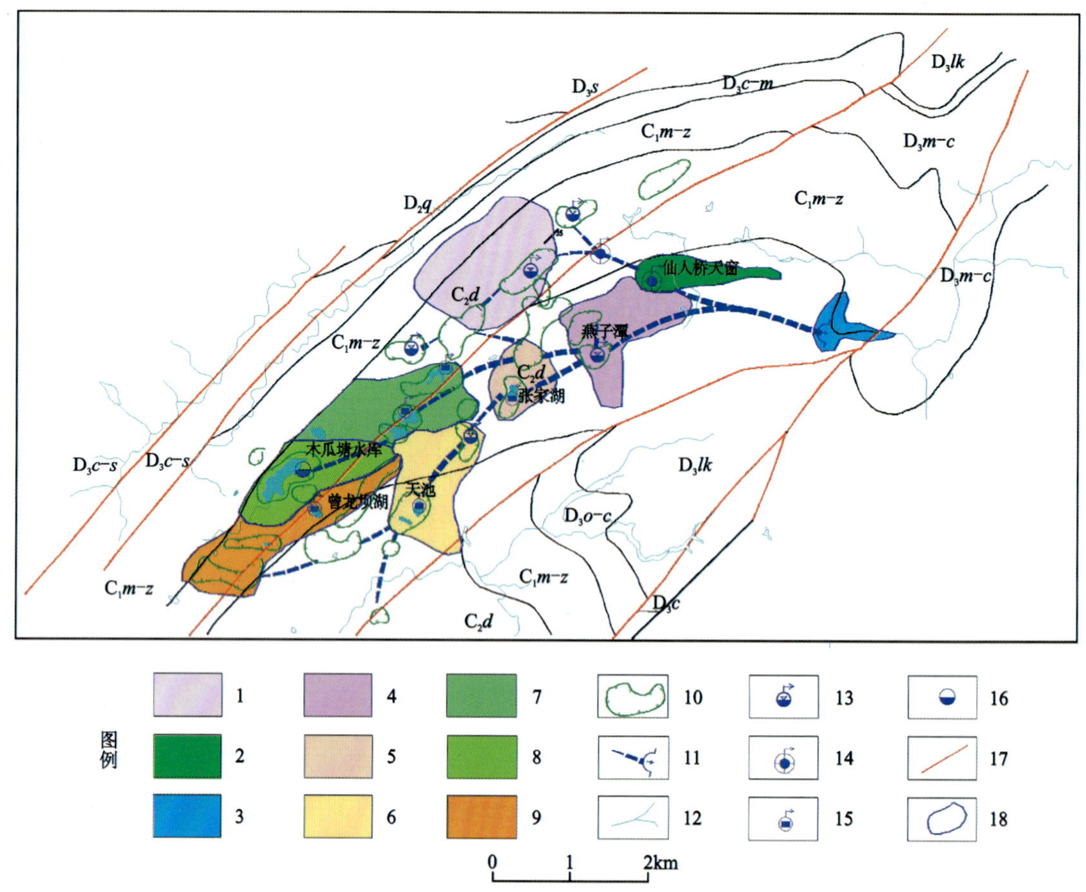

1. 溶潭提引开发区；2. 仙人桥天窗提引开发区；3. 响水洞地下河出口开发区；4. 燕子潭提引开发区；5. 张家湖岩溶湖提线开发区；6. 天池岩溶湖提引开发区；7. 岩溶湖开发；8. 木瓜塘水库防渗、引水工程；9. 藏龙坝开发区；10. 岩溶洼地；11. 地下河及出口；12. 水系；13. 溶潭提引开发；14. 天窗提引开发；15. 岩溶湖提引开发；16. 岩溶水库引水灌溉；17. 断层；18. 规划区开发边界

图 6-20　安化县思游乡 137 响水洞地下河系统开发工程平面示意图

开发利用工程方案：在大龙洞地下河下游离洞口 450m 左右地段内建一断面积约 30m×30m 的堵体，设计正常水位 680m 高程，地表水面面积达 1.592 5km^2；参照大龙洞无降水补给 45d 消耗调蓄量 1761 万 m^3、大龙洞洞穴调查资料、大龙洞暗河床以上至地表岩溶发育特征与规律，估计正常水位 680m 高程时，地下正常库容约 2900 万 m^3，形成一个由地下和地表两部分组成总库容约 9800 万 m^3、有效水头约 430m(相对大兴寨硐河床 250m 高程)的中型水库。

(五)其他模式

地下水发电——利用地下河的天然落差发电也是岩溶地下水开发利用的一种模式。由于地下水通常在峡谷的边缘排泄，所以地下水蕴含着巨大的势能。在地下河的出口修坝抬高水位，利用水的势能发电具有很好的经济效益。例如修建在峒河流域大龙洞和小龙洞地下河的电站已经有很久的历史，发挥了巨大的效益。当地的水利部门准备扩建电站，在地下河内修建更高的水坝，进一步提高地下河的水位，增加发电量。除了大龙洞、小龙洞地下河电站外，已经得到开发的地下水还有岩罗地下河、大峰冲岩溶泉群，还有一些峡谷边缘的泉水有待开发。花垣县境发育15条地下河，已利用10条地下河发电和灌田，发电量达2175kW，灌田18 000亩。凤凰县开发利用地下水为主的发电工程3处，装机容量5700kW，利用地下水灌田1.26万亩。保靖县已利用地下水灌田14 783亩，利用地下水发电8处，装机1154kW。龙山洛塔为开发利用岩溶水积累了经验，解决了洛塔人畜饮水、农田灌溉，还利用岩溶水发电，带动了乡镇企业的发展，其利用量达893.52万m^3/a。

矿坑提引开发利用——对于大多数矿区，因其开采所形成的地下采空区和地表矿坑，形成了地下水储蓄的良好空间，在不引起次生地质灾害的前提下，控制性合理利用矿坑储水，是有效解决缺水困难的方式之一。如涟源市七星街镇复兴村复兴煤矿（图6-21），20世纪90年代停产，附近村民严重缺水，矿坑水源丰富，可对该矿坑水进行开采利用。

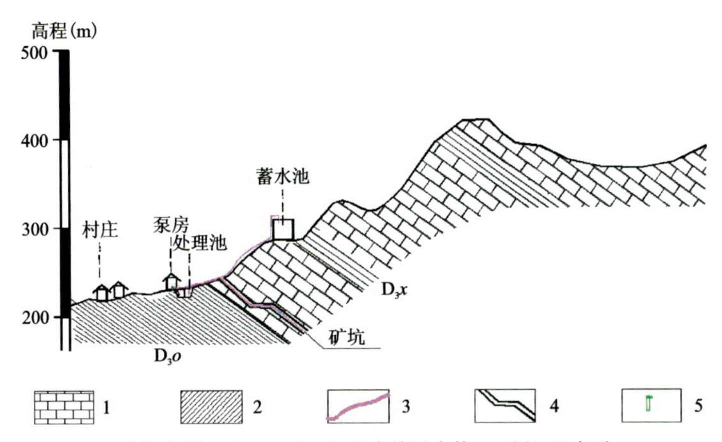

1.灰岩夹泥灰岩；2.砂岩；3.配套输引水管；4.矿坑；5水泵。

图6-21　复兴煤矿矿坑提引开发方案剖面示意图

三、地下水资源开发利用区划与对策建议

（一）地下水开发利用分区

为保证地下水资源科学合理高效开发利用，应在考虑人居需求、服务地方经济发展的前提下，结合区域水文地质条件和地下水类型及其赋存条件，以及水资源以丰补歉调节缓解时空分布不均的矛盾等方面来进行。因此可依据上述原则按六大水文地质单元进行地下水开发利用分区（表6-4，图6-22）：

表6-4　湖南省地下水开发利用区划分区

地下水开发利用分区	地下水开发利用方式	开发利用特征	主要地点
湘西北褶皱隆起中低山以岩溶水开发为主的围、堵、提、引开发区（Ⅰ）	以岩溶水开发为主的围、堵、提、引开发	该区富水性较好，含水岩组主要为纯碳酸盐岩，区内地下河发育，水量丰富，适于堵、截、提、蓄引开发，对下地下河的径流区落水洞、溶潭、岩溶漏斗及岩溶湖中的水进行规划提引开采	张家界、湘西州

续表 6-4

地下水开发利用分区	地下水开发利用方式	开发利用特征	主要地点
湘西复背斜隆起中低山以裂隙水开发为主的钻井提引开发区(Ⅱ)	以裂隙水开发为主的钻井提、引开发	该区富水性一般,含水岩组主要为非碳酸盐岩,区内地下水露头不多,地下水埋深较大,多以季节性泉为主,适合以钻井提引开发	怀化
湘北坳陷沉积平原区以孔隙水开发为主的钻井提引开发区(Ⅲ)	以松散岩类孔隙水为主的钻井提引开发	该区富水性好,含水岩组主要为砂卵石等松散岩类,区内地下水露头较少,地下水水位埋深较浅,适合以钻井提引开发	常德、益阳、岳阳
湘东褶皱低山丘陵以红层灰质砾岩溶洞裂隙水开发为主的钻井提引开发区(Ⅳ)	以红层灰质砾岩溶洞裂隙水开发为主结合钻井提引开发	湘潭市、衡阳市灰质砾岩区含有丰富的溶洞裂隙水,适合进行钻井提引开发,其他地区以基岩裂隙水为主,富水性一般,可选择有利地段进行钻井提引开发	长沙、株洲、湘潭、衡阳
湘中复向斜低山丘陵以岩溶水开发为主的扩泉成井开发区(Ⅴ)	以岩溶水开发为主的扩泉成井	该区富水性一般—较好,含水岩组主要为不纯碳酸盐岩,区内地下水露头较多且分散,适宜进行岩溶泉扩泉成井开发	娄底、邵阳、永州
湘南褶皱中低山丘陵以岩溶水开发为主的扩泉成井结合钻井提升开发区(Ⅵ)	以岩溶水开发为主的扩泉成井开发结合钻井提引开发	该区富水性较好,含水岩组主要为碳酸盐岩,区内地下水露头多且分散,适宜进行岩溶泉扩泉成井结合钻井提引开发	郴州

1. 湘西北褶皱隆起中低山以岩溶水开发为主的围、堵、提、引开发区(Ⅰ)

该开发区位于湖南省西北部,地处云贵高原与洞庭湖平原过渡带中,主要包括张家界、湘西州绝大部分地区和常德市西部,总面积 28 938.93km²。澧水主干及沅水支流酉水自西向东纵贯全区,水力资源丰富。该区碳酸盐岩地区由于大气降水沿洞穴注入地下,局部地区常年没有地表水河流,河网密度 0～0.37km/km²。

该区主要为岩溶区,岩溶分布面积 15 917km²,占全区总面积的 55%,岩溶水主要赋存于寒武系、奥陶系、二叠系及三叠系碳酸盐岩中。根据酉水流域水文地质及环境地质调查成果报告,该区地下水总天然补给量 86 663.44 万 m³/a(其中岩溶水 78 761.46 万 m³/a)、总天然径流量79 274.79万 m³/a(其中岩溶水 72 244.32 万 m³/a)、总天然排泄量 59 501.95 万 m³/a(其中岩溶水 58 959.94 万 m³/a);地下水可采资源总量 36 015.73 万 m³/a(其中岩溶水 33 954.83 万 m³/a)。该区岩溶水点 1072 处,总流量 22 097.665L/s。其中流量不小于 10L/s 的地下河 66 条,总流量为 16 245.603L/s;流量不小于 10L/s 的岩溶大泉 62 个,总泉流量为 5 165.338L/s;表层岩溶

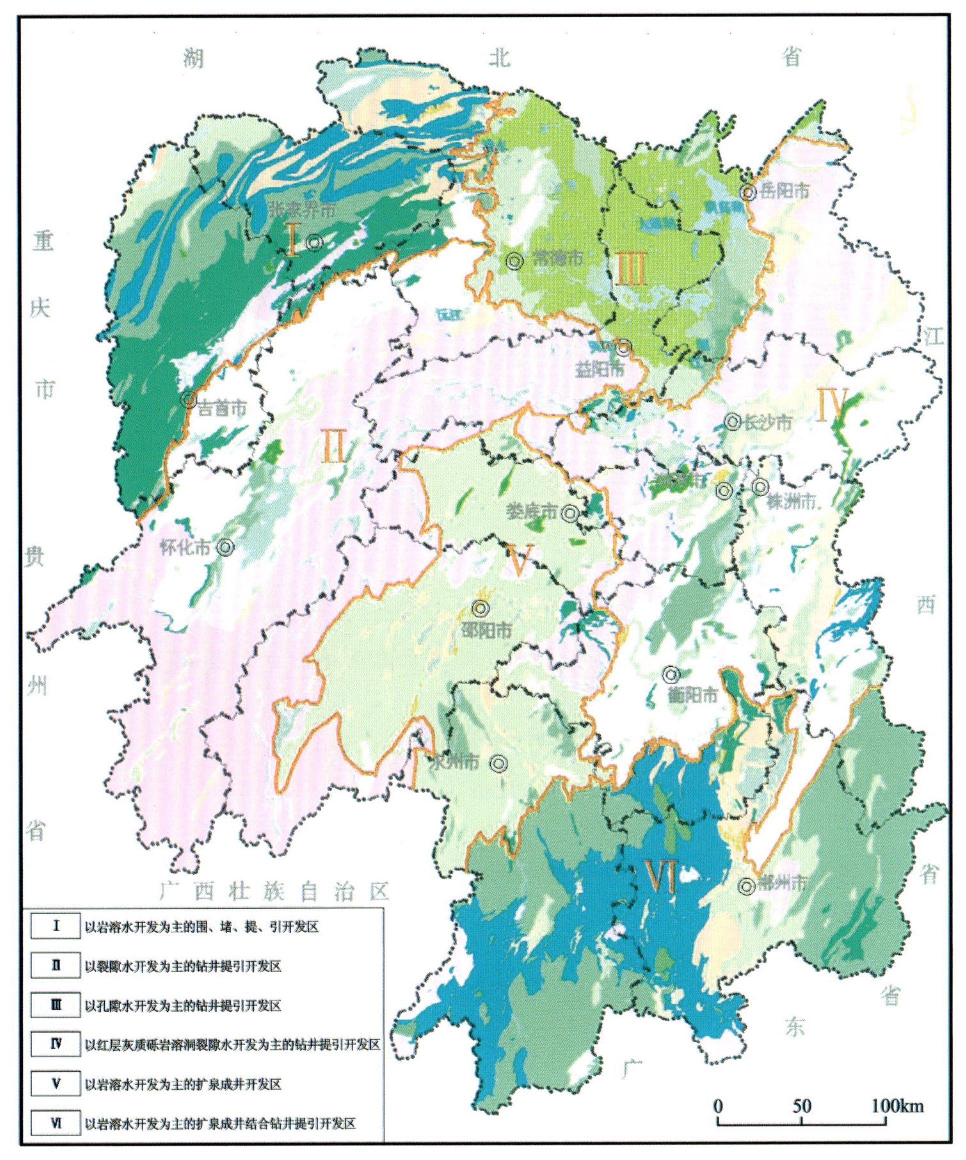

图 6-22　湖南省地下水开发利用区划图

泉 546 处，总流量 204.85L/s。

局部为碎屑岩地区，基岩裂隙水赋存于下寒武统、志留系、泥盆系、三叠系、侏罗系砂岩、页岩中，分布面积为 11 766km^2，占全区的 40.65%。该区上志留统和上泥盆统的砂岩和砂页岩裂隙发育，含水中等，泉水平均流量可达 1.27L/s。下志留统，下寒武统的砂页岩和冷家溪群、板溪群变质砂岩及板岩含水贫乏。局部地区由于构造作用，形成具有较高水头的构造裂隙承压含水层，如太浮山等地，形成面积约 7km^2 的富水块段，泉水出露广泛，流量大者达 2.2L/s，小者 0.14L/s。

从全区的地下水分布状况看，基岩裂隙水作为次要水源，开发利用价值不高，但从局部来看，在极度缺水的山区，可有选择地在富集地带进行小型水源地的开发。

针对该区岩溶水资源丰富、基岩裂隙水贫乏的特点，该区规划以岩溶水开发为主进行围、堵、提、引开发，对有条件的地下河(系统)、岩溶泉、表层岩溶泉、蓄水构造结合地形地貌特点进行开发。

石门县具有较大开发价值的是珠宝街富水块段、苏家铺块段及沿市向斜储水构造。近期规划点：可对石门县磨石镇黄鹂村4组1004号泉扩泉，可规划水量50万m^3/a，以沿市向斜储水构造利用地下河洞口筑坝引水为主。中远期规划点：1008号，石门县磨石镇湖坪村，堵暗河筑坝引水100万m^3/a。

桑植县具有较大开发价值的是瑞塔铺—冉家坪块段、官地坪—人潮溪块段。近期规划点：对瑞塔铺镇马井村1025号泉围扩岩溶泉群，规划水量800万m^3/a；堵、引瑞塔铺镇东风坪村1029号地下河出口，规划水量400万m^3/a；堵、引马合口乡2084号地下河出口，规划水量500万m^3/a；堵、引人潮溪乡2086号地下河出口，规划水量1500万m^3/a。中远期规划点：堵、引谷罗山乡罗山村1009号暗河出口，规划水量250万m^3/a，对谷罗山乡2075号白龙泉扩泉，规划水量50万m^3/a。

慈利县具有较大开发价值的是东岳观富水块段、龙潭湾北东块段。近期规划点：在杨柳铺乡四桥村地下河(1006号)，在其出口筑坝引水灌溉，规划水量50万m^3/a；杨柳铺乡体臣桥岩溶大泉(2100号)，可利用其修水库，规划水量300万m^3/a；东岳观乡刘家湾2114号地下河进一步堵截，扩大蓄水量，规划300万m^3/a；2143号江垭镇江垭林场，堵暗河出口，规划水量100万m^3/a；2089号龙潭湾乡九家坪，堵暗河出口，规划水量400万m^3/a。中远期规划点：2158号地下河景龙桥乡龙潭河，在郑家台有一天窗，长15m，宽8m，水位深28～30m，距天窗200m之外可听见流水声。1954年洪水时，水从天窗涌出将郑家台洼地全部淹没。该地下河出口流量116.49L/s(枯季)，可从天窗提水，规划水量400万m^3/a。1010号地下河，景龙桥乡水田坪，有一天窗，地下水水位深20m，可在地下河出口筑坝，用围的办法提高水位，以引水灌田。规划水量200万m^3/a。

张家界市区具有开发价值的是新桥—许家坊块段地下河、青安坪块段、沅古坪向斜富水块段、云朝山块段。近期规划点：2290号永定区杨湖坪乡连成修地下水库，增大坝高，扩大蓄水量，规划水量1000万m^3/a。中期规划点：2242号青安坪乡岗家湾地下河堵出口，规划水量350万m^3/a；2207号岩溶泉扩泉，规划水量350万m^3/a；另打自流井，建中型水源地规划出水量1300万m^3/a。井深100m以内即可，揭露向斜下部栖霞组、茅口组承压含水层，井距宜500～1000m。远期规划点：2284号，三家馆乡鸭坪地下河堵出口，规划水量200万m^3/a；2289号，枫香岗乡向家地下河堵出口，规划水量100万m^3/a。

永顺县具有开发价值的是龙家寨向斜块段、松柏富水块段、新寨—车坪块段。近期规划点：堵、引利福塔镇后坪村2204号地下河出口，规划水量：2000万m^3/a；抚志乡汾岔村1007号地下河，堵其出口，规划水量600万m^3/a，作为中型水源地，以解决县城供水。中远期规划点：永顺王村上寨村1046号地下河，堵地下河出口，规划水量700万m^3/a；车坪乡付家坪1041号地下河，堵出口，规划水量300万m^3/a。

龙山县具有开发价值的是洛塔向斜富水块段、洗车富水块段、靛坊富水块段。近期规划点：洗车乡大湾2297号地下河，堵出口，规划水量200万m^3/a；靛房乡镍可坝2006号地下河，堵出口，规划水量250万m^3/a。中远期规划点：洛塔乡大洞2021号地下河，堵出口，规划水量250万m^3/a。另外宜续建或扩建八仙洞等9个溶洼水库，飞跃洞等10处小型引水工程，洛塔水库等4个电站(屋檐洞电站已建成，发电1000kW)完成2000kW电能开发。

保靖县具有开发价值的是卡棚块段、城关梅花块段。开发利用方式：以提引地下河和溶洞泉水为主，局部有利地段可考虑钻井取水。其中野竹坪北东方向1.5km的塘棚村有一股水，该村历年缺水，如能开发利用，可新开2000亩稻田，为一受北东向断裂控制的地下河，应优先考虑予以重点开发，规划水量200万m^3/a。保靖城关梅花块段，该地已建3个生产井，允许开采量409.21万m^3/a。开采潜力指数0.78，块段内潜力已不足，不宜再增加生产井，需搞好续建配套，注意做好水源地的卫生防护。

花垣县具有开发价值的是雅西—腊尔山块段、茶洞—团结块段、排碧块段。开发利用方式：以提引地下河和岩溶泉为主，局部有利地段可考虑钻井取水。近期规划点：047号雅西夯杜村，堵地下河出口，规划水量200万m^3/a，北部吉卫溶蚀小平原，长13km，宽1.5km，地势平坦，农田集中，土地上万亩，岩溶发育相对较均一，地下水水位浅埋(5～50m)，主要分布一套中上寒武统娄山关群白云岩，水利建设宜以蓄为主，辅之以提，少数地段可打机井取水，在村镇集中的地方，先作物探，查明地下通道，确定井位更有依据，规划水量800万m^3/a。中期规划点：团结乡下寨村1004号上升泉群，围扩蓄水，规划水量700万m^3/a。又茶洞143号冷水溪岩溶泉114.5L/s，可修建以地下水为主的水库，规划300万m^3/a。

凤凰县具有开发价值的是禾库富水块段、大田—吉信富水块段。开发利用方式：要在切实搞清水文地质条件的基础上，因地制宜地采用截、引、扩、提等多种措施，开发利用地下水，为农业灌溉和生活用水服务。近期规划点：1110号上升泉，三拱桥乡麻冲村，围扩岩溶泉，规划水量300万m^3/a。此外，可在川洞、胜花等地采取“钻肚子”“堵口子”的方法利用其汇水面积大、洼地多的特点，在进一步查明水文地质和工程地质条件前提下，修建地下水库或地表岩溶洼地水库。中期规划点：胜华哨地下水库，规划水量1000万m^3/a。远期规划：在和平、黄合等地承压性质的上升泉较多，岩溶水丰富，水位浅，可人工打井开采，规划水源地，解决农场用水问题，规划水量1000万m^3/a(和平镇)。于黄合至和平一带的7km长的谷地施工凿井，层位为C_3b白云岩，有望成功。县城沱江镇可在其北面七良桥乡长坪村引暗河水(1003号)，作为县城补充水源，规划水量300万m^3/a。

吉首市具有发开价值的是社塘坡富水块段、马颈坳—乾州段。从经济技术可行性出发，本市岩溶水开发利用方式以机、电排提取溶潭、泉井、地下河及引水灌溉为主，地形地质有利地段可施工钻孔取水，解决农田灌溉和城镇部分居民生活用水及工业用水问题。社塘坡富水块段可作为本市引提开发利用地下水的优先开地段，考虑水点位置低，利用有一定难度，近期规划开发水量300万m^3/a。马颈坳—乾州段在进一步查明水文地质条件下，可凿机井取水，解决城镇个别小型轻工业用水和生活用问题，近期规划开发水量500万m^3/a。

以上规划开采区，以堵截地下河为主，局部打井，建地下水库、围扩岩溶泉、天窗提水。这些规划采区，一般均是富水块段(或储水构造)的一部分，潜力较大，资源保证程度较高。前已述及，只是一个导向性建议，至于具体的堵截部位、布井位置、成库条件需逐一进行勘察研究论证。要进行经济技术比较，布井、抽水不可过量，防止地面塌陷等环境地质问题产生。

2. 湘西复背斜隆起中低山以裂隙水开发为主的钻井提引开发区(Ⅱ)

该开发区位于湖南省西部，包括怀化地区全部及湘西州、常德、益阳、邵阳小部分。面积约49 488.9km^2，全区年平均地下径流量65.859亿m^3/a，枯季地下水径流量为28.282亿m^3/a。境内以中山、低山为主，东部雪峰山脉群峰绵延，西部为波状起伏的丘陵盆地，形成东高西低、南高北低的地势特点。中部沅水、东部资水皆由南向北穿切高山深谷横流而过，水能蕴藏量丰富。

山体主要由元古宙浅变质碎屑岩和古生代碎屑岩组成，基岩裂隙水分布面积达35 056km^2，占全区面积的70.8%，一般赋存于构造裂隙较发育的变质砂岩、板岩、千枚岩、硅质岩层中，泉流量0.1～1.0L/s。盆地则主要由白垩系红层构成，含微弱的裂隙孔隙-裂隙水，无集中供水意义，但在褶皱复合部位和充水断裂构造带上尚能找到相对的富水块段，如靖州大堡子富水块段、通道黄土富水块段、城步五团充水断裂带及长溪水充水断裂等，可作为小型供水水源地。另外在辰溪-怀化低山丘陵区则在中上石炭统—下二叠统灰岩、白云岩及硅质灰岩中赋存较丰富的岩溶水，可围堵截取地下河水或钻井提引开发利用。

针对该区基岩裂隙水分布广泛的特点，宜以开发裂隙水为主，选择有利地段进行钻井提引开发。其余地带可采用引、蓄、堵、围方式开发利用。

3. 湘北坳陷沉积平原以孔隙水开发为主的钻井提引开发区(Ⅲ)

湘北地区地处武陵山脉及雪峰山脉东北缘、幕阜山脉西缘，呈北面开口，东、南、西三面环山的箕状盆地。东起岳阳、汨罗，西到临澧、桃源，南至资水尾闾益阳及湘水尾闾的湘阴，东北以长江为界。总面积20 133.73km^3，全区多年平均渗入补给量为45.761亿m^3/a，枯季渗入补给量40.138亿m^3/a。

该区东、南、西三面多为中、低山丘陵，地形起伏较大，多呈波状低岗平原或丘陵，北部桃花山隆起地势较高，最高点雷打岩高程为380m，是洞庭湖平原与江汉平原的分水岭。湖盆内为湘、资、沅、澧“四水”及湖泊冲湖积平原地貌，平原宽阔平坦，河湖交错相连，水流平缓，是湖南省地势最低的地区。湖区地表绝大部分为第四系覆盖，表层由砂质黏土组成，局部地段为砂层、砂砾石层。

该区地表水网密布，地表水及地下水资源极为丰富，主要为松散岩类孔隙水，地下水主要赋存于第四系全新统至中更新统砂砾石层中，砂砾层厚一般大于20m，顶板埋深小于50m，为孔隙承压水，平均单井涌水量300～3000m^3/d。

该区地下水水位埋藏较浅，开发利用条件较好，宜对孔隙水开发为主，选择有利地段进行钻井提引开发。但湖区地下水中铁含量较高，饮用前需先除铁。

通过区内水资源的供需平衡分析，依据各行政区内地下水开采潜力、综合潜力、开采程度、开采模数等特征指标，结合各地水文地质条件的特点，将本区划分为五大类地下水开发利用前景区(图6-23)。即可扩大开采区、可适度扩大开采区、可维持现状开采区、适度控制开采区、严禁开采区。

(1)可扩大开采区

可扩大开采区主要包括临澧县北部、沅江市大部、岳阳县西部等地区，面积为2 732.07km^2，占全区的17.5%。本区地下水已开采量为0.260亿m^3，可增允许开采量为5.145亿m^3，平均开采潜力模数为18.83万m^3/km^2·a。其中开采潜力模数在25万m^3/km^2·a以上的区域分布于：①东洞庭湖北部的滨湖低平原区，主要的开采含水层为Qh的孔隙潜水含水层与Qp_{2+3}孔隙承压含水层。Qp_{2+3}孔隙承压水层分布面积大，较为连续，含水介质以砂砾石为主，主要接受湖泊水系的渗漏补给，厚度20～80m。地下水开采条件较好，利用程度低，水质较好，适宜井深10～15m，单井涌水量850～1500m^3/d。②临澧县北部的澧水盆地内，盆地内地势平坦开阔，主要的开采含水层为Qh的孔隙潜水含水层与Qp_{2+3}孔隙承压含水层。Qp_{2+3}孔隙承压含水层分布面积大，含水介质以粗大较纯的砂砾为主，补给主要来源于澧水河道，补给充足，含水

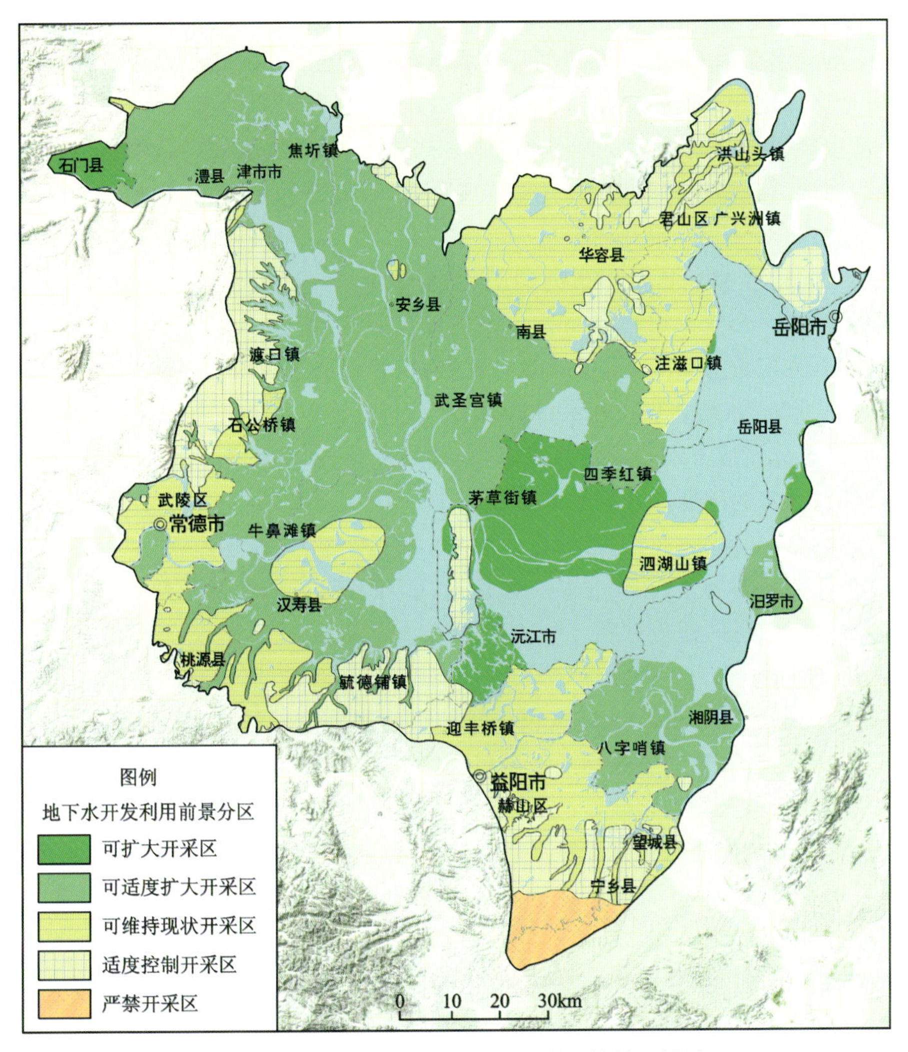

图 6-23　洞庭湖平原地下水开发利用前景区划图

层厚度 20～40m。地下水开采条件较好，水质较好，适宜井深 10～15m，单井涌水量 550～1200m^3/d。开采潜力模数为 20～25 万 m^3/km^2·a 的区域分布在：沅江市北部、西部的湖积平原区，本区内 Qh 的孔隙潜水含水层厚度较薄，多小于 5m，主要的开采层位为 Qp_{2+3} 孔隙承压水层，本区位于洞庭湖盆地的沉积中心，厚度较大，多为 80～120m，含水介质以空隙大的卵石、砾石为主。地下水开采条件良好，适宜井深 5～20m，单井涌水量 720～2200m^3/d。但是部分地段地下水 Fe^{2+} 的含量较高，大于 1mg/L，须注意防止污染，采取可行的除铁工艺，对地下水进行处理利用。

综上所述，该区富水性较好，开发利用条件好，由于该区地下水开发利用程度较低，可采用水源地集中开采模式，井、渠双灌的开发利用模式扩大开发利用。

(2)可适度扩大开采区

可适度扩大开采区分布于常德市津市、安乡、汉寿、鼎城，岳阳市的湘阴、汨罗等地，面积为 6 786.56km^2，占全区的 43.5%。本区地下水已开采量为 1.324 亿 m^3，可增允许开采量为 10.288亿 m^3，平均开采潜力模数为 15.16 万 m^3/km^2·a。其中开采潜力模数在 15 万～20 万

$m^3/km^2 \cdot a$以上的区域分布于:①西洞庭湖平原和沅水、澧水的冲洪积平原及入湖三角洲地带,主要开采的含水层为Qh的孔隙潜水、微承压含水层与Qp_{2+3}孔隙承压含水层。Qh含水层在大部分地区厚度小于5m,在珊珀湖—麻河口—千山红一线厚度有所增大,在10～20m处,含水介质以砂为主、砾石次之,适宜井深2.5～5m,单井涌水量120～300m^3/d。Qp_{2+3}孔隙承压含水层,在西洞庭湖地区厚度大,且连续成片,以砂砾石为主,富水性较好,地下水开采条件良好,适宜井深10～20m,单井涌水量330～1700m^3/d。②南洞庭湖南部湘江入湖尾闾地段的冲湖积平原地区,主要包括岳阳市的湘阴、汨罗等地,以及益阳赫山区的北部部分,该区内Qh的孔隙潜水、微承压含水层虽分布较广泛但厚度较薄,含水介质以黏土质粉砂为主,富水性较差。主要开采层位为Qp_{2+3}孔隙承压含水层,该含水层在区内中心薄四周厚,厚度从30m过渡到100m不等,含水层岩性以粗大的砂砾石为主,主要接受大气降水、湘江水体、湖泊水体等的补充,补给充分。地下水开采条件较好,适宜井深10～15m,单井涌水量714～1075m^3/d。但同时存在着铁质水的问题。开采潜力模数在10～15万$m^3/km^2 \cdot a$以上的区域分布于常德市鼎城区斗姆湖、柳叶湖、大龙站等地,区内的Qh的孔隙潜水、微承压含水层厚度为5～12m,在斗姆湖一带以砂砾石为主,在大龙站一带缺水,砂砾石层与沅江连通性好,补给充足。含水层虽较薄,但渗透性较好,适应井深5～10m,单井涌水量120～220m^3/d。其下伏的Qp_{2+3}孔隙承压含水层,含水层在20～40m,砂砾石间的空隙粗大,渗透性好,富水性好,适宜井深15～20m,单井涌水量500～800m^3/d。该区位于常德市的规划发展区内,地下水资源除供农村的生活供水外,还可以开辟新的工业用水水源以缓解城区供水不足的矛盾。

整体来说,该区含水层富水性好,地下水开发条件较好,地下水开发利用程度一般,有扩大开采的潜力,常德市东部临澧县至武陵区一带为人口、工业相对集中的经济带,对水资源需求量较大,可采用水源地集中开采的模式适度扩大开采。

(3)可维持现状开采区

可维持现状开采区主要分布于工作区北部岳阳市华容县、君山区,常德市汉寿县的中西部、西南部,武陵区大部,鼎城区的北部与南部,益阳市沅江市的中东部,资阳区大部,赫山区北部地区,在工作区北西部还有零星分布,面积为3 910.35km^2,占全区的25.1%。本区地下水已开采量为0.886亿m^3,可增允许开采量为5.433亿m^3,平均开采潜力模数为13.89万$m^3/km^2 \cdot a$。可维持现状开采区根据地理位置主要包括:①华容洪山头—南县北景港一带,该区域内为藕池河、华容河的冲湖积平原区,Qh的孔隙潜水、微承压含水层在区内分布面积较小,多处缺失,含水层岩性以黏土、黏土质粉砂为主,开采意义不大。主要开采层位为Qp_{2+3}孔隙承压含水层,该层在本区东北部缺失,南西部厚度15～50m,岩性从黏土过渡到含砾细砂,渗透性中等,富水性中等,地下水开采条件较好,水质较好,井距400～500m为宜,适宜井深5～25m,单井涌水量400～1308m^3/d。②沅江南大膳—茶盘洲地区,该地区为湖区曲流河草尾河、蒿竹河的冲湖积低平原,洞庭湖湿地生态保护区边缘,Qh的孔隙潜水、微承压含水层在区内多以黏土为主,开采意义较差。Qp_{2+3}孔隙承压含水层,厚度相比湖区中心来讲有所减薄,但也在40～80m不等,含水层岩性以粗大的砂砾石为主,富水性中等,地下水开采条件较好,井距200～400m为宜,适宜井深5～25m,单井涌水量725～983m^3/d。③汉寿北部武圣宫一带,处于沅江入湖尾闾的中段冲湖积平原区,Qh的孔隙潜水、微承压含水层在区内岩性以黏土、黏土质粉砂为主,富水性较差。本区主要开采Qp_{2+3}孔隙承压含水层,厚度60～80m,岩性以砂砾石、卵石为主，渗透性好，富水性好。区内可增允许开采量为 0.430 亿 m^3，开采潜力模数为 17.68 万 $m^3/km^2 \cdot a$。地下水开采利用条件较好，井距 300～500m 为宜，适宜井深 15～25m，以揭穿开采目的层以下 3～5m 为宜，单井涌水量 737～1308m^3/d。④常德镇德桥—石门桥—太子庙一线，该区域属于洞庭湖平原南西部的环湖垄岗、岗状平原、丘岗间的河谷平原地带，主要开采层位为 Qp_{2+3} 孔隙承压含水层，离湖盆沉积中心较远，含水层厚度自北往南减薄，岩性自北向南由砂砾石过渡到黏土质粉砂、黏土。北部为常德市中心城区，地下水开发利用程度较高，建议开发规模维持现状。适宜井深 15～30m，单井涌水量 609～1816m^3/d。南部含水层变薄，渗透性变差，单井涌水量中等，603～629m^3/d，建议采用针对具体井位的特点，分散式开发利用。⑤资阳张家塞—望城格塘一带，资江、湘江的尾闾与入湖三角洲地段。区内可增允许开采量为 1.383 亿 m^3，开采潜力模数为 14.96 万 $m^3/km^2 \cdot a$。主要开采层位为 Qp_{2+3} 孔隙承压含水层，含水层厚度 40～100m 不等，含水层岩性大部分地段为砂砾石，仅在中部赫山小河口、八字哨一带黏土质成分增多，区内人口较密集、经济较发达，地下水以分散开发利用为主，程度较高，适宜井深 15～25m，以揭穿开采目的层以下 3～5m 为宜，单井涌水量 503～902m^3/d。

可维持现状开采区，地下水开发利用条件总体较好，地下水可供开发利用潜力较大，部分地区，如常德市武陵区、长沙市望城区地下水开发利用程度较高，不宜再规模扩大开采，结合人口、生态、环境要素，本区地下水开采规模以维持现状为主，以保证区内社会经济的可持续发展。

(4)适度控制开采区

适度控制开采区面积为 1 941.66km^2，占全区的 12.4%。本区地下水已开采量为 0.413 亿 m^3，可增允许开采量为 2.271 亿 m^3，平均开采潜力模数为 11.69 万 $m^3/km^2 \cdot a$。适度控制开采区根据地理位置主要包括：①华容桃花山—南山地区，主要开采的目的层为 Qh 的花岗岩残坡层的风化裂隙水，地下水的补给来源主要为大气降水的入渗补给与地下水的径流补给，地下水开发潜力一般，开发利用方式以分散开采为主。②君山长江南岸地区，为长江水系与东洞庭湖之间的冲湖积低平原区，主要开采的目的层为 Qh 的孔隙潜水、微承压水含水层，含水层厚度 25～35m，含水层岩性结构较为复杂，以中细粒的砂卵石为主，夹有粗砂以及黏土层，富水性中等，适宜井深 5～25m，单井涌水量 1000m^3/d 左右。而富水性较好的 Qp_{2+3} 孔隙承压含水层在该区段缺失。③安乡北部黄山头一带，为岗波状平原区，地势相对较高，分布的两层含水层为 Qh 的孔隙潜水、微承压含水层及 Qp_{2+3} 孔隙承压含水层，厚度都比较薄，总厚度小于 20m，岩性以黏土之粉砂与砂为主，富水性较差，地下水开发利用潜力不大，可增允许开采量仅为 0.087 亿 m^3。④沅江赤山岛地区，为东西洞庭交界处的隆起区，地表遭受剥蚀程度较高，Qh 的孔隙潜水、微承压含水层缺失，Qp_{2+3} 孔隙含水层在本次承压区分布极不连续，富水性较差，不适应集中开采模式，而以零星分散地在富水块段进行开采为主，可增允许开采量为 0.023 亿 m^3。⑤鼎城周家店—汉寿军山铺—益阳沧水铺洞庭湖平原西南部环湖垄岗环带状地区，这些地段的主要特点是均处于丘陵往湖区平原的过渡地带，Qh 的孔隙潜水、微承压含水层缺失、减薄或以黏土质成分为主，Qp_{2+3} 孔隙承压含水层分布不连续，部分地段缺失，厚度较薄，空隙粗大的砂砾石成分减少，富水性中等—较差，仅在局部地段富水，如汉寿百禄桥，单井涌水量达 700m^3/d 左右，而其他地段地下水开采潜力较小。

总的来说，适度控制开采区内的地下水赋存条件一般—较差，区域内人口密度虽不大，但地下水资源亦有不足，形成“人少水也少”的局面，根据地下水的开采潜力评价，本区地下水的开采接近平衡状态，尤其在长沙望城一带，不宜再扩大开采，可采取有效节水措施或诉诸于地表水等方式适度控制开采。

(5)严禁开采区

严禁开采区面积为225.63km²，占全区的1.4%。本区地下水已开采量为0.058亿m³，可增允许开采量为0.249亿m³，平均开采潜力模数为11.02万m³/km²·a。该区位于洞庭湖平原东南部的益阳岳家桥、宁乡箐华铺一带。该区域第四系松散岩类含水层厚度有限，埋藏浅，分布不稳定，有些地方甚至缺失，地下水资源较贫乏，单井涌水量为20～150m³/d，地下水水位由于受到矿山开采的影响大幅度下降，第四系下伏基岩为可溶岩，岩溶较发育，松散岩类孔隙水通过岩溶裂隙通道补给岩溶地下水，已经在益阳岳家桥、宁乡菁华铺出现岩溶塌陷等地质环境问题，在本区域内应禁止开发利用地下水，重视地质环境保护，确保当地居民的生命财产安全。

本区具有较大供水意义的水源地见表6-5。

表6-5 洞庭湖平原规划远景集中供水水源地一览表

水源地名称	水源地位置	拟开采的地下水类型	设计开采量/(万m³·a⁻¹)	规模	用途	TDS/(g·L⁻¹)	开采技术条件
津澧新城渔场—永丰水源地	澧县渔场至津市永丰一带	潜水、承压水混合开采	2000	大型	后备城镇及工业用水	<1	潜水、微承压地下水水位埋深0.5～3.0m，含水层厚度5～15m，单井涌水量350～450m³/d，承压水含水层顶板埋深20～30m，含水层厚度40～90m，单井涌水量1019～1834m³/d，开采深度为25～95m
安乡县安宏水源地	安化县安宏—安康一带	潜水、承压水混合开采	1000	中小型	后备城镇及工业用水	<1	潜水、微承压地下水水位埋深1.5～8.0m，含水层厚度5～15m，单井涌水量350～400m³/d；承压水地下水水位埋深1～6m，含水层顶板埋深8～15m，含水层厚度50～65m，单井涌水量813～1215m³/d，开采深度为8～80m

续表 6－5

水源地名称	水源地位置	拟开采的地下水类型	设计开采量/（万 $m^3 \cdot a^{-1}$）	规模	用途	TDS/（$g \cdot L^{-1}$）	开采技术条件
常德市团洲湖水源地	常德市团洲湖一带	承压水	1000	中小型	后备城镇及工业用水	＜1	地下水水位埋深 2～8m，含水层顶板埋深 10～20m，含水层厚度 30～50m，单井涌水量 609～1054m^3/d，开采深度为 10～70m。开采条件好。Fe^{2+} 含量大于 1mg/L，需要适当进行除铁处理
益阳市摇头河水源地	益阳市摇头河一沅江市三眼塘一带	承压水	1500	中小型	后备城镇及工业用水	＜1	地下水水位埋深 5～7m，含水层顶板埋深 10～15m，含水层厚度 20～80m，单井涌水量 435～1050m^3/d，开采深度为 10～90m。开采条件好
华容县宋家嘴水源地	华容县宋家嘴一带	潜水、承压水混合开采	800	中小型	后备城镇及工业用水	＜1	潜水、微承压地下水水位埋深 0.5～2.5m，含水层厚度 5～10m，单井涌水量 300～500m^3/d，承压水地下水水位埋深 5～9m，含水层顶板埋深 20～30m，单井涌水量 800～1200m^3/d，开采深度为 20～60m

4.湘东褶皱低山丘陵以红层灰质砾岩溶洞裂隙水开发为主的钻井提引开发区（Ⅳ）

湘东主要包括岳阳、长沙、湘潭、衡阳、郴州市等部分地区，面积约 44 950.8km^2。境内湘赣边境诸山脉与其间的盆地平行排列，地势总体上由东向西逐渐降低。湘江及其支流流贯全区，水系发育，水力资源丰富，两岸分布有较大的冲积平原。全区年平均径流量 49.331 亿 m^3/a，枯季地下径流量 22.835 亿 m^3/a。

本区地下水类型复杂，但以基岩裂隙水为主，分布面积约 24 410km^2，占全区的 54.3％。赋存于元古宙浅变质岩及花岗岩体内，含水中等—贫乏，泉流量一般 0.01～0.8L/s。其次为红层裂隙孔隙-裂隙水，分布面积 13 517.9km^2，占 30.07％，一般含水贫乏。但在衡阳市及湘潭市一带，在白垩系灰质砾岩中含有较丰富的岩溶裂隙承压水，埋藏深度一般小于 100m，平均单井涌水量 700～2000m^3/d，另外在泥盆系、石炭系、二叠系灰岩中含有丰富的岩溶水，但分布面积仅占 6.5％。

该区岩溶盆地及河流两岸阶地之冲积层具有一定开发前景，大片丘陵山地区，除在充水断裂、风化裂隙、构造裂隙较发育处相对富水，大部分以利用地表水为主。如浏阳盆地、茶陵清璐盆地、攸县黄丰桥、湘潭云湖桥以及长沙市郊区等处蕴藏有较为丰富的岩溶裂隙水，此外在湘潭、衡阳两市的市郊区，白垩系、三叠系红色岩层底部砾岩以及含钙质及石膏的泥岩和中粗粒砂岩、砂砾岩，赋水性能较好，含层间裂隙水，皆可作为小型供水水源地。河谷盆地冲积层，堆积颗粒较粗，蕴藏孔隙水流，水位较浅，采用大口径井简便易行。

综上所述，该区在经济活跃、人口相对集中的长沙、湘潭、衡阳等地区宜对红层灰质砾岩溶洞裂隙水为主进行钻井提引开发，其余地区可选择有利地段进行钻井提引开发。

5. 湘中复向斜低山丘陵以岩溶水开发为主的扩泉成井开发区(Ⅴ)

该区位于湘中地区西部，包括雪峰山以东、沩山以南、衡阳盆地以西及阳明山以北广大范围，面积 29 137.8km^2。区内由灰岩及砂页岩构成的呈波状起伏的丘陵区，大部分高程在 500m 以下，相间由板岩、砂岩、硅质岩、花岗岩组成局部的中山。丘陵低山溶蚀地貌发育，部分已被红土覆盖。湘江与涟水、资水与夫夷水及其支流流贯全区。河流中下游处，多有一、二级阶地及小块冲积平原，该区的河谷为排泄地下水的通道。全区年平均地下径流量为 92.733 亿 m^3/a，枯季地下径流量 41.778 亿 m^3/a。

区内地下水丰富，碳酸盐岩类岩溶水主要赋存于古生界中，分布面积达 21 567.8km^2，占总面积的 74%，岩溶水多以岩溶泉、地下河的形式出露地表，该区大于 5L/s 的岩溶大泉有 846 个，地下河 867 条，总流量 18.816 亿 m^3/a。但由于岩溶发育程度的差异，水量分布不均，存在着局部富水构造，例如涟源—新化地区的斗笠山、桥头河、晏家铺等良好储水向斜。在邵阳、零陵地区褶皱发育，断裂密集，在构造有利部位形成富水块段，如零陵大庆坪等处。

根据本区水文地质条件特征，宜以岩溶水开发为主，岩溶水主要分布在构造盆地中，地下水水位埋藏较浅，在构造盆地中上升泉较多，地下水动态变化较稳定，针对区内旱情较严重的特点，大部分地区宜以就地扩泉成井开发为主，其次可对有条件的地下河系统开展围、堵、提、引等方法进行开发利用，在水位埋藏较深处，则需钻井提引。

涟源市缺水情况较严重，岩溶水资源较丰富，近期规划以引提地下河、岩溶大泉及综合利用矿坑排水为主，远期以堵、蓄、截、引、提结合。市区开发东北部岩溶大泉作补充水源。该市供水以地表水与岩溶水联合进行，建议开展全市的岩溶水勘察与规划工作。

双峰县近期规划重点开发猪婆大山短轴背斜富水构造岩溶水，可利用水量大于 290L/s。中远期可采用机井或大口径井抽取地下水，县城永丰镇岩溶水以机井开采，可作补充水源。

娄底市岩溶水丰富，可同时利用地表水、岩溶地下水供水，近期岩溶水开发规划主要是引泉和综合利用矿坑排水。

安化县城规划今后主要完善已有工程设施，增强供水效益。在梅城—四房仑以地表水、岩溶水联合供水。主要开采方式为提、引。

新化县近期规划开发吉庆地区岩溶水资源，该区位于鹧鸪塘向斜、梅花洞—百井冲向斜的富水块段，两向斜天然排泄量 17.37 万 m^3/d，地下水水位埋深小于 60m，岩溶发育深度小于 100m，有人口 4.6 万人，耕地 2.8 万亩，其中 2.45 万人饮水困难，1 万亩耕地缺水，规划开采资源量 18 万 m^3/d，并为新化县城作后备水源地勘察。中远期规划：华山至大树溶洼、溶谷成库及小型人畜饮水水源地，檀山湾引水工程，沫田至云霄洞排洪引水工程。总畜水库容积 38.5 万 m^3，引水量 1 702.64 万 m^3/a，灌溉面积 2.02 万亩，新增水田 2500 亩，受益人口 1.22 万人，排洪水量 13.97m^3/s。

邵阳市区近期规划新开发南边短陂桥向斜翘起端富水构造岩溶水，富水构造面积 30km^2，主要含水岩组为中上石炭统灰岩和白云质灰岩，天然排泄量实测 158.608L/s，钻孔涌水量 1 056.67m^3/d。中远期可在西部陈家桥一带勘查开发。邵阳市岩溶水较丰富，可和资水阶地内的孔隙水一起作为邵阳市生活用水的主要水源。

邵东县近期规划岩溶水开发点为双泉铺乡中心挖井（500m^3/d），斫槽乡上斫槽堵引地下河（544m^3/d）、十字挖井（260m^3/d），团山乡阳合扩泉（520m^3/d），友爱扩泉（1100m^3/d）、双凤乡蓄泉（3 万 m^3）、龙公桥乡龙公桥引泉（14 000m^3/d），九龙乡隘石引地下河（1000m^3/d）。中远期重点开发保和堂富水向斜及流光岭—廉桥以东的岩溶水点，开采方式以引为主、蓄提相辅，全面解决岩溶富水区的灌溉用水问题，两市镇岩溶地下水供水距离较远，可作为备用水源进一步勘探，重点为西部的富水断裂带岩溶水。

新邵县近期规划机井开采陈家坊南部富水地段岩溶水，开采量 1 0551.713m^3/d，蓄引洞口下降泉（143.734L/s），陈家坊上升泉（26.25L/s），岩门前下降泉（16.933L/s）。中远期规划蓄提新田铺下降泉（45.76L/s），小塘富水断裂（天然排泄量 20.165L/s），蓄引长江上升泉（28.247L/s）。

邵阳县建议规划重点开发黄荆岭富水背斜岩溶水，解决该地区严重的人畜饮水困难和农田干旱问题。区内有缺水耕地 3 万亩，缺水人口 3.3 万人，该富水背斜面积 126km^2，主要含水层为 D_3s、D_3x 灰岩，岩层倾角 5°～10°，共发育地下河 21 条，流量 1L/s 以上岩溶泉 16 个，实测天然排泄量 1 152.59L/s（不包括已利用的 2 条地下河）。富水构造岩溶极发育，管网连通性强，地下河成库蓄水困难，规划在查明条件的基础上采取堵、截、提、引、蓄等手段联合开发。

隆回县近期建议开发滩头富水块段，该富水块段长 24km，宽 2～4km，呈北东向带状分布，其东北部与新邵相连，主要含水层由石炭系及下二叠统灰岩、白云岩构成，实测天然排泄量 1 049.379L/s。中远期规划重点开发罗紫团-车田背斜北端富水块段，该块段面积 58km^2，总流量 349.715L/s。隆回县岩溶区地下水丰富，是农田灌溉和人畜饮水的主要水源，开采方式主要为拦河引水和扩泉引水。隆回县城桃洪镇取地表水和岩溶水联合供水、扩泉或机井开采。

洞口县近期规划开发出露高程高程较大的山口泉，主要有蓄引岩山上升泉（174.733L/s），老宇下降泉（14.672L/s），寨下下降泉（77.280L/s）、拦引塘下地下河。中远期规划全面开发其他主要岩溶泉和地下河，开采方式以提引为主，目标是保证岩溶区耕地和人畜用水。洞口镇岩溶水为辅助水源，以机井开采为宜。

武冈市近期规划结合石漠化治理重点开发水浸坪-梱树塘-温塘褶皱富水构造岩溶水。该富水构造面积 362km^2，地面高程 400～600m，出露地下河 46 条，岩溶泉 59 个，总计流量 13 300.921L/s，区内地表水资源十分贫乏，岩溶水为主要水源，其水位埋深小于 50m，开采方法主要为堵、提、截地下河和扩泉引水。市区以地表水、地下水联合供水，岩溶水为覆盖型，水质不易污染，水量丰富，机井开采。

新宁县建议岩溶区以利用地下水为主、利用地表水为辅，规划首先开发温头-高桥岩溶水，然后开发文坪向斜、一渡水向斜岩溶水。开采方式以引为主，堵、蓄为辅，县城金石镇在北部开采岩溶水作备用水源。

城步县可分步开采清溪向斜富水构造岩溶水，总流量 937.925L/s。县城儒林镇为地表水和岩溶水联合供水。

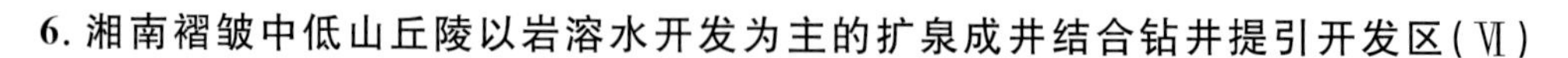

6. 湘南褶皱中低山丘陵以岩溶水开发为主的扩泉成井结合钻井提引开发区(Ⅵ)

湘南主要包括永州、郴州地区的绝大部分,衡阳市的小部分,面积 39 150km²。全区年平均地下径流量 103.610 亿 m³/a,枯季地下径流量 45.372 亿 m³/a。

区内地势大致东高西低,与桂、粤、赣交界及西北部边缘地带分布有簇状花岗岩、浅变质岩构成的山地、孤峰山岭重叠,高程多在 500~1500m 之间,地形切割强烈,中部大片地区为灰岩、砂页岩构成的低山丘陵盆地,新田、嘉禾以西岩溶现象较发育。区内较大河流有耒水、舂陵水、潇水及武水,大多属湘江水系,少数属珠江水系。这些河流上、中游都源于中山区,多峡谷,水力资源较丰富。

本区以碳酸盐岩类岩溶水和基岩裂隙水为主,红层裂隙孔隙-裂隙水和松散岩类孔隙水,仅有小面积分布。岩溶水主要分布于苏仙-道县岭间盆地中,面积约 16 169km²,占全区面积的 41%,赋存于上泥盆统、石炭系、下二叠统的灰岩、白云质灰岩中,水量十分丰富,大于 5L/s 的岩溶大泉有 586 个,地下河 267 条,总流量 21.136 亿 m³/a,由于岩性、地貌、构造等条件对岩溶水富集的控制,还存在局部富水块段,如江永、道县、宁远一带,地下水与地表水联系密切,地下水富集,水位埋深较浅。而基岩裂隙水分布于阳明山、罗霄山、九嶷山诸山地内,面积约 21 633.44km²,占全区面积的 55.25%,赋存于下古生界浅变质岩、泥盆系碎屑岩及花岗岩中,富水性一般。

该区基岩裂隙水区地形切割强烈,多峡谷、山高水急,地表水力资源丰富,但地下水贫乏,不能满足农灌要求,需要在有利地段筑坝引灌,或修建水库储水、灌溉和发电。而苏仙-道县岭间盆地,地貌上属残丘坡地、溶丘洼地、孤峰平原,地下水水位埋藏较浅,沿地下河常见岩溶潭,在残丘坡地区上升泉较多。因此在开发利用岩溶水时,应以扩泉、提取岩溶潭水、堵截地下河蓄水为主,对于其他地区,可选择有利地段进行钻井提引开发。

祁东县近期规划扩引洪桥镇上升泉(93.84L/s),大云市下降泉(11.46L/s),芷冲下降泉(20.48L/s),汤江屋下降泉(13.27L/s),黄土铺上升泉(17.95L/s),步云桥上升泉(89.28L/s)等岩溶大泉。中远期规划在干旱缺水地段以机井开采岩溶地下水,县城洪桥镇供水以红旗水库为主水源、岩溶水为辅助水源。

常宁县近期规划以引为主,开发庙前下降泉(144L/s)、到塘上升泉(153L/s)、三合铺上升泉(34.82L/s)、双安上升泉(156L/s)等。中远期规划建议开发盐湖倒转向斜富水块段及其充水断裂,在干旱死角区以机井抽取岩溶水,市区以机井开采岩溶水作补充用水。

耒阳市近期规划可重点用机井提取其覆盖型岩溶水和围(扩)泉引水解决干旱季节农田供水,单井涌水量 100~1000m³/d。采取堵引办法开发利用余庆地下河(33.607L/s),龙彤地下河(11.177L/s),芭蕉、高炉各有一岩溶上升大泉,流量分别为 60.60L/s 和 43.04L/s,可开发与欧阳海东支干渠联合供水,耒阳市城区覆盖型岩溶水机井开采,单井水量 100~100m³/d,可作城市补充用水或紧急用水。中远期应以机井开采为主作补充供水。

郴州市区供水是区内特别突出的问题,局部地段因地下水开采而引起地面塌陷,水位下降的环境地质问题,据郴州市地下水开发现状调研报告,市区岩溶水可作城市供水辅助水源。近期岩溶地下水开发规划:①新开发磨心塘岩溶地下水;②城前岭经济开发区及五里堆新增开采量 1.476 4 万 m³/d;③海泉水厂扩大开采至 2.085 2 万 m³/d,(包括田家湾水源地);④许家洞发展规划区综合利用 711 矿坑水;⑤果家湾工业区恢复花根冲水厂、金银冲水厂、温泉水厂开采利用地下水，开采量 1.069 7 万 m^3/d。中远期岩溶水开发规划需要做进一步的工作，且必须严格控制老城区开采和加强对地下水的保护。

临武县近期宜主要开发于凤、大冲、新秀里 3 个富水块段岩溶地下水，合计面积 104.45km^2，天然排泄量 4 515.87L/s，地下水开采方式为蓄、引、提结合。中远期开发其他地下河、岩溶泉水。

嘉禾县岩溶水贫乏—丰富，在广发及石桥—石羔一带岩溶水可作主要水源。近期规划重点开发石丘富水块段，该块段面积 31.20km^2，天然排泄量 291.74L/s，在保障城关镇供水前提下解决其他用水需求。中远期规划开发东西边缘地带岩溶水点，开采方式宜采取蓄、引、提(机井)方式。

桂阳县岩溶水中等—丰富为主，露头多，开发利用条件好，特别是碳酸盐岩与碎屑岩相间分布，岩溶洼地发育，地表成库条件优良，可采取溶洼成库大力开发岩溶地下水，如已建成的方元水库(99.00L/s)。近期规划修建荷叶水源溶洼水库(57.605L/s)、方元茅栗圩天窗提引水工程(出口流量 1 128.80L/s)、大塘石壁地下河蓄引工程(6501 万 m^3)。中期规划在岩溶水利用条件较好的欧阳海—余田—浩塘及桥市—樟市、大塘—荷叶等地能在枯水年基本满足需水要求，城关镇地下水开采已基本平衡，应控制开采。远期规划适当扩大勘查范围，适当增大开采量满足特殊用水需求，该县地下水开采方式宜采取蓄、引、提(包括机井、溶潭、天窗等)方式。

蓝山县岩溶水中等—丰富。塔峰镇—楠市镇一带岩溶水作主要供水水源。近期规划大力开发石泉地下河(20.00L/s)，岩口地下河(38.40L/s)，近江上升泉(29.33L/s)。中远期规划补充一定数量的机井抽取地下水，县城塔峰镇可机井提水作生活用水水源。

新田县宜开发西南部岩溶地下水基本解决灌溉用水，泥灰岩分布区岩溶地下水只能基本解决分散村民用水，县城龙泉镇可引西北部骥村岩溶泉和地河水作紧急水源。东部太平圩—新圩一带为地表水、地下水综合利用。

宁远县近期规划重点堵引西部地下河及提引岩溶泉与溶潭水解决保安、太平、冷水等地灌溉用水。中远期主要提引泉井或机井岩溶地下水，该县南部岩溶水可作主要供水水源，西部主要为辅助水源，县城舜陵镇岩溶地下水可作辅助城镇供水水源或紧急水源。

祁阳县近期规划以引为主、引蓄结合开发岩溶大泉和地下河，如铜银桥上升泉，梅溪地下河等。中远期宜以机井开发利用岩溶水解决人畜用水和补充其他用水，祁阳县城(清溪镇)可利用岩溶水作补充水源或紧急水源。

冷水滩区宜主要完善开发利用配套设施，并采取蓄存等方式提高大型水点的利用程度，如孟公山上升泉(49.513L/s)、竹山桥上升泉(61.6L/s)，另外需开展冷水滩市区的城市供水水文地质勘察。

东安县近期规划主要开发利用地村向斜西翼及北部翘起端与广岭脚背斜两个富水构造岩溶地下水。前者天然流量 1 646.99L/s，后者天然流量 590.727L/s，开采方式为堵、蓄、引。中远期开展东安县城白芽市镇岩溶地下水勘察并开发城东北大仙地下河与周塘岩溶大泉，两点合计水量为 7245m^3/d。

道县—红岩地区水资源以利用岩溶水为主，道县以东规划地表水、岩溶水综合利用，开发方式为引、堵、提(机井、溶潭)结合。近期规划开发小坪下降泉(25.59L/s)、桥头地下河(8.531L/s)及上湾溶潭水(水位埋深 5m)，中远期规划道县县城(道江镇)可用机井抽取岩溶地下水及开发岗下上升泉(15.6L/s)、崔家溶潭水(预计水量 2 万 m^3/d)作供水水源。

江永县近期应重点开发处于两水系分水岭位置的甘棠背斜岩溶地上水，开发方式应为堵、蓄、行与机井结合，规划开采量1.0万m^3/d，重点解决以江永—桃川的香柚为主的果树灌溉用水和区内人畜饮水。中远期开发红岩下降泉（52.90L/s）和枇杷井地下河（385.495L/s）以满足县城潇浦需水要求。

江华县近期规划主要开发利用大路铺-白芒营-涛圩及小圩-新圩富水向斜岩溶地下水，开发方式以引或堵、引为主，主要开发点为兴仁下降泉（61.85L/s）、湄溪地下河（123.638L/s）、小圩地下河（169.6L/s）、确岭上升泉（115.50L/s）、山湾下降泉（61.864L/s）、陈家上升泉（305.01L/s）。中远期可全面开发利用桥头铺-涛圩富水向斜和小圩-新圩富水向斜岩溶地下水，流量分别为3 933.343L/s和2 428.164L/s，开发方向以引、堵、引为主，蓄与提相辅的方式，江华县城南北各有一上升泉群，实测水量分别为323.12L/s和68.558L/s，规划开发利用于县城供水。

（二）地下水开发利用对策

根据地下水资源赋存特点及其开发利用难易程度，地下水开发利用过程中需着重解决如下几个方面的问题：一是空间分布的非均一性；二是时间分布的季节性；三是地下水水位的埋深性；四是与生态环境的相关性等。洞庭湖平原及“四水”河流冲积平原区，地下水含水介质相对均一，含水层相对稳定，但在裂隙水和岩溶水区，因受构造及含水介质差异影响，呈明显的非均一性，特别是大部分岩溶区，因岩溶差异明显，地下含水介质以溶洞、管道和溶蚀孔为主，尤其具有高度不均一性。大多数地下水动态随季节变化明显，出现雨季洪涝、旱季缺水的现象，区域地下水水位变幅达数十米，有些极不稳定的泉或地下河，其流量动态亦可达数十倍至数百倍，因此，采取技术手段和工程措施，对丰水季节水资源进行合理调蓄，是地下水开采过程中必须解决的科学问题。在湘西地表切割较深的区域，地下水埋深可达数十米，峰丛补给区甚至可达数百米，因此在地下水系统中位置较高的补给区和径流区拦蓄调节地下水流，以及采取生态工程措施提高浅部涵水调蓄能力十分重要；在生态环境相对脆弱、水土流失的地区，因浅部涵水能力减弱，加剧干旱缺水，形成生态环境恶性循环。因此，水资源开发利用必须与生态建设和经济发展相结合，才能真正实现可持续利用。

地下水开采一般为采、蓄、引并举，蓄引、堵提相结合的开采方法。根据区域地形地貌、地层岩性、地质构造及水文地质条件，湖南省地下水开采总体以小型、分散的水文地质单元为主，依据各区域地下水开发利用条件和需水状况，决定了地下水开发利用形式呈现多样性，应因地制宜，分类指导开发利用。湘西、湘南岩溶水区，应以堵、截、引为主；湘北平原孔隙水区，应以钻孔提水为主；而其他基岩裂隙水区，则应以扩泉成井结合钻井提水等综合进行。

四、矿泉水开发利用对策建议

（一）明确矿泉水资源开发利用发展目标

分类规划和布局湖南省矿泉水开发利用，通过政府引导和市场化运作，开发面向广大普通消费者的大众化矿泉水，面向高、中收入人群的中高端矿泉水，面向特殊用途具有理疗作用的保健矿泉水，打造拳头产品和著名品牌，到“十四五”末期，力争全省矿泉水年产量达到1000万t，年产值1000亿元。

（二）加快矿泉水资源开发利用步伐

（1）做好顶层设计。根据矿泉水资源分布情况，高起点规划矿泉水资源的开发利用，编制矿泉水资源开发利用与保护规划，做到科学规划、合理布局、有序发展。

（2）开展调查评价。开展矿泉水资源地质勘查，查明全省矿泉水资源类型、储量和分布。以大中型规模和稀缺类型矿泉水资源为重点，2023—2030年，每年开展3～5个矿泉水集中区的勘查评价工作。部署扩产扩能的地质勘查工作，为矿泉水生产企业实现规模化经营提供资源保障。

（3）有序投放矿权。有效整合现有矿泉水矿权资源，实行矿权总量控制。充分发挥市场配置资源作用，按计划有序出让矿权，支持大型矿泉水和稀有矿泉水资源矿权优先投放。严格规范矿泉水资源的矿权出让方式，除按规定可采取协议出让方式的以外，一律按照招标拍卖挂牌方式出让，进入公共资源交易中心公开交易。

（4）强化招商引资。加快开发、包装一批矿泉水企业，扶植建立湖南矿泉水产业联盟。及时将优质矿泉水资源采矿权推向市场，吸引社会投资，优先引进国内外知名、具有矿泉水开放营销经验的战略合作者。建设一批重大矿泉水资源开发利用项目，扩大湖南省矿泉水产业规模及市场占有率。

（5）建立示范园区。建立一批矿泉水产业示范园区，集中支持示范园区配套产业率先发展，打造研发、生产、销售、包装物流、生态旅游和科普宣传“六位一体”的矿泉水产业格局，引领全省矿泉水资源开发利用。

（三）加强矿泉水资源开发利用政策扶持

（1）改进审批程序。优化办理流程，矿泉水资源开发办证行政审批事项由政务大厅统一受理，精简用地审批、环境评估、采矿登记等环节所需资料，实行“一次性告知”，限时办结。

（2）加快基础设施建设和配套产业发展。对重点规划的矿泉水生产基地优先供地，集中资金和力量安排必要的交通、电力、通信等基础设施项目建设，做好物流、印刷、包装、机械等配套产业建设。

（3）积极引导社会消费。积极引导社会消费，同等条件下鼓励优先选购本省天然矿泉水产品，支持本省天然矿泉水产品在商场、高速公路沿线超市、高铁和航班上销售，支持本省天然矿泉水依法依程序申报政府采购“两型”产品。

（4）确立统一标识。整合湖南省矿泉水品牌资源，规范湖南省矿泉水商标，统一使用“湖南省天然矿泉水”产品专用标志。扶持龙头企业争创名牌，打造战略品牌，对荣获湖南省矿泉水驰名商标的企业给予表彰和奖励。

（四）强化矿泉水资源开发利用保障措施

（1）加强组织领导。各级政府和相关部门要充分认识促进湖南省矿泉水产业发展的重要性，建立工作机制，加强领导，落实责任，促进矿泉水资源合理开发利用。组建湖南省矿泉水协会，负责行业自律，行业技术交流，技术标准研究、协调、咨询和培训服务。

（2）加大监管力度。加大对矿泉水企业和市场的监管治理力度，不定期开展饮用水市场监督检查工作，打击制售仿冒名牌产品行为，依法取缔生产假冒伪劣产品和不正当竞争的生产企业。严厉打击非法、破坏性开采矿泉水资源行为，严禁用矿泉水资源生产纯净水、山泉水、天然水等产品，严禁以纯净水、山泉水、天然水等冒充矿泉水。建立健全政府、新闻媒体、群众相结合的监管机制，曝光违法、违规企业。

(3)规范资源开发。发布全省矿泉水最低生产规模标准，达不到最低开采规模的限期退出，重点支持年产40万t以上规模的天然矿泉水开发项目。对长期占有矿泉水资源但未进行开发利用的企业，督促其限期进行开发利用，确无能力继续开发利用的限期退出，不允许外来投资以买断资源作为开发条件。

(4)营造良好环境。组织普及天然矿泉水知识，以多种形式宣传饮水安全、省内矿泉水优势和保护矿泉水资源的重要性。加强对矿泉水文化内涵的挖掘和提升，开展矿泉水品牌评级、矿泉之乡(城)评选活动，为矿泉水开发提供良好环境。

五、地下热水开发利用对策建议

(一)健全法制，提高依法管控水平

《湖南省水法实施办法》《取水许可证制度》等相关法规的实施，使地下水资源开发利用与保护逐步走向法制化管理轨道。《长沙市灰汤地热资源保护条例》的实施，为地热资源的合理开发和可持续利用提供了强有力的保障。但是，开发利用过程中尚存在盲目开发、过量开采、自建自营、管理混乱等问题，建议出台湖南省地热资源保护条例，规范地热资源的勘探与开发利用工作，提高依法管理水平。同时，要明确浅层地热能开发利用管理部门和职责，制定地源热泵项目的申报程序及有关管理要求。

(二)加快推进整装勘查，进一步摸清资源家底

围绕湖南省湘西北、湘东南、长沙盆地、衡阳盆地等地下热水成矿区(带)，积极开展整装勘查，寻找新水源地，研究地热资源的空间分布及埋藏规律，评价其资源量、可开采量和开采潜力，逐步将资源优势转化为经济优势。

(三)总体规划、分步实施、科学利用

在调查评价的基础上，结合湖南省经济发展、城市建设、地下空间利用、社会主义新农村建设等规划，科学编制省级和市级地下热水、浅层地温能开发利用专项规划，有计划、有步骤地进行地热资源勘探与开发，做好温泉综合开发顶层设计，促进湖南省能源结构调整，积极发展低碳经济。

(四)建立健全动态监测网络

湖南省对地下水的监测起步较早，部分地区已形成系统的监测资料。但是，地热资源监测工作尚处于起步阶段，基础极为薄弱。要结合地下热水、浅层地温能资源的分布特征，按照分类、分片、全覆盖的要求，建立健全动态监测网络，对地热资源的动态变化情况进行实时监控，以自动化监测、实时传输、网络发布系统为基础，逐步全面实现自动化监测与传输，建立自然资源主管部门与水利、住建等部门统一而又相互联动的多平台监测预警和应急指挥系统，避免不合理开采地热资源引发地质环境破坏等问题，促进社会经济可持续发展。

（五）加强科技创新，提升地质服务水平

加强科技攻关，深入研究湖南省地热田的成因类型和找矿标志，实现找水找热新突破。加强地热资源评价方法的理论研究，探讨综合类型的评价方法与参数选取，进一步完善评价体系。针对湖南省地热特点，开展水热型中低温地热发电技术研究和设备攻关，提高发电系统热效率，降低成本，扩大该技术领域的应用。积极推广应用新技术、新方法、新装备，不断提升技术装备水平，提高地质工作成果科技水平。

（六）提高地热资源开发利用程度，加大开发力度，健全地热旅游产品体系

按照“综合利用、持续开发”的原则提高地热资源开发利用程度。在资源条件具备的地区，在城市能源和供热、建设和改造规划中优先利用地热资源。鼓励开展地热资源的梯级利用，建立地热资源发电、供暖、制冷等多种形式的综合利用模式。鼓励开展地下水资源所含矿物资源的综合利用。提倡地热产业消费概念化和非物质化。综合规划形成多样化、主题化、个性化的地热生态产业体系。将地热旅游与水体、气候、生物、人文旅游资源等相结合，改变单一性，为地热旅游注入新的文化内涵，提高品位，提升附加值。向着集度假、体验、娱乐、康体为一体的休闲旅游方向发展，并形成规模效应，带动地方经济整体向上攀升。

第三节　地下水资源保护建议

地下水资源保护主要围绕资源保证程度、资源质量两个方面进行，其保护措施和建议大致可归纳如下。

一、区域地下水水质保护

（1）以系统理论作指导，投入专业技术人员，查明岩溶水系统特征、岩溶水文地质特征等，摸清其补给、径流、排泄条件等，加强水文地质和易发污染研究，重点地段重点防护等。保护源头，以免含水层补给条件恶化。

（2）局部地区因矿山抽排地下水而造成地下水水位区域性下降，甚至造成区域地下水枯竭等不良现象。因此，建议对必须进行大规模抽排地下水地段，应采取抽取与回灌补给等方式修复岩溶含水层，以免其遭到致命破坏。

（3）加强“三废”管理，避免造成含水层的污染，加大力度重点防治有重大污染源的不达标排放。

从严制定地下水水质控制目标，保障地下水各项功能的正常使用。原则上，对目前实际情况好于其功能标准要求的，分区地下水保护的目标标准不低于现状；对于目前已经处于临界边缘的，要加大保护力度，防止出现影响其功能发挥的恶化趋势；对于各功能区目前由于污染等原因导致地下水功能不能正常发挥的地区，考虑需要与可能，分别提出修复治理目标。在地下水开发利用环节中要广泛进行节水改造，减少地下水用量，同时减少地下水污染，推行清洁生产，减少点污染源，从补给源头上防治地下水的污染。对影响地下水水源涵养区内的污染企业进行关闭及迁出保护区，对面源污染按照环保要求，进行面源治理，农村面源污染企业需进行整治，避免地表污染物渗入地下水系统从而保护地下水水质。综合治理由于不合理开采利用

地下水引起的各种次生地质灾害，有效地保护地下水环境系统。

(4)加强宣传，提高民众环境保护意识等，特别是避免地下河变成“下水道”。

二、区域地下水生态系统保护

在开采地下水的区域，对重要的地下水生态系统进行识别和鉴定，计算并推荐生态环境用水量在地下水平均循环量中所占的比例，以此确定地下水可持续开采量；在地下水开采区将地下水开采总量控制在红线指标范围内，确保地下水的再生，从而维护地下水生态系统长效平衡。通过预留地下水生态环境用水量，确定地下水生态水位，建立地下水生态缓冲带，实施生态调度，制定合理的地下水开发利用方案等措施，有效修复和保护地下水生态环境，实现地下水资源可持续利用和经济社会可持续发展。

三、地下水饮用水水源地保护

地下水资源属国家所有，其开发利用必须依照《中华人民共和国水法》的要求，取得水行政主管部门的许可证方能进行。水行政主管部门应对所辖区域地下水资源的勘查、开发利用进行统一、有效的规划及管理，开发利用必须在相应的功能区内进行，必须通过水资源论证方能发给取水许可证，开采量按最严格水资源管理制度要求执行，按照各行政区的开采总量目标控制开采量，避免造成新的地质灾害，严禁随意地掠夺性开采。

四、完善地下水动态监测网络

目前，国家地下水监测工程建设已全面完成，其中湖南省地下水专业监测井达到 389 个，其中国家级监测井 309 个，省级 74 个，地市级 6 个。监测网点覆盖了全省的 14 个市州，并对湖南省的六大水文地质单元区域，包括洞庭湖平原松散岩类孔隙水区，湘东红层盆地孔隙裂隙水、岩溶水区，湘西北山地岩溶水区，湘西山地基岩裂隙水区，湘中丘陵岩溶水区，湘南山地岩溶水监测区进行了全覆盖。但当前的监测网仍存在如下问题。

(1)监测内容不全，目前监测内容以水位、水温为主，水质监测井占比不足 10%，不能全面反映省内地下水质量状况，未来应逐步提高水质监测井的占比，增加水质分析数量。

(2)监测网点分布不均，目前湖南省内地下水监测井分布主要集中在长株潭城区、环洞庭湖地区和郴州市区一带，其他地区的监测井分布相对较少，还存在部分县(市)内无监测井分布，因此未来仍应进一步补充建设监测井，重点在当前的空白区内建设，完善全省的地下水监测网络。

(3)监测网未有效覆盖地下水特殊类型区，按照《地下水监测工程技术规范》(GB/T51040—2014)，地下水基本监测站除对各基础水文地质单元形成有效监测外，还需对特殊类型区(如城市建成区、地下水污染区、生态脆弱区、岩溶塌陷区等)进行地下水的监测，且监测点布设密度较基础水文地质单元监测点密度要大，目前，省内仅长株潭城区、郴州城区等大中型城市建成区监测点密度能基本符合规范要求，其他如地下水污染区等类型区的监测点密度均达不到规范要求，未来仍应进一步加强特殊类型区的地下水监测井建设。

由此可见，湖南省仍应进一步加强地下水监测井的建设，逐步完善地下监测网络，实施监测自动化、信息测报自动化，建设地下水信息自动测报系统，为地下水水资源管理的信息化提供技术支撑，对地下水水位、水温、水量、水质进行监测，随时掌握地下水动态变化情况，并每月定期向社会公开发布。

结 语

本专著系统总结了“湖南省湘西湘南岩溶石山地区地下水资源勘查与生态环境地质调查、湖南重点地区岩溶地下水和环境地质调查、湖南省重点岩溶流域水文地质及环境地质调查、湖南重点岩溶流域地下水勘查与开发示范、江汉—洞庭平原地下水资源及其环境问题调查评价(湖南)”等多个项目的成果资料，阐述了湖南省自中华人民共和国成立以来的地下水勘查开发史以及地下水资源勘查开发技术方法的进展；分析总结了地下水形成条件与富集规律；划分了地下水系统，并对各分区特征进行了总结分析；对地下水资源进行了评价，论述了开发利用潜力；梳理了湖南省主要水文地质问题；对地下水的勘查与开发利用提出了对策与建议。较为系统全面地对湖南省地下水资源进行了总结分析，为全省地下水资源的开发利用和保护提供了可靠的科学依据和指导。

专著系全体编制人员智慧的结晶，湖南省地质院谈文胜书记、张皓院长极为重视专著的编撰工作，并给予了精心指导和大力支持，曹幼元、盛玉环对专著编撰进行了工作谋划、提纲制定、编校审核。第一章第一节由周光余、刘拥军编写；第一章第二节由郑鹏飞、董国军编写；第二章第一、二、三节由徐定芳、杨建成编写；第二章第四、五节由姚腾飞、王璨编写；第三章第一节由吴剑编写；第三章第二节由王森球编写；第四章第一、二节由欧阳波罗编写；第四章第三节由肖立权编写；第四章第四节由刘声凯编写；第五章第一节由谭佳良编写；第五章第二节由陈开红、周鑫编写；第五章第三节由陈开红、郑鹏飞编写；第五章第四、五节由尹欧、何阳、曾风山编写；第六章第一节由盛玉环编写；第六章第二节第一、二小节及第六章第三节第一小节由阮岳军编写；第六章第二节第三小节由姚海鹏、王潇编写；第六章第三节第二、三、四小节由王潇编写；第六章第三节第五、六小节由周鑫、米茂生编写。全书最后由盛玉环、阮岳军统稿。

专著编撰工作始于2022年5月，至2024年5月完成，历时二年。编撰期间，原湖南省地质院叶爱斌书记、何寄华院长，中国地质调查局岩溶地质研究所蒋忠诚研究员、夏日元研究员等，对专著的编撰工作进行了悉心指导并提出了宝贵意见，在此一并表示衷心的感谢！

主要参考文献

段平国，王兴光，2016. 湖南省地热水资源勘查开发利用现状及规划建议[J]. 地下水，38(2)：64-66.

胡进武，王增银，周炼，等，2001. 岩溶水锶元素水文地球化学特征[J]. 中国岩溶，23(1)：37-42.

李军，田明，2012. 综合物探在水文地质调查中的应用[J]. 西部探矿工程，2012(7)：150-155.

梁芳敏，魏继组，王轩，等，2013. EH4 与直流激发极化法在贫水地区地下水勘查中的联合应用效果[J]. 矿产勘查，4(6)：699-703.

刘声凯，刘海飞，黄超，等，2021. 水文地质调查与综合物探在赣南花岗岩地区找水中的应用[J]. 地质与勘探，57(3)：584-592.

吕英，2012. 物探方法在水文地质详查中的应用[J]. 山西水利科技，2012(1)：79-84.

盛玉环，1993. 涌水量曲线方程下推法的改进[J]. 广东地质，9(3)：21-24.

王晓波，2021. 遥感技术在水文与水资源工程中的应用[J]. 技术应用，2021(1)：153-154.

吴宏钊，1994. 饮用水氘含量与碘缺乏病[J]. 水文地质工程地质，1994(4)：36-40.

肖兴平，阮俊，佟元清，2016. 地下水勘查技术方法体系集成研究[J]. 地下水，38(2)：9-10.

中国地球物理学会勘探地球物理专业委员会水资源、工程物探学组，1997. 中国水文、工程、环境物探回顾和展望[J]. 地球物理学报，40(增刊)：369-378.

周鑫，王璨，郑鹏飞，等，2022. 湘南泥盆系碳酸盐岩区富锶饮用天然矿泉水成矿规律——以新田县新圩矿泉水为例[J]. 中国岩溶，41(2)：197-209.

XIN Z L，YAO T F，WANG C，et al.，2022. Research on the development law of karst fissures and groundwater characteristic in Xintian County. Membrane and Water Treatment，13(6)：303-312.